移动通信（第4版）

主　编　曾庆珠　顾艳华　陈雪娇

副主编　陈　恺　刘　亮　孙　瑞

主　审　马文静

北京理工大学出版社
BEIJING INSTITUTE OF TECHNOLOGY PRESS

内 容 简 介

本教材依据通信工程师的岗位要求,采用模块化的形式编写。本教材共分为五个模块,包含十二个任务。模块一初识 5G 网络介绍了移动通信的定义、5G 网络架构的演变、5G 网络模式部署等内容,模块二 5G 空口探析介绍了移动信道认知、5G 关键技术探秘、5G 物理层解析等内容,模块三5G 网络规划设计介绍了覆盖规划、容量规划、参数规划等内容,模块四 5G 无线站点部署介绍了 5G 基站勘察、5G 基站设备安装等内容,模块五 5G 无线站点调试介绍了 5G 基站数据配置、5G 基站故障排查等内容。

图书在版编目 (CIP) 数据

移动通信/曾庆珠,顾艳华,陈雪娇主编. --4 版
. --北京:北京理工大学出版社,2024.4
ISBN 978 - 7 -5763 -3936 -9

Ⅰ.①移… Ⅱ.①曾…②顾…③陈… Ⅲ.①移动通信-通信技术-高等职业教育-教材 Ⅳ.①TN929.5

中国国家版本馆 CIP 数据核字 (2024) 第 090383 号

责任编辑:封 雪　　文案编辑:毛慧佳
责任校对:刘亚男　　责任印制:施胜娟

出版发行 / 北京理工大学出版社有限责任公司
社　　址 / 北京市丰台区四合庄路 6 号
邮　　编 / 100070
电　　话 / (010) 68914026 (教材售后服务热线)
　　　　　　(010) 63726648 (课件资源服务热线)
网　　址 / http://www.bitpress.com.cn

版印次 / 2024 年 4 月第 4 版第 1 次印刷
印　　刷 / 三河市天利华印刷装订有限公司
开　　本 / 787 mm×1092 mm　1/16
印　　张 / 20.25
字　　数 / 473 千字
定　　价 / 89.00 元

前　言

　　得益于 5G 通信技术的快速发展和智能终端设备性能的不断提升，移动办公、手机支付、远程视频、外卖点餐、智能家居、娱乐休闲等在人们的工作和生活中越来越普及。5G 网络凭借大带宽、低时延、广连接的特点，为传统的垂直行业带来了新的发展机遇。相关预测表明，到 2030 年，中国 5G 人才缺口将高达 800 万。由于对 5G 人才的需求量很大，编写一本适合高职院校 5G 技术人才培养使用的教材非常有必要。

　　本教程采用校企"双元"编写模式，与通信行业的领先者中兴通讯、中邮建、中通服等深度合作，邀请企业的资深工程师参与教材的架构设计、内容的整合与工程案例的编写工作。

　　本教材配备了丰富的教学资源，包括教案与课件、微课、习题库、实验技能训练等，能够为学生提供碎片化的学习方式，还能够有效辅助教师进行线上、线下混合式教学。

　　本教材遵循立德树人的教育根本，在任务要求中列出了知识目标、技能目标、素质目标，可以培养学生拥有爱岗敬业的职业精神和精益求精、坚持不懈的大国工匠精神。

　　本教材由曾庆珠、顾艳华、陈雪娇主编；陈恺、刘亮、孙瑞副主编；马文静主审。

　　特别感谢刘海林、汤昕怡等业内专家在本教材的编写过程中给予的帮助。

　　由于编者水平有限，加之时间仓促，教材中难免存在不妥之处，敬请广大读者不吝赐教。

编　者

目 录

模块一

初识 5G 网络

概念引入　移动通信的定义

5G 自商用化以来，逐渐呈现出蓬勃发展的势头。截至 2023 年年底，我国已建成 5G 基站数量超过 230 万个，占全球 5G 基站总数的 60% 以上，5G 移动电话用户达 8 亿户，我国已建成全球最大的光纤和移动宽带网络，覆盖全国所有地级市、县城城区，以及大部分的乡村。从黑龙江漠河到海南三亚，从海拔 5 000 多米的新疆红其拉甫口岸到地下 200 多米深的山西矿井，均已经覆盖了 5G 信号，5G 应用已深入千行百业。5G 为移动支付、车联网、云 AR/VR、智能制造、智慧城市、远程医疗、智慧物流等提供了强大的网络支撑，同时也在深刻改变着人们的生产生活方式。

2023 年，5G "上珠峰" "下矿井" "入海港" "进工厂"，在相关行业中的应用层出不穷。人们见证了 5G 为杭州亚运会保驾护航并将其打造成了一场科技盛宴，也看到了 5G 技术在贵州黔东南为全国和美乡村篮球大赛（"村 BA"）注入动力并推动了当地经济的发展。

贵州黔东南的 "村 BA" "村超" 比赛吸引了全国观众前往现场观赛，线上观赛人数更是达到千万级，相关内容网络浏览量有数十亿之多。面对大量人流涌入、高清直播等高带宽低时延应用激增的问题，为保障用户的业务使用体验，各大运营商提前部署，为赛事提供服务保障。贵州电信基于对现网及话务的预测，携手华为通过两个阶段，改造和优化了赛场及周边的 4G、5G 网络。第一阶段为存量站加厚，以扩频、扩容和新建等手段，增加存量站点的容量，减少网络负载，提升用户感知能力；第二阶段为核心区域补点，在球场内与球场核心区域增加整网容量。"村 BA" 总决赛现场观众爆满，超过 2 万球迷在线观赛，在中国电信 5G 双载波网络的加持下，当天总流量约为 6.9 TB，5G 下行峰值速率达 2 Gb/s 以上，而通过现场直播的观众反馈便可以见证 5G 网络的强大，如图 0-1 所示。

如今，5G 已经如水、电一样，零距离地渗透到人们的生产生活中。我国 5G 应用案例数超 9.4 万个，已融入 71 个国民经济大类。未来，5G 应用的规模化还将继续赋能国民经济各行业数字化、智能化、绿色化转型，助力制造强国、网络强国、数字中国建设，为实现中国式现代化注入强劲动能。

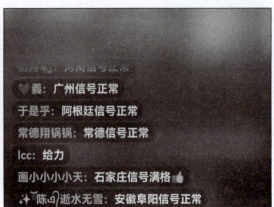

图 0-1　5G 为 "村 BA" 保驾护航

任务要求

知识目标
（1）知道移动通信的定义。
（2）了解国内外移动通信从 1G 到 5G 发展的历程。

技能目标
能够按照要求画出 1G 到 5G 关键技术、系统指标等的思维导图。

素质目标
（1）养成自主学习的良好习惯。
（2）树立民族自信，拥有科技报国的情怀。

🔵 知识地图

移动通信的定义知识地图如图 0 – 2 所示。

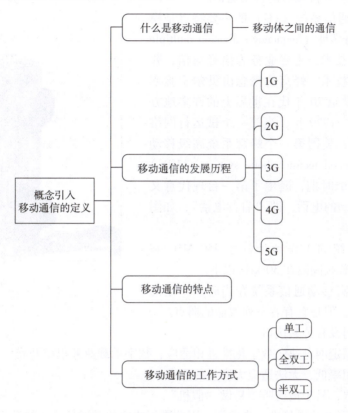

图 0 – 2　移动通信的定义知识地图

🔵 知识积累

什么是移动通信

1. 什么是移动通信

19 世纪 40 年代以后，随着电报和电话的发明，通信领域发生了根本性的变革，实现了利用金属导线快速传递信息的通信方式。同一时期，英国物理学家麦克斯韦预言了电磁波的存在，继而在 1888 年，德国物理学家赫兹用电波环进行了一系列实验，发现了电磁波的存在，证明了麦克斯韦的电磁理论。赫兹的实验成为近代科学技术史上的一个重要里程碑，促进了无线电的诞生和电子技术的发展。通过电磁波来进行无线通信，使神话中的"顺风耳""千里眼"变成了现实。采用无线信道实现通信的方式称为无线通信，如 Wi – Fi、ZigBee、蓝牙、红外线、卫星等，移动通信也是无线通信的一种。

移动通信是移动体之间的通信，或移动体与固定体之间的通信。移动体可以是人，也可以是汽车、火车、轮船、收音机等在移动状态中的物体。自 20 世纪 80 年代以来，移动通信发展迅速，目前已发展至第五代。

2. 移动通信的发展历程

移动通信最初是军用的，从 20 世纪 80 年代才开始民用。而最近几十年是移动通信真正迅猛发展的时期，主要可分为以下 5 个阶段。

（1）第一代——模拟蜂窝移动通信。

第一代移动通信系统（1G）的主要特点是模拟通信，采用频分多址（frequency - division multiple access，FDMA）技术，主要业务为语音通信，并采用了蜂窝组网技术。蜂窝的概念由贝尔实验室提出，并于 20 世纪 70 年代在世界上的许多地方被相关人员研究。1979 年，当第一个试运行网络在芝加哥开通时，美国第一个蜂窝系统高级移动电话系统（advanced mobile phone system，AMPS）成为现实。在这个时期，诞生了第一台现代意义上的真正可以移动的电话，即"肩背电话"，如图 0 - 3 所示。

图 0 - 3　第一部蜂窝移动电话

这些通信系统的工作频带都在 450 MHz 和 900 MHz 附近，载频间隔在 30 kHz 以下。

尽管模拟蜂窝移动通信系统在当时以一定的增长率进行发展，但是它有着下列致命的弱点。

1）各系统间没有公共接口。

2）无法与固定网迅速向数字化推进相适应，数字承载业务很难开展。

3）频率利用率低，无法适应大容量的要求。

4）安全性差，易于被窃听，易做"假机"。

这些致命的弱点妨碍其进一步发展，因此模拟蜂窝移动通信逐步被数字蜂窝移动通信所替代。然而，模拟系统中的组网技术仍将在数字系统中应用。

（2）第二代——数字蜂窝移动通信。

由于 TACS 等模拟制式存在各种缺点，20 世纪 90 年代开发出了以数字传输、时分多址和窄带码分多址为主体的移动电话系统，称为第二代移动电话系统（2G）。这个时期的代表产品分为两类。

1）时分多址（time - division multiple access，TDMA）系统。TDMA 系列中比较成熟和最有代表性的制式有：泛欧全球移动通信系统（global system for mobile，GSM）、美国数字式高级移动电话服务（digital advanced mobile phone system，D - AMPS）和日本公用数字蜂窝（public digital cellular，PDC）。

2）窄带码分多址（narrowband code - division multiple access，N - CDMA）系统。N - CDMA 系列主要是以高通公司为首研制的基于窄带 CDMA 标准（IS - 95）的窄带码分多址系统。

（3）第三代——IMT - 2000。

随着用户的不断增长，2G 逐渐显示出它的不足之处。首先是频带太窄，不能提供如高速数据、慢速图像与电视图像等的宽带信息业务；其次是 GSM 虽然号称"全球通"，但实际未能实现真正的全球漫游，尤其是在移动电话用户较多的国家，如美国、日本，均未得到大规模的应用。而随着科学技术和通信业务的发展，用户需要的将是一个既包含现有移动电话系统功能，又能提供多种服务的综合业务系统。因此，国际电联要求在 2000 年实现第三代移动通信系统（3G）和国际移动通信 – 2000（international mobile telecommunication – 2000，IMT – 2000）的商用化。其中约 2000 包含三个含义，一是在 2000 年实现商用，二是工作频段大约为 2000 MHz，三是最大下行速率为 2000 Kb/s。

IMT – 2000 具有如下关键特点。

1）包含多种系统。

2）世界范围内设计的高度一致性。

3）业务与固定网络的兼容。

4）高质量。

5）世界范围内使用小型便携式终端。

具有代表性的 3G 主要有宽带码分多址（wideband code division multiple access，WCDMA）系统、CDMA2000 系统和时分同步码分多址（time division – synchronous code division multiple access，TD – SCDMA）系统。

（4）第四代——IMT – Advanced。

虽然 3G 比 2G 传输速率快上千倍，但是仍无法满足未来多媒体的通信需求。第四代移动通信系统便是希望能满足更大的频宽需求，满足 3G 尚不能达到的在覆盖、质量、造价上支持的高速数据和高分辨率多媒体服务的需要。

第四代移动通信系统（4G）是多功能集成的宽带移动通信系统，在业务、功能、频带上都与第三代系统不同，会在不同的固定平台和无线平台及跨越不同频带的网络空间中提供无线服务，比第三代移动通信更接近于个人通信。第四代移动通信技术可把上网速度提高到超过第三代移动通信技术的 50 倍，可实现三维图像高质量传输。

第四代移动通信技术包括分时长期演进（time division long term evolution，TD – LTE）和频分双工长期演进（frequency division duplex long term evolution，FDD – LTE）两种制式。从严格意义上来讲，长期演进（long term evolution，LTE）只是 3.9G，尽管被宣传为 4G 无线标准，但它其实并未被第三代合作伙伴计划（3rd generation partnership project，3GPP）认可为国际电信联盟所描述的下一代无线通信标准 IMT – Advanced，因此，在严格意义上还未达到 4G 标准。只有升级版的 LTE Advanced 才能满足国际电信联盟对 4G 的要求。

4G 集 3G 与 WLAN 于一体，能够快速传输数据、高质量音频、视频和图像等。4G 能够以 100 Mbps 以上的速度下载，能够满足几乎所有用户对于无线服务的要求。

4G 系统采用了正交频分多址（orthogonal frequency division multiple access，OFDMA）技术、多输入多输出（multiple – input multiple – output，MIMO）技术、单载波自适应均衡技术、Turbo 码、级连码和低密度奇偶检验码（low – density parity – check code，LDPC）等编码技术，这些技术使 4G 网络具有以下特点。

1）通信速度快。第四代移动通信系统传输速率最高可以达到 100 Mbps，这种速度相当于 2009 年最新款手机传输速度的 1 万倍左右，第三代手机传输速度的 50 倍左右。

2）网络频谱宽。每个 4G 信道占有 100 MHz 的频谱。

3）通信灵活。4G 终端不仅具备语音通信功能，还可以当作一部小型电脑使用，功能更加强大，可以高速地双向下载和传递资料、图画、影像，还可以实现上网对打游戏等。

4）智能性更高。借助4G高速网络，可以实现许多难以想象的功能。例如，可以根据环境、时间及其他因素适时地提醒手机主人此时该做何事或不该做何事；也可以当作随身电视；还可以实现GPS定位、炒股、支付等生活应用。

5）兼容性好。第四代移动通信系统具备全球漫游、接口开放、能跟多种网络互联、终端多样化及能从第二代平稳过渡等特点。

6）使不同系统无缝连接。用户在高速移动中，也能顺利使用通信系统，并在不同系统间进行无缝转换，高速传送多媒体资料等。

7）提供整合性的便利服务。4G系统将个人通信、信息传输、广播服务与多媒体娱乐等各项应用整合，提供更为广泛、便利、安全与个性化的服务。

（5）第五代——IMT-2020。

国际电信联盟（international telecommunication union，ITU）定义了5G的三大应用场景，即增强移动宽带（enhanced mobile broadband，eMBB）、超高可靠低时延通信（ultra-reliable and low latency communications，uRLLC）和大规模机器类通信（massive machine type communications，mMTC）。eMBB主要面向移动互联网流量爆炸式增长的应用需求，为移动互联网用户提供更加极致的应用体验；uRLLC主要面向工业控制、远程医疗、自动驾驶等对时延和可靠性具有极高要求的垂直行业的应用需求；mMTC主要面向智慧城市、智能家居、环境监测等以传感和数据采集为目标的应用需求。

5G网络的主要优势在于其数据传输速率远高于以前的蜂窝网络，最高可达10 Gb/s，比当前的有线互联网速度还要快，比4G LTE蜂窝网络快100倍。其另一个优点是较低的网络延迟（更快的响应时间），低于1 ms，而4G网络为30~70 ms。由于数据传输更快，5G网络将不仅仅为手机提供服务，还将成为一般性的家庭和办公网络提供商，与有线网络提供商竞争。在智慧城市等物联网应用场景，5G能提供高达100万连接/km² 的接入能力。

未来，5G将在车联网、自动驾驶、远程医疗、高清视频直播、工业生产等领域开发更多的应用，给人们的生活带来更多的改变。

3. 移动通信的特点

由于移动通信是在移动状态下进行实时通信，与固定通信方式不同，这就决定了移动通信具有自己的特点。

1）移动通信利用无线电波进行信息传输。由于无线传播环境十分复杂，接收端所收到的信号场强、相位等随时间、地点的不同而不断地变化，这严重影响了通信质量，这就要求在移动通信系统中，必须采取各种措施，保证通信质量。

2）移动台受干扰和噪声影响严重。由于移动通信网是多频道、多电台同时工作的通信系统，在通信时，必然受到各种干扰和噪声的影响，如同频干扰、邻道干扰、汽车点火噪声等。因此，应在系统中根据实际情况采取相应的抗干扰和抗噪声措施。

3）频道拥挤。为了缓和用户数量增加和可利用的频率资源有限之间的矛盾，除了开发新的频段之外，还可以采取各种措施以便更加有效地利用频谱资源，例如，采取缩小频道间隔、频分复用、时分复用等技术。

4）移动台的移动性强。由于移动台的移动是在广大区域内的不规则运动，而且大部分的移动台都会有关闭不用的时候，它与通信系统中的交换中心没有固定的联系，因此，要实现通信并保证质量，必须发展自己的跟踪、交换技术，如位置登记技术、信道切换技术、漫游技术等。

5）通信系统复杂。由于移动台的移动性，因此需随机选用无线信道，进行频率和功率控制、位置登记、越区切换等，这就使移动通信网中的信令种类比固定网要复杂得多。

4. 移动通信的工作方式

（1）单工通信方式。

单工通信是指通信的双方只能交替地进行发信和收信，不能同时进行，如图0-4所示。

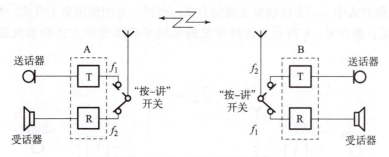

图0-4　单工通信方式示意图

常用的对讲机就是采用这种通信方式。平时天线与收信机相连接，发信机不工作。当一方用户要讲话时，接通"按-讲"开关，天线与发信机相连，即发信机开始工作。另一方的天线连接收信机，收到对方发来的信号。

（2）全双工通信方式。

全双工通信是指移动通信双方可同时进行发信和收信，如图0-5所示。根据使用频率的情况，全双工通信方式又可分为频分双工（frequency division duplex，FDD）和时分双工（time division duplex，TDD）。

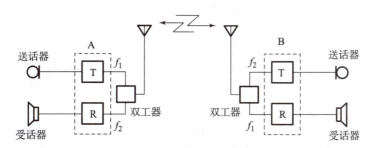

图0-5　双工通信方式示意图

在移动通信系统中，移动台发送、基站接收的信道称为上行信道，反之称为下行信道。对于FDD，上下行信道采用不同的频带，如图0-6所示。而TDD中，上下行信道采用相同的频带，用不同的时间进行区分，如图0-7所示。固定电话系统和移动通信系统都属于全双工通信方式。

图0-6 FDD 示意图   图0-7 TDD 示意图

（3）半双工通信方式。

半双工通信方式中，一方使用双工通信方式；而另一方则使用单工方式，发信时要按下"按–讲"开关，如图0-8所示。比较常见的采用半双工通信方式的系统就是集群调度系统。

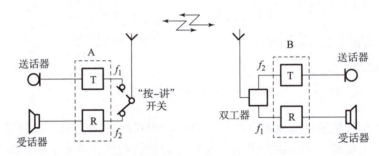

图0-8 半双工通信方式示意

任务考核

知识练习

（1）（单选题）下列不属于移动通信范畴的是（　　　）。

A. 手机拨打手机　　　B. 座机拨打手机　　　C. 手机拨打座机　　　D. 座机拨打座机

（2）（单选题）下列不属于第一代移动通信系统的是（　　　）。

A. GSM　　　　　　　B. AMPS　　　　　　C. TACS　　　　　　　D. NMT

（3）（单选题）（　　　）是中国提出的 3G 标准。

A. CDMA 2000　　　　B. WCDMA　　　　　C. TD – SCDMA　　　　D. WIMAX

（4）（单选题）移动通信系统的工作方式是（　　　）。

A. 单向通信　　　　　B. 单工通信　　　　　C. 半双工通信　　　　　D. 全双工通信

（5）（单选题）5G 最大下行速率可达（　　　）。

A. 100 Mb/s　　　　　B. 1 Gb/s　　　　　　C. 2 Gb/s　　　　　　D. 10 Gb/s

（6）（多选题）（　　　）属于移动通信的特点。

A. 移动通信的电波传播环境恶劣　　　　　　B. 受干扰和噪声的影响较大

C. 移动台的移动性强　　　　　　　　　　　D. 建网技术复杂

E. 频带利用率要求高

（7）（多选题）全双工分为（　　　）两种方式。

A. FDD　　　　　　　B. TDD　　　　　　　C. CDD　　　　　　　D. ADD

（8）（判断题）TDD 方式是指上下行使用同一个频段，根据时间进行传输方向的转换。

（　　　）

（9）（判断题）第二代移动通信系统传输的是模拟信号。　　　　　　　（　　　）

（10）（判断题）5G 有 eMBB、uRLLC、mMTC 三大典型应用场景。　　（　　　）

（11）（简答题）移动通信的工作方式有哪些？举例进行说明。

（12）（简答题）结合实际生活体验，谈一谈 5G 通信在生活中的应用。

任务1　5G网络架构的演变

情境引入

正如罗马不是一天建成的那样，每一代移动网络从出现到完善都需要经历一个漫长的探索过程，每一代网络相对于前一代网络而言都有很大程度的创新，在删除不符合当下潮流内容的同时，也需要具有向后兼容的特性。随着移动互联网的发展，特别是一些新型应用的发展，原有LTE网络已不适应，迫切需要新的网络出现。

对中国而言，3G是跟随，4G是并进，5G则是领跑。截至2023年年底，我国已建成5G基站数量230万个，中国运营商部署了最大的5G独立组网网络，为全球65%的5G用户提供服务。无论是繁华的都市，还是宁静的乡村，无论是人口密集的中东部区域，还是地广人稀的西部高原，只要有用户，就有基站。

2020年4月30日，中国移动在海拔6 500 m的珠峰前进营地开通5G基站，如图1-1所示。5G信号覆盖珠峰峰顶及珠峰北坡登山线路，中国5G技术及部署能力经受住了极端环境条件的考验，验证了我国5G技术的成熟度、先进性和网络部署能力。

已有千万网友通过中国5G + VR"云登顶"珠峰，全方位领略世界最高峰的魅力。我们看到了中国通信人不畏艰险、快速部署建设5G的决心，还看到了中国5G信号覆盖之广，即使在险峻的珠峰都能有5G，

图1-1　海拔6 500米的珠峰前进营地5G基站

再一次向世界展现了全球第一通信大国的力量。作为未来的通信工程师，大家在深感骄傲的同时，也要努力工作。

任务要求

知识目标

（1）能够说出2G、3G、4G、5G系统的特点，知道BBU设备、RRU设备的功能。

（2）能够说出2G、3G、4G、5G网络架构的区别。

（3）能够解释2G、3G、4G、5G网络中主要网元的功能。

（4）能够描述 5G 技术特点和应用场景。

技能目标

（1）能够绘制 2G、3G、4G 网络架构图。

（2）能够根据实际场景，绘制 5G 网络架构图。

素质目标

（1）养成自主学习的良好习惯。

（2）具有通信强国的信念和强烈的民族自豪感。

（3）尊重他人，积极参与小组任务。

知识地图

5G 网络架构演变知识地图如图 1-2 所示。

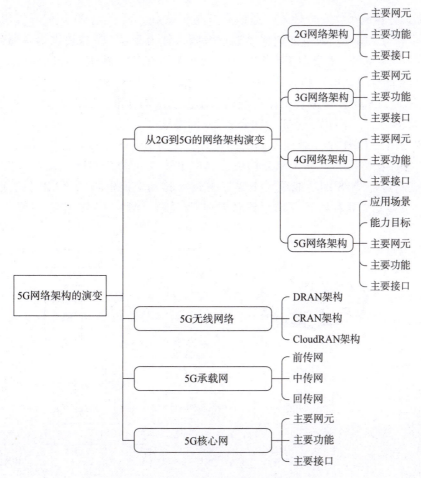

图 1-2　5G 网络架构演变知识地图

知识积累

随着通信技术的不断发展，移动用户数量的不断增加，人们对移动通信业务的需求不断提升。

知识点 1.1 从 2G 到 5G 的网络架构演变

每一代移动通信都有各自不同的网络架构，不同生产厂家的室内基带处理单元（building baseband unit，BBU）设备型号和结构存在一定差别，本任务中主要以华为系列基站为例，展示 BBU 设备的基本结构、工作原理及安装流程。华为支持 5G 的基站设备主要包括 3900 系列和 5900 系列，这里主要介绍 BBU5900 基站设备。

知识点 1.1.1 2G 网络架构

1G 系统具有容量小、安全性差、通话质量差等缺点，20 世纪 90 年代开发出了以数字传输、TDMA 和 N‐CDMA 为主体的移动通信系统，称为 2G。2G 除提供语音通信服务外，还提供低速数据服务和短消息服务。其代表系统可分为 TDMA 系统（如欧洲的 GSM、美国的 D‐AMPS 及日本的 PDC）和 N‐CDMA 系统（如美国的 IS‐95）。

GSM 是欧洲为 900 MHz 波段工作的通信系统所制定的标准，取得了全球性的成功，是当今广泛认可的标准，下面以 GSM 为例介绍 2G 网络架构。

图 1‐3 给出了 GSM 总体结构图。由此可知，GSM 由 MS（移动台）、BSS（基站子系统）和 NSS（网络子系统）三大部分构成。其中 BSS 又可分为 BTS（基站收发信台）和 BSC（基站控制器）。NSS 的功能单元主要有 MSC（移动交换中心）、VLR（访问位置寄存器）、HLR（归属位置寄存器）、EIR（设备识别寄存器）、AUC（鉴权中心）等。

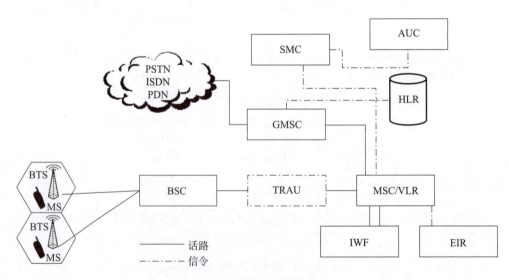

图 1‐3 GSM 总体结构图

图 1-3 中各名称含义如下。

（1）MS：移动台，mobile station。

（2）BTS：基站收发信台，base transceiver station。

（3）BSC：基站控制器，base station controller。

（4）TRAU：码变换和速率适配单元，transcoding and rate adaptation unit。

（5）IWF：交互功能，interworking function。

（6）EIR：设备识别寄存器，equipment identity register。

（7）MSC：移动交换中心，mobile switching center。

（8）VLR：拜访位置寄存器，visitor location register。

（9）GMSC：网关 MSC，gateway MSC。

（10）HLR：归属位置寄存器，home location register。

（11）AUC：鉴权中心，authentication center。

（12）SMC：短消息业务中心，short message center。

（13）PSTN：公用电话网，public switched telephone network。

（14）ISDN：综合业务数字网，integrated services digital network。

（15）PDN：公用数据网，public data network。

4G 网络架构

知识点 1.1.2　3G 网络架构

2G 系统存在频率利用率低、不同制式无法漫游、不支持移动多媒体业务等缺点，3G 由此而生。3G 系统最早由 ITU 于 1985 年提出，当时称为 FPLMTS（future public land mobile telecommunication system，未来公众陆地移动通信系统），1996 年更名为 IMT-2000，即系统工作在 2000 MHz 频段，最高业务速率可达 2000 Kbps，在 2000 年左右实现商用。在欧洲，基于 GSM 演进的 3G 称为通用移动电信系统（universal mobile telecommunication system，UMTS）。

与 1G 和 2G 相比，3G 的主要特点可概括如下。

（1）全球普及和全球无缝漫游。

（2）具有支持多媒体业务的能力，特别是支持互联网业务。

3G 的代表系统有 WCDMA、CDMA2000 及 TD-SCDMA，前两者基于 FDD 方式，而后者基于 TDD 方式。

UMTS 系统采用与 2G 类似的结构，如图 1-4 所示。由此可知，网络由用户终端（user equipment，UE）、UMTS 陆地无线接入网（UMTS terrestrial radio access network，UTRAN）和核心网（core network，CN）构成。其中 UTRAN 包含一个或几个无线网络子系统（radio network subsystem，RNS）。一个 RNS 由一个无线网络控制器（radio network controller，RNC）、一个或多个基站（node B）组成。

知识点 1.1.3　4G 网络架构

虽然 3G 传输速率更快，比 2.5G 增速十倍，但是仍无法满足多媒体业务日益发展的通信需求。4G 希望能满足更大带宽、更高速数据和更高分辨率多媒体服务的需求。

3GPP 于 2004 年 12 月设立了 LTE 项目，并于 2009 年 3 月完成了 LTE R8 协议。此协议的完成能够满足 LTE 系统首次商用的基本功能。

LTE 采用了与 2G、3G 均不同的空中接口技术，即基于正交频分复用（orthogonal

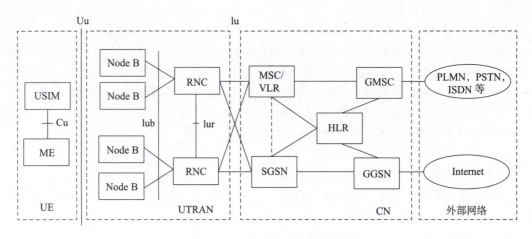

图 1-4　UMTS 总体结构图

frequency division multiplexing，OFDM）技术的空中接口技术并对传统的 3G 网络架构进行了优化，采用的是扁平化网络架构，即接入网（evolved universal terrestrial radio access network，E-UTRAN）中不再包含 RNC，仅包含 LTE 中的基站（evolved node B，eNB），eNB 之间通过 X2 接口进行连接，与核心网（evolved packet core，EPC）之间通过 S1 接口进行连接，EPC 包括移动性管理实体（mobility management entity，MME）、服务网关（serving gateway，SGW）等。E-UTRAN 的系统结构如图 1-5 所示。扁平化网络架构不仅降低了呼叫建立时延及用户数据的传输时延，也降低了运营成本。

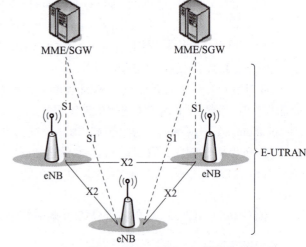

图 1-5　E-UTRAN 结构

5G 系统概述

知识点 1.1.4　5G 网络架构

ITU-R（国际电信联盟无线通信委员会）在 2015 年 6 月无线电通信大会上确定了 5G 的法定名称为 IMT-2020（面向 2020 年及未来的全球移动通信）。2018 年 6 月，3GPP 冻结了 5G 第一个版本的协议。2019 年全球开始规模部署 5G，标志着人类正式进入 5G 时代。

ITU 定义了未来 5G 系统三大应用场景，如图 1-6 所示。

（1）eMBB。

5G 系统提供了超大带宽，峰值传输速率可以达到 10 Gbps，这意味着 5G 系统信息的传输能力是 4G 系统的 100 倍，为人工智能社会的到来奠定了坚实的基础。

（2）uRLLC。

5G 网络是赋能整个社会的，所以对网络的时延也有要求。5G 系统提供了超低时延，与

4G 系统相比，时延从 50 ms 降低至 1 ms，这是从 4G "永远在线" 走向 5G "永远在场" 的关键技术。

（3）mMTC。

5G 网络将提供 100 万台设备的连接/km²，意味着 5G 网络将超越人与人的连接，进入万物互联新时代，为工业控制、农业生产、物流跟踪等提供技术支持。

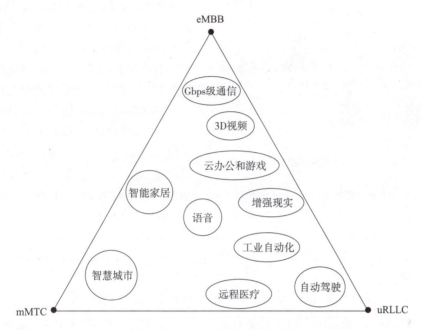

图 1-6　5G 系统三大应用场景

不同于以往的移动通信系统，5G 系统带来的不仅仅是手机的网速变快，它将从人与人的通信向人与物、物与物的通信扩展。作为未来信息技术的基石，5G 系统将与大数据、云计算、人工智能等信息技术紧密结合，在人类科技和社会发展中发挥更大的作用。

ITU 在 2015 年除了明确 5G 网络的大带宽、低时延、大连接三大应用场景外，还确定了 5G 系统八大性能指标，如图 1-7 所示。除了具有传统的峰值速率、移动性、时延和频谱效率外，ITU 还提出了用户体验速率、连接数密度、流量密度和能效四个关键能力指标，以适应多样化的 5G 场景及业务需求。其中，5G 的用户体验速率可达 100 Mb/s，能够带给用户极致的业务体验（如高质量虚拟现实）；5G 移动性能够支持 500 km/h，能够在高速移动场景（如高铁、地铁）下提供良好的用户体验；5G 的峰值速率可达 10 Gb/s，流量密度可达

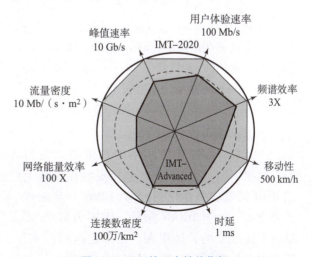

图 1-7　5G 的八大性能指标

10 Mb/（s·m²），能够支持热点高容量场景（如体育馆、大型购物中心、会场）业务流量的增长；5G 的频谱效率将比 4G 提高 3 倍，网络能量效率将比 4G 提升 100 倍。

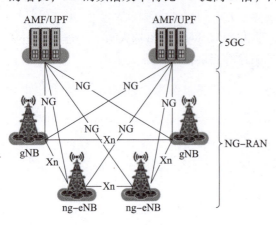

图 1-8　5G 网络架构图

5G 网络分为非独立组网（non-standalone，NSA）和独立组网（standalone，SA）两种方式。其中，NSA 方式是通过 4G 基站把 5G 基站接入 EPC，不用新建 5G 核心网（5G core，5GC）。在 5G 商用初期，一般使用 NSA 方式与之前的 2G、3G、4G 网络混合组网，到了后期，5G 技术和市场成熟时，一般采用 SA 方式独立组网。

5G 网络架构图如图 1-8 所示。由此可知，5G 网络总体架构由 5GC 与 5G 无线接入网（next generation radio access network，NG-RAN）组成。其中，接入和移动管理功能（access and mobility management function，AMF）是 5GC 控制处理部分；用户面功能（user plane function，UPF）是 5GC 数据承载部分；NG-RAN 节点有 5G 基站（genenation gnode B，gNB）和升级后的 4G 基站（next generation evolved node B，ng-eNB），gNB 向 UE 提供新无线电（new radio，NR）用户面和控制面协议，ng-eNB 向 UE 提供 E-UTRAN 用户面和控制面协议。

gNB、ng-eNB 与 5GC 通过 NG 接口连接，其中的控制面接口为 NG-C 连接到 AMF，用户面接口为 NG-U 连接到 UPF，gNB 和 ng-eNB 之间通过 Xn 接口连接。

知识点 1.2　5G 无线网络

5G 无线接入网的节点为 gNG，和 4G 基站一样，5G 基站仍然采用分布式基站（distributed base station，DBS）站型。在部署无线接入网的时候，有三种架构：分布式无线接入网（distributed radio access network，DRAN）、集中式无线接入网（centralized radio access network，CRAN）和云化无线接入网（cloudified radio access network，CloudRAN）。

知识点 1.2.1　DRAN 架构

DRAN 架构是无线网络中常见的基站形态，如图 1-9 所示，主要包括安装在铁塔上的 RRU 以及安装在机柜内部的 BBU。在站点传输方面，基于 DRAN 架构，需要为每个 5G 基站配备独立的传输资源。由于运营商在 4G 网络中大量部署 DRAN，并将 DRAN 作为长期主流建网模式。因此，在 5G 网络部署中，

图 1-9　DRAN 站点部署

DRAN 也会长期作为无线接入网的主要架构方案。

知识点 1.2.2　CRAN 架构

CRAN 架构的站点部署如图 1－10 所示。由此可知，将多个站点的 BBU 集中部署在一个中心机房中可以节约空间，同时还能让集中堆放的 BBU 资源共享。有源天线单元（active antenna unit，AAU）通过光缆连接到中心机房，最远距离可达数十千米。室外 AAU 可以配套室外电源模块，灵活部署在铁塔、抱杆或者路灯杆上，实现免机房安装，降低站点资源租赁费用和 5G 站点部署成本。在传输方面，传输网络的设备直接部署在 CRAN 机房，各 BBU 直接连接到接入环传输设备的不同端口，可以降低传输网络的部署难度。

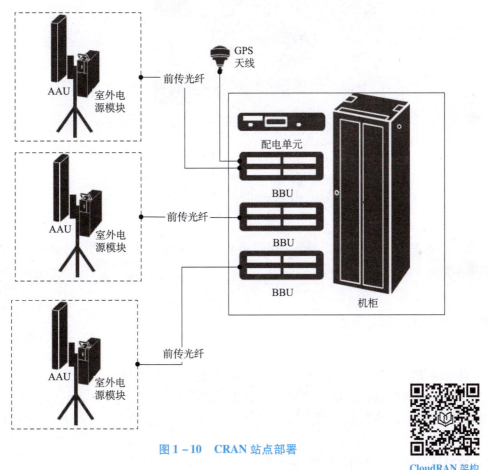

图 1－10　CRAN 站点部署

CloudRAN 架构
及部署

知识点 1.2.3　CloudRAN 架构

随着 2G、3G、4G、5G 网络的相继建设部署，整个移动通信网络正变得越来越复杂，为满足 5G 未来业务，形成一个敏捷而弹性、统一接入与管理、可灵活扩展的全新无线接入网，5G 引入了全新的 CloudRAN 架构。

CloudRAN 引入了 CU/DU 分离的结构，其中实时处理部分即 DU，仍保留在 BBU 模块，非实时处理部分即 CU，通过虚拟化技术进行云化。这样的切分方式可以，把基站的大量非实时处理功能集中部署在云平台，以获得更大的资源处理池，提升资源使用效率。同时，原本需要通过传输互连来实现不同基站之间协同特性的需求变得简单，于是站间协同信息交互直接通过云平台内部就可以实现了。CU 和 DU 之间形成新的接口 F1（中传）接口，该接口的承载采取以太网传输方案。

4G 到 5G 的基站变化如图 1-11 所示。

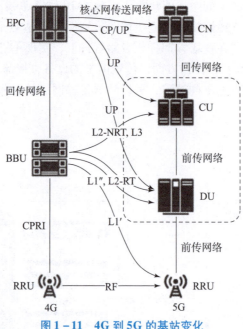

图 1-11　4G 到 5G 的基站变化

5G 基站重构为 CU 和 DU 两个逻辑网元，既可以合并部署，也可以分开部署，根据场景和需求确定。

知识点 1.3　5G 承载网

5G 承载网

移动通信网络由基站、承载网、核心网、各种 App 服务器等共同组成。其中，承载网在整个网络结构中承担的是"管道"的功能，就像电力传输网络作为管道输送电力一样，承载网作为通信管道传输各种信号，将手机发送或接收的信息通过基站和核心网进行交互。其最终任务是将基站与核心网连接起来完成信息的传输，包括基站到基站、基站到核心网、核心网到核心网之间的信息传输。5G 承载网架构如图 1-12 所示。

图 1-12 中部分新名词含义如下。

CSG：基站侧网关，cell site gateway。

ASG：汇聚侧网关，aggregation site gateway。

RSG：无线业务侧网关，radio service gateway。

CORE PER：运营商边界路由器，core provider edge router。

OTN：光传送网，optical transport network。

WDM：波分复用，wavelength division multiplexing。

OXC：光交叉连接，optical cross-connect。

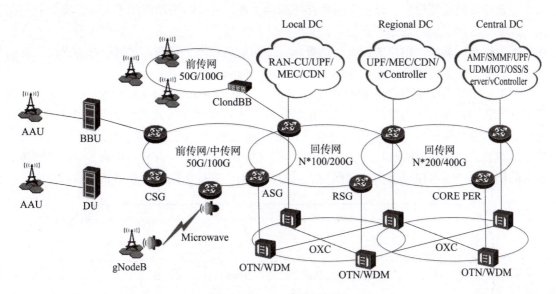

图 1-12　5G 承载网架构

5G 承载网的网络结构以环形结构为基础，并且划分层级，包括接入环、汇聚环和骨干核心环，接入环与汇聚环、汇聚环与骨干核心环的相交处都是两套设备连接（又称双归设备）。

环形结构的优点是当环的一个方向故障导致通信中断时，信息可以通过环的另一个方向继续传递，起到保障通信的作用。

环与环相交处部署双归设备的目的是防止设备单点故障而影响通信。当两套设备中的一套设备发生故障时，另一套设备继续发送信息，起到保障通信的作用。

国内三大运营商的 5G 承载网方案如下所述。

（1）中国移动采用切片分组网（slicing packet network，SPN）。SPN 网络是基于以太网的传输架构，继承了 4G 分组传送网（packet transport network，PTN）传输方案的功能特性，并在此基础上进行了增强和创新。

（2）中国电信和中国联通采用 IPRAN 2.0 方案，即增强 IPRAN。利用原有的 IPRAN 网络，提升端口接入能力和交换容量，并且在隧道技术、切片承载技术、智能维护技术方面也有很大的改进和创新。

在物理层次划分方面，5G 承载网可分为前传网、中传网和回传网。

（1）前传网：AAU 到 DU/BBU。

（2）中网传：DU 到 CU。

（3）回传网：CU/BBU 到核心网。

知识点 1.4　5G 核心网

5G 核心网

手机开机后要想用 5G 网络上网，首先要搜到无线信号，然后通过无线侧，把手机终端相应的信息注册到核心网后，由核心网给终端分配相应的资源，创建一条用于上网的通道，然后手机才能正常上网。在整个过程中，会涉及核心网很多不同的网络功能。有些网络功能需要记录终端的位置信息，以便实时掌握终端的位置；有些网络功能用于记录终端的开户信息，以便核心网识别终端是否有权限；有些网络功能用于提供通道，传送数据包；有些网络功能需要计费。其中，用户的位置信息管理、签约信息管理、计费等都属于核心网控制面的功能，而提供通道、传递数据包是属于核心网用户面的功能。

图1-13给出了基于服务化架构（servicebased architecture，SBA）的5G网络架构，包括控制面和用户面及各网络功能之间的接口。SBA通过模块化实现网络功能的解耦和集成。解耦后的网络功能抽象为网络服务、独立扩展、独立演进、按需部署。控制平面上的所有NF之间的交互采用服务接口，同一个服务可以被多个NF调用，这样可以减少NF之间接口定义的耦合度，也可以灵活支持全网功能的按需定制，支持不同的业务场景和需求。

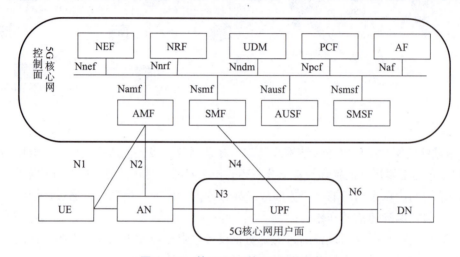

图1-13 基于SBA的5G网络架构

终端的最新位置信息记录在AMF（接入和移动性管理（mobile manage，MM）功能）上，终端的开户信息在UDM（统一数据管理）中保存，UPF（用户面功能）做数据路由转发。控制面网络功能之间使用服务化接口，例如，Namf表示AMF和其他网络功能交互的标准接口，其他的接口类似。在图1-13的下半部分描绘了用户面之间或者用户面和控制面之间的接口，其主要用于用户面数据转发，如N3、N6等以及用户面和控制面之间进行交互，如N4接口。在图1-13中，AN表示接入网，提供用户无线接入功能，DN表示数据网络，UE表示用户设备。

表1-1对基于SBA的5G网络架构涉及的网络功能做了简单介绍。

表1-1 基于SBA的5G网络架构涉及的网络功能简介

网络功能	功能简介
AMF	接入和移动性管理功能，执行注册、连接、可达性、移动性管理，为UE和SMF提供会话管理消息传输通道，为用户接入提供认证、鉴权功能，是终端和无线的核心网控制面接入点
SMF	会话管理（session management，SM）功能，负责隧道维护、IP地址分配和管理、UP功能选择、策略实施和服务质量（QoS）策略控制、计费数据采集、漫游等

网络功能	功能简介
AUSF	认证服务器功能，实现 3GPP 和非 3GPP 的接入认证
UPF	用户面功能，包括分组路由转发、策略实施、流量报告、QoS 处理
PCF	策略控制功能，支持统一的政策框架，为控制平面功能提供策略规则
UDM	统一数据管理功能，包括 3GPP AKA 认证、用户识别、访问授权、注册、移动、订阅、短信管理等
NRF	提供注册和发现功能的新功能，可以使网络功能相互发现并通过 API 接口进行通信
NSSF	网络切片选择功能，根据 UE 的切片选择辅助信息、签约信息等确定 UE 允许接入的网络切片实例
NEF	网络开放功能，开放各 NF 的能力，转换内外部信息
SMSF	消息服务功能，负责短消息转发处理
AF	应用功能实体进行业务 QoS 授权请求等

🌀 技能训练

技能点1　5G 网络拓扑结构设计

5G 的网络架构及接口

1. 训练内容

根据所学内容，绘制 5G 系统网络架构图，简述主要网元功能，具体包括如下内容。

（1）无线接入网主要网元。

（2）核心网主要网元。

（3）各网元之间接口。

2. 训练任务

扫描二维码，在线学习 5G 网络架构微课，手绘 5G 系统网络架构图，填写表 1−2。

表 1−2　5G 网络主要网元及功能

序号	网元	功能
1		
2		
3		
4		
5		
6		
7		
8		
…		

任务考核

1. 知识练习

（1）（单选题）5G 峰值速率是（　　　）。

A. 10 Mb/s
B. 100 Mb/s
C. 10 Gb/s
D. 1 Gb/s

（2）（单选题）在 5G 需求中，移动性支持的最高速度是？（　　　）

A. 100 km/h
B. 250 km/h
C. 300 km/h
D. 500 km/h

（3）（单选题）5G 至少支持（　　　）/km² 设备的连接。

A. 1 000 台
B. 1 万台
C. 10 万台
D. 100 万台

（4）（单选题）无人驾驶场景属于 5G 三大应用场景中的（　　　）。

A. 增强型移动宽带
B. 海量大连接
C. 低时延高可靠
D. 低时延大带宽

（5）（多选题）5G 承载网分为（　　　）。

A. 前传网
B. 中传网
C. 后传网
D. 回传网

（6）（多选题）以下核心网功能中属于控制面功能的是（　　　）。

A. 会话管理
B. 转发
C. 移动性管理
D. 策略控制

（7）（多选题）以下（　　　）属于无线接入网的架构。

A. DRAN 架构
B. CRAN 架构
C. SAB 架构
D. CloudRAN 架构

（8）（判断题）不同于以前的 2G、3G、4G 网络，5G 网络有两种组网方式：独立组网和非独立组网。（　　　）

（9）（判断题）5G 网络可提供低至 1 ms 的时延。（　　　）

（10）（判断题）CloudRAN 引入了 CU/DU 分离的结构，其中非实时处理部分（即 DU）仍保留在 BBU 模块；实时处理部分（即 CU）则放在云端。（　　　）

（11）（简答题）3G 网络架构和 4G 网络架构有哪些不同？

（12）（简答题）简述 5G 网络中各网元的功能。

（13）（简答题）分析 DRAN、CRAN、CloudRAN 三种无线接入网络架构的优缺点。

（14）（简答题）简述 5G 承载网是如何从物理层次划分的。

（15）（简答题）画出基于 SBA 的 5G 核心网络架构。

2. 任务评价

完成任务 1 的学习后，请根据学习反馈情况完成针对任务 1 的个人自评表（表 1-3）、小组评价表（表 1-4）、教师评价表（表 1-5）的填写。

表 1-3　个人自评表

姓名：		评价日期：		
序号	评价内容	考核评价指标		评价结果
1	学习态度（10%）	（1）能够积极、主动、认真完成本任务的全部学习要求，可以获得 9~10 分； （2）能够根据要求按时完成本任务的大部分学习要求，可以获得 6~8 分； （3）能够完成本任务的小部分学习要求，可以获得 1~5 分		
2	线上课前学习任务（20%）	（1）能够完成全部课前学习任务，很好地掌握了相关基础知识，可得 17~20 分； （2）能够完成大部分课前学习任务，可以大概理解本任务的相关知识内容，可以获得 12~16 分； （3）能够完成少量课前学习任务，对与本任务相关的知识内容了解得不多，可以获得 1~11 分		
3	线下课堂活动（50%）	（1）能够积极配合教师和小组的活动安排，承担相应的职责，及时完成全部课堂学习任务，可以得 41~50 分； （2）能够按照要求完成大部分课堂学习任务，可以获得 31~40 分； （3）能够按照要求完成部分课堂学习任务，可以获得 1~30 分		
4	课后作业（20%）	（1）能够按时、认真、高质量完成全部课后作业，可以获得 17~20 分； （2）能够依照教师要求大部分课后作业，可以得 12~16 分； （3）能够完成部分课后作业，可以获得 1~11 分		
5	在本任务的学习中收获了什么？还存在哪些不足			

表 1－4 小组评价表

小组名称：				
个人姓名：	小组成员：			
序号	评价内容	考核评价指标	评价结果	

序号	评价内容	考核评价指标	评价结果
1	明确任务 （10%）	（1）能够清晰、明确地知道需要承担的小组职责，可以获得 9～10 分； （2）能够大概知道需要承担的小组职责，可以获得 5～8 分； （3）能够知道少部分需要承担的小组职责，可以获得 1～4 分	
2	团队配合 （20%）	（1）能够服从小组任务分配，积极较好地完成职责要求，可以获得 17～20 分； （2）能够基本服从小组任务分配，按照要求完成职责任务，可以获得 12～16 分； （3）在小组中配合度一般，完成部分小组职责，可以获得 1～11 分	
3	合作探究 （50%）	（1）能够熟练完成任务，学习思路清晰，在团队技能训练中起到示范和主导作用，可以获得 41～50 分； （2）能够在同伴的帮助下基本完成任务，可以获得 31～40 分； （3）能够完成部分任务，实践操作能力欠佳，可以获得 1～30 分	
4	伙伴关系 （20%）	（1）沟通能力强，能够积极为小组成员提供帮助，可以获得 17～20 分； （2）有一定的沟通能力，能够配合完成基本的团队任务，可以获得 12～16 分； （3）沟通能力不足，与团队其他成员的沟通较少，可以获得 1～11 分	
5	其他加分项		
小组组长：		评价日期：	

表 1-5　教师评价表

小组名称：		小组组长：		
序号	评价内容	考核评价指标		评价结果
1	学习态度 （10%）	（1）学习态度端正，不迟到早退，遵守课堂纪律，积极主动地完成各项任务，热心帮助他人，可以获得 9～10 分； （2）学习态度较为认真，能够按照要求配合完成学习任务，可以获得 6～8 分； （3）学习态度一般，偶尔有违反课堂纪律的现象，可以获得 1～5 分		
2	课前学习任务 （20%）	根据在线学习平台的统计数据进行计分登记		
3	小组探究学习活动 （50%）	（1）组长责任心强，能够安排小组成员在协作、互助的良好氛围下进行充分的讨论、探究，在大家可以高质量完成基站设备的安装训练，可以获得 41～50 分； （2）组长能够安排小组任务，可以按照要求完成基本任务，可以获得 31～40 分； （3）组长能力一般，不能妥善安排任务，不能全部完成任务，可以获得 1～30 分		
4	课后学习任务 （20%）	（1）作业质量好，能够较好地反映出该学生对知识和技能掌握牢固，有自己的理解和看法，可以获得 17～20 分； （2）作业质量尚可，能够反映出学生对知识和技能的掌握情况良好，可以获得 12～16 分； （3）作业质量一般，能够反映出该学生对知识和技能的掌握还存在一定的不足，需要进行补充学习，可以获得 1～11 分		
5	其他加分项			
教师姓名：		评价日期：		

任务 2　5G 网络模式部署

情境引入

2019 年 8 月 28 日，河北省第三届园林博览会在邢台开幕。其重点突出"智慧园博"的主题，依托大数据、云平台、智慧应用系统突出建设智慧园博，重点依托 5G 网络，立足 5G 业务和应用体验，开展无人机、无人驾驶游览、仿生机器人、VR 赛车等体验服务。邢台电信作为独家合作运营商承担了本届园博园 5G 网络系统的搭建和相关应用的演示等工作。

为保障智慧园博"云上邢台＋人工智能"的整体应用设计，实现园博园 5G 全覆盖及业务演示需求，室外满足无人机和无人车业务演示需求和安全性，室内实现 NSA/SA 语音解决方案，园博园 5G 网络架构的规划为室外宏站采用 NSA 组网，室内微站采用 NSA/SA 双模架构，如图 2－1 所示。该架构是河北省第一个 NSA/SA 双模试点，可同时满足室内外通信需求。

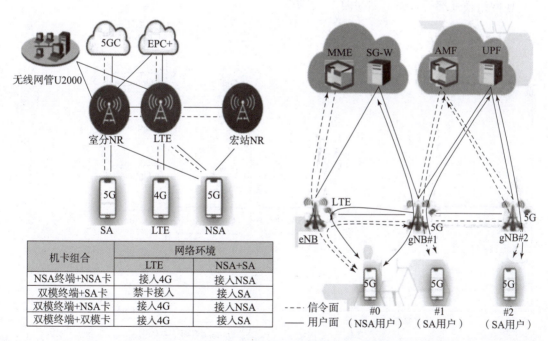

机卡组合	网络环境	
	LTE	NSA+SA
NSA终端+NSA卡	接入4G	接入NSA
双模终端+SA卡	禁卡接入	接入SA
双模终端+NSA卡	接入4G	接入NSA
双模终端+双模卡	接入4G	接入SA

图 2－1　河北省第三届园林博览会 5G 网络架构规划

在本任务中，我们将深入介绍 5G 的 NSA 和 SA 两种不同的网络部署模式，探寻 5G 组网的秘密。

任务要求

知识目标

（1）能说出 NSA 和 SA 组网模式的差异。

（2）知道 Option3 系列、Option7 系列、Option4 系列、Option2 系列等组网模式。

技能目标

（1）能比较 Option3、Option3a、Option3x 不同组网模式的差异。

（2）能根据工程现场实际情况合理设计网络部署模式。

素质目标

（1）养成自主学习的良好习惯。

（2）具有爱岗敬业、探索创新的职业精神。

（3）尊重他人，积极参与小组任务。

知识地图

5G 网络模式部署知识地图如图 2–2 所示。

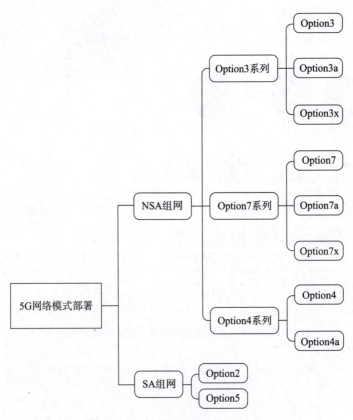

图 2－2　5G 网络模式部署知识地图

知识积累

不同于以前的 2G、3G、4G 网络，5G 网络有两种组网方式：NSA 方式和 SA 方式。NSA 指的是利用现有 4G 基础设施对 5G 网络进行部署；SA 指的是新建 5G 核心网、5G 基站，组成一个全新的网络。

3GPP（第三代合作伙伴计划）中提出了 Option1 ～ Option8 共 8 类 12 种不同的 5G 网络部署模式，这些不同的部署模式是从核心网和基站相结合进行考虑的，部署场景涵盖了全球运营商部署 5G 商用网络不同阶段的部署要求。其中，Option3、Option4、Option7、Option8 为 NSA 架构，Option1、Option2、Option5、Option6 为 SA 架构。Option1 就是 4G 网络架构，而 4G 的基站连接 4G 的核心网 EPC。如图 2-3 所示，其中以虚线代表控制面，实线代表用户面。控制面就是用来发送管理、调度资源所需信令的通道，用户面就是传输用户数据的通道，用户面和控制面是完全分离的。

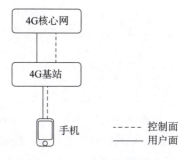

图 2-3　Option1 部署模式

3GPP TSG-RAN 第 72 次全体大会经过研究，认为 Option6（独立部署，5G 基站接入 4G 核心网 EPC）和 Option8（非独立部署，5G 基站作为主节点接入 4G 核心网 EPC）只在理论上成立，不具有实际意义，因而确定将不对 Option6 和 Option8 进行进一步研究。接下来，我们将按照 NSA 和 SA 两大类，逐一对各种网络部署模式展开介绍。

知识点 2.1　NSA 组网

5G 网络部署模式

为了实现 5G 网络的平滑引入，且充分利用现有的网络资源，诞生了 5G 共 4G 核心网的组网理念，即 NSA 组网。

由于 NSA 组网中既有 4G 网元，又有 5G 网元，比 SA 组网更加复杂。用户终端能同时跟 4G 和 5G 基站实现双连接，可同时通过两个基站实现数据的传输。在双连接中负责控制面的基站称作控制面锚点；用户数据需要分别送到双连接的两个基站上独立传送，数据分流的位置称为数据分流点。

Option3 系列的三种部署模式如图 2-4 所示。该系列的基站连接的核心网是 4G 核心网，控制面锚点都在 4G 基站上，适用于 5G 部署的最初阶段，覆盖不连续且没太多业务的情况。Option3 系列主要支持 eMBB 类型的高速宽带业务，此外，按照数据分流点位置的不同，又分为 Option3、Option3a、Option3x 三种模式。

由图 2-4（a）可知，Option3 的数据分流点在 4G 基站上，4G 基站既作为控制面锚点负责信令的控制管理，还同时承担数据分流点的任务，负责把从核心网下载的数据分为两部分，一部分通过 4G 基站下发给手机，另一部分分流到 5G 基站，由 5G 基站下发给手机。由于 5G 网络数据流量较大，且 4G 基站本身还需要承载 4G 网络的数据业务，因此，采用 4G 基站进行数据分流会给其带来很大的压力，这种部署架构并不合理，其商用化的可能性极小。

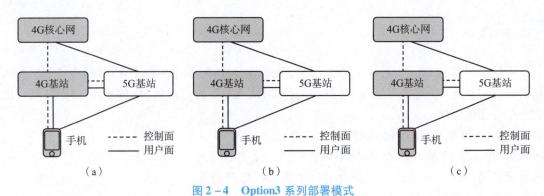

图 2 - 4　**Option3 系列部署模式**
（a）Option3；（b）Option3a；（c）Option3x

由图 2 - 4（b）可知，Option3a 把数据分流点放在了 4G 核心网上，由核心网向 4G 和 5G 基站分发用户面数据。Option3a 架构要比 Option3 架构合理，但 4G 核心网也需要进行升级才能满足需求。

由图 2 - 4（c）可知，把数据分流点放在了 5G 基站上，Option3x 避免了对已经在运行的 4G 基站和 4G 核心网做过多的改动，又利用了 5G 基站速度快、能力强的优势，因此得到了运营商的认可，成为 5G 最佳的、商用化的非独立组网部署模式。

Option7 系列比 Option3 系列向 5G 的演进更近了一步。在该系列中，核心网已经演进到了 5G 核心网，为了和 5G 核心网连接，4G 基站也升级为增强型的 4G 基站。Option7 系列的控制面锚点仍然还在 4G 基站上，适用于 5G 部署的早中期阶段。Option7 系列覆盖还不连续，但由于已经部署了 5G 核心网，因此，可以支持 eMBB、mMTC 和 uRLLC 三大应用场景的业务。根据数据分流点的不同，可将 Option7 系列分为 Option7、Option7a、Option7x 三种模式，如图 2 - 5 所示。

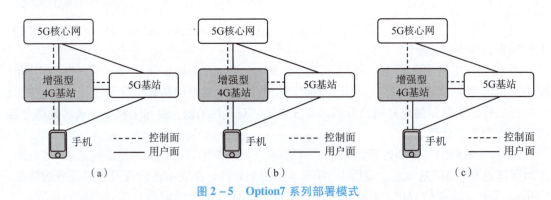

图 2 - 5　**Option7 系列部署模式**
（a）Option7；（b）Option7a；（c）Option7x

由图 2 - 5 可知，Option7 部署模式的数据分流点在增强型的 4G 基站上，Option7a 的数据分流点在 5G 核心网上，Option7x 的数据分流点在 5G 基站上。综上所述，Option7 系列具有如下优势。

（1）对 5G 的覆盖没有要求，可利用 4G 的覆盖优势。

（2）支持双连接进行分流，上网速度大幅提升，有较好的用户体验。

（3）引入 5G 核心网，支持 5G 新功能和新业务。

另外，部署 Option7 系列时还存在增强型 4G 基站的升级改造工作量大，产业成熟时间相对较晚，5G 基站跟增强型 4G 基站必须搭配工作，灵活性较低等不足之处。Option7 系列适用于 5G 部署初期及中期场景，由升级后的增强型 4G 基站提供连续覆盖，5G 作为热点覆盖提高容量，建议使用 Option7x。

与 Option3 系列、Option7 系列不同，Option4 系列中核心网演进为 5G 核心网，5G 基站也成为控制面锚点，根据数据分流点的差异，分为 Option4 和 Option4a 两种模式，如图 2-6 所示。

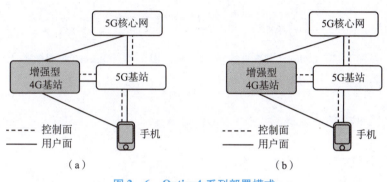

图 2-6　Option4 系列部署模式
（a）Option4；（b）Option4a

Option4 的数据分流点在 5G 基站上，Option4a 的数据分流点在 5G 核心网上，不论是 5G 基站还是 5G 核心网，这两者都是新网元，都不涉及旧设备的升级改造，因此都是可以接受的。

综上所述，Option4 系列具有支持 5G 和 4G 双连接，带来流量增益，用户体验好，引入 5G 核心网，支持 5G 新功能和新业务的优势。同时，还存在增强型 4G 基站的部署需要的改造工作量较大，产业成熟时间相对较晚，5G 基站跟增强型 4G 基站必须搭配干活，灵活性低等缺点。Option4 系列由 5G 提供连续覆盖，适用于 5G 商用中后期的部署场景。

知识点 2.2　SA 组网

在独立组网架构下，需要新建 5G 核心网，而用户一般驻留在 5G 网络中，只有进入无 5G 网络覆盖的区域时，用户才会回落到 4G 网络，5G 网络和 4G 网络之间通过核心网交互。5G 独立组网架构支持 5G 的全部功能，包括 eMBB、uRLLC、mMTC 及网络切片。首先看 Option2 的部署模式，如图 2-7 所示，5G 基站连接 5G 核心网，控制面的锚点和用户面的分流点均在 5G 基站上。

Option5 与 Option2 的不同之处在于，Option5 采用了升级改造后增强型的 4G 基站，如图 2-8 所示。与 5G 基站相比，其在峰值速率、时延、容量等方面明显弱于 5G 基站，因此 Option5 架构的应用前景并不乐观，商用化也不广泛。总之，5G 可能的独立组网方案只有 Option2 和 Option5，两者相比，Option2 具有一步到位引入 5G 基站和 5G 核心网，不依赖现有 4G 网络，演进路径最短，能够支持 5G 网络引入的所有新功能和新业务的优势。同时，

Option2 也存在初期部署成本相对较高，无法有效利用现有 4G 基站资源，5G 频点相对 LTE 较高，初期部署难以实现连续覆盖，4G 与 5G 系统间存在大量的切换，用户体验不好等缺点。

图 2 - 7　Option2 部署模式　　　　图 2 - 8　Option5 部署模式

技能训练

技能点 2   5G NSA/SA 组网模式部署实践

1. 训练内容

基于 IUV - 5G 全网部署与优化教学仿真平台，完成 5G NSA 组网模式下基站部署，具体包括如下内容。

（1）4G 基站 BBU 设备、远端射频模块（RRU）设备的选型及安装。

（2）5G 基站 BBU 设备、AAU 设备的选型及安装。

（3）4G 和 5G 基站连接线缆的选择。

（4）4G 和 5G 基站连接线缆的安装。

2. 训练任务

扫描二维码，在线学习" 5G NSA 部署模式的基站硬件设备安装（IUV 仿真系统）" 的微课视频，整理操作步骤并填写在表 2 - 1 中。

5G NSA 部署模式的
基站硬件设备安装
（IUV 仿真系统）

表 2 - 1   NSA 组网模式下基站部署实践操作步骤

序号	操作步骤	注意事项
1		
2		
3		
4		
5		
...		

任务考核

1. 知识练习

（1）（单选题）在 NSA 模式下，（　　）将作为 5G NR 的锚点。

A. GSM　　　　　　　B. CDMA　　　　　　C. WCDMA　　　　　　D. LTE

（2）（单选题）下列关于 5G NSA 组网的描述正确的是（　　）。

A. Option3、Option7、Option4 三种组网模式的控制面锚点不同

B. Option3、Option3a、Option3x 组网推荐 Option3，原因是不需要对现网 LTE 进行改造

C. Option3a、Option7a 都是 EPC 分流，好处是可以针对不同的业务进行分流，缺点是 EPC 不能根据无线链路状况进行分流

D. Option4 组网，适用于建网初期，LTE 覆盖比较弱

（3）（多选题）NSA 的组网方式包括（　　）。

A. Option2　　　　　　B. Option3　　　　　　C. Option4　　　　　　D. Option7

（4）（多选题）与 NSA 架构相比，SA 架构的优势在于可更好地聚焦在（　　）。

A. mMTC 业务　　　　B. uRLLC 业务　　　　C. 切片业务　　　　D. eMBB 业务

（5）（判断题）进行 NSA 组网时，若现网已经部署 VoLTE，仍然可以使用 VoLTE 作为语音解决方案。　　　　　　　　　　　　　　　　　　　　　　　　　　（　　）

（6）（判断题）5G 网络架构的最终趋势是 Option3x。　　　　　　　　　　（　　）

（7）（判断题）5G 早期标准化演进和早期部署偏重于 SA 模式。　　　　　（　　）

（8）（简答题）简述 SA 与 NSA 组网模式的差异。

（9）（简答题）对比并分析 Option3 系列和 Option7 系列部署模式的区别。

2. 任务评价

完成任务 2 的学习后，请根据学习反馈情况完成针对任务 2 的个人自评表（表 2 - 2）、小组评价表（表 2 - 3）、教师评价表（表 2 - 4）的填写。

表 2 - 2　个人自评表

姓名：		评价日期：		
序号	评价内容	考核评价指标		评价结果
1	学习态度（10%）	（1）能够积极、主动、认真完成本任务的全部学习要求，可以获得 9 ~ 10 分； （2）能够根据要求按时完成本任务的大部分学习要求，可以获得 6 ~ 8 分； （3）能够完成本任务的小部分学习要求，可以获得 1 ~ 5 分		
2	线上课前学习任务（20%）	（1）能够完成全部课前学习任务，很好地掌握相关基础知识，可得 17 ~ 20 分； （2）能够完成大部分课前学习任务，可以大概理解本任务的相关知识内容，可以获得 12 ~ 16 分； （3）能够完成少量课前学习任务，对与本任务相关的知识内容了解得不多，可以获得 1 ~ 11 分		
3	线下课堂活动（50%）	（1）能够积极配合教师和小组的活动安排，承担相应的职责，及时完成全部课堂学习任务，可以获得 41 ~ 50 分； （2）能够按照要求完成大部分课堂学习任务，可以获得 31 ~ 40 分； （3）能够按照要求完成部分课堂学习任务，可以获得 1 ~ 30 分		
4	课后作业（20%）	（1）能够按时、认真、高质量完成全部课后作业，可以获得 17 ~ 20 分； （2）能够依照教师要求完成大部分课后作业，可以获得 12 ~ 16 分； （3）能够完成部分课后作业，可以获得 1 ~ 11 分		
5	在本任务的学习中收获了什么？还存在哪些不足			

表 2－3　小组评价表

小组名称：		小组成员：	
个人姓名：		小组分工：	
序号	评价内容	考核评价指标	评价结果
1	明确任务 （10%）	（1）能够清晰、明确地知道需要承担的小组职责，可以获得 9～10 分； （2）能够大概知道需要承担的小组职责，可以获得 5～8 分； （3）能够知道少部分能够承担的小组职责，可以获得 1～4 分	
2	团队配合 （20%）	（1）能够服从小组任务分配，积极较好地完成职责要求，可以获得 17～20 分； （2）能够基本服从小组任务分配，按照要求完成职责任务，可以获得 12～16 分； （3）在小组中配合度一般，完成部分小组职责，可以获得 1～11 分	
3	合作探究 （50%）	（1）能够熟练完成任务，学习思路清晰，在团队技能训练中起到示范和主导作用，可以获得 41～50 分； （2）能够在同伴的帮助下基本完成任务，可以获得 31～40 分； （3）能够完成部分任务，实践操作能力欠佳，可以获得 1～30 分	
4	伙伴关系 （20%）	（1）沟通能力强，能够积极为小组成员提供帮助，可以获得 17～20 分； （2）有一定的沟通能力，能够配合完成基本的团队任务，可以获得 12～16 分； （3）沟通能力不足，与团队其他成员的沟通较少，可以获得 1～11 分	
5	其他加分项		
小组组长：		评价日期：	

表 2 - 4 教师评价表

小组名称：		小组组长：		
序号	评价内容	考核评价指标		评价结果
1	学习态度 （10%）	（1）学习态度端正，不迟到早退，遵守课堂纪律，积极主动地完成各项任务，热心帮助他人，可以获得 9～10 分； （2）学习态度较为认真，能够按照要求配合完成学习任务，可以获得 6～8 分； （3）学习态度一般，偶尔有违反课堂纪律的现象，可以获得 1～5 分		
2	课前学习任务 （20%）	根据在线学习平台的统计数据进行计分登记		
3	小组探究学习活动 （50%）	（1）组长责任心强，能够安排小组成员在协作、互助的良好氛围下进行充分的讨论、探究，使大家可以高质量完成基站设备的安装训练，可以获得 41～50 分； （2）组长能够安排小组任务，可以按照要求完成基站安装的基本任务，可以获得 31～40 分； （3）组长能力一般，不能妥善安排任务，不能全部完成基站设备安装任务，可以获得 1～30 分		
4	课后学习任务 （20%）	（1）作业质量好，能够较好地反映出该学生对知识和技能掌握牢固，有自己的理解和看法，可以获得 17～20 分； （2）作业质量尚可，能够反映出该学生对知识和技能的掌握情况良好，可以获得 12～16 分； （3）作业质量一般，能够反映出该学生对知识和技能的掌握还存在一定的不足，需要进行补充学习，可以获得 1～11 分		
5	其他加分项			
教师姓名：		评价日期：		

模块二

5G 空口探析

任务 3　移动信道认知

🌀 **情境引入**

随着物联网的快速发展，城市无线网络覆盖要求不断提高。截至 2023 年，江苏省无锡市已拥有通信基站 3 万多个，为公众的工作和生活带来了便利，但部分群众仍对通信基站电磁辐射有疑惑甚至误解，下面是一则该市生态环境局处理的真实投诉案例。

2022 年 9 月，无锡市旺庄街道春潮花园二期的沈先生，家中楼顶建有一座通信基站，担心基站辐射会对人体造成伤害，因而进行投诉。接到投诉后，执法人员立即进行了核实，确认这座基站环保手续齐全。为进一步消除投诉人的恐惧心理，执法人员与第三方检测人员分别在小区花园、居民家中及楼顶等多个不同点位实时检测分析手机信号强度和基站辐射强度。经过多次检测，他们发现电磁辐射功率密度最大值为 0.008 W/m²，手机接收信号强度为 −80 dBm 左右。检测结果表明，该小区基站信号正常，基站电磁辐射数据远低于国家标准（0.4 W/m²），不会对人体造成电磁辐射伤害。真实的数据让投诉人心服口服，执法人员对有关电磁辐射问题进行现场科普宣传和答疑解惑，打消了投诉人对通信基站电磁辐射的顾虑。实际上，普通的手机也具有测试网络信号覆盖强度的功能，而不同型号的手机根据相关功能说明就可以看到图 3−1 所示的手机实测基站覆盖信号强度。

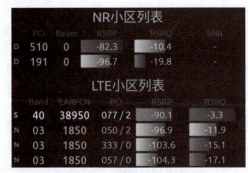

图 3−1　手机实测基站覆盖信号强度

因基站辐射产生的投诉案例并不鲜见，有的用户甚至和运营商打了多年官司。那么基站的电磁辐射究竟对人体有没有损害呢？是基站的辐射更大，还是手机的辐射更强呢？学习本任务后，大家可以深入了解移动通信中的电磁波，从而解答各种疑惑。

任务要求

知识目标

（1）知道电磁波的基本工作原理，熟悉电磁波传播的特点。

（2）能列举移动通信系统常用的天线类型，知道天线的主要性能参数和工程参数，能画出天馈系统的基本组成结构。

（3）能解释移动信道中的多径效应、阴影效应、多普勒效应和远近效应。

（4）了解快衰落、慢衰落两种衰落的区别，会在 mW、W 与 dBm 之间进行单位转换。

技能目标

（1）能根据要求正确选用合适的天线。

（2）能在仿真软件环境中独立完成基站设备组装操作。

素质目标

（1）养成自主学习的良好习惯。

（2）具有探索求实、精益求精的职业精神。

（3）尊重他人，积极参与小组任务。

知识地图

移动信道的认知知识地图如图 3－2 所示。

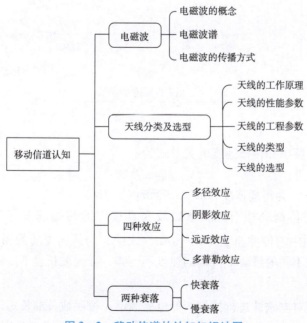

图 3－2 移动信道的认知知识地图

🌀 **知识积累**

电磁波

知识点 3.1 电磁波

与有线通信不同，在移动通信中，为了支持用户的移动性，移动终端必须用无线方式接入基站，传递信息的介质不再是网线、电缆、光纤等物质，而是无线电磁波，如图 3−3 所示。

1. 电磁波的概念

无线电波是一种能量传输形式。由物理学常识可知，变化的电场产生变化的磁场，变化的磁场产生变化的电场，两者相互激发，产生一种特殊的物质，该物质脱离场源后，以一定的速度（光速）传播，这种特殊物质就是电磁波。

图 3−3　基站与移动终端间的通信

在传播过程中，电场和磁场在空间中是相互垂直的，同时这两者又都垂直于传播方向，如图 3−4 所示。

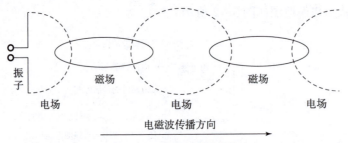

图 3−4　电磁波传播方向

电磁波的波长、频率和传播速度的关系式为

$$\lambda = v/f \tag{3−1}$$

式中，λ 为波长，m；v 为传播速度，m/s；f 为频率，Hz。

其中传播速度与传播介质有关。电磁波在真空中的传播速度等于光速，用 $c = 3 \times 10^8$ m/s 表示。在媒质中的传播速度为 $v = c/\sqrt{\varepsilon}$，式中 ε 为传播媒质的相对介电常数。可见，同一频率的电磁波在不同的媒质中传输的速度不一样，因此波长也不一样。

2. 电磁波谱

按照波长或频率对电磁波进行排列，即电磁波谱。按照波长的长短以及波源的不同，电磁波谱大致分为无线电波、红外线、可见光、紫外线、伦琴射线（X 射线）、γ 射线等，如图 3−5 所示。

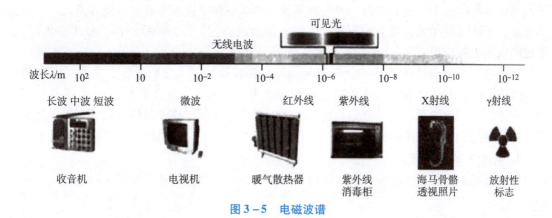

图 3－5　电磁波谱

不同频段的电磁波具有不同的传播特性，导致其应用环境也不一样。表 3－1 为不同频段电磁波的特性和应用范围。

表 3－1　不同频段电磁波的特性和应用范围

频率	频段	特性	应用
3～30 kHz	极低频（ELF）、甚低频（VLF）	高大气噪声，地球－电离层波导模型，天线效率非常低	潜水艇、导航、声呐、远距离导航
30～300 kHz	低频（LF）	高大气噪声，地球－电离层波导模型，容易被电离层吸收	远距离导航信标
300～3 000 kHz	中频（MF）	高大气噪声，好的地波传播，地球磁场回旋噪声	导航、水上通信、调幅广播
3～30 MHz	高频（HF）	中等大气噪声，电离层反射提供长距离通信，受太阳通量密度的影响	国际短波广播、电话、电报、长距离航空器通信、业余无线电
30～300 MHz	甚高频（VHF）	在低端有电离层反射，流量散射体可能出现，基本为视距的正常传播	移动通信、电视、调频广播、空中交通管制、无线电导航辅助
300～3 000 MHz	特高频（UHF）	基本为视距传播	电视、雷达、移动无线电、卫星通信
3～30 GHz	超高频（SHF）	视距传播，在高端频率容易被大气吸收	雷达、微波通信、陆地移动通信、卫星通信
30～3 000 GHz	极高频（EHF）	视距传播，非常容易被大气吸收	雷达、保密通信、军用通信、卫星通信
3 000～10^7 GHz	IR－光	视距传播，非常容易被大气吸收	光纤通信

电磁波频率为 3 Hz～3 000 GHz，而不同频率的电磁波具有不同的传播特性。频率越低，传播损耗越小，覆盖距离越远，绕射能力越强。但是，低频段频率资源紧张，系统容量有

限，因此主要应用于广播、电视、寻呼等系统。高频段频率资源丰富，系统容量大，但是频率越高，传播损耗越大，覆盖距离越近，绕射能力越弱。另外，频率越高，技术难度越大，系统的成本也相应提高。

移动通信系统选择频段要综合考虑覆盖效果和容量。对于移动通信，主要关心甚高频（very high frequency，VHF）、特高频（ultra high frequency，UHF）频段。UHF 频段与其他频段相比，在覆盖效果和容量之间比较平衡，因此广泛应用于移动通信领域。当然，随着人们对移动通信的需求越来越高，需要的容量越来越大，移动通信系统必然要向高频段发展。

3. 电磁波的传播方式

电磁波的传播方式主要有 4 种：地波、天波、空间波及散射波，如图 3-6 所示。

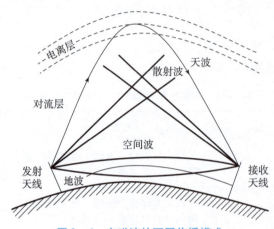

图 3-6 电磁波的不同传播模式

（1）地波。沿地球表面传播的电磁波称为地波（地表波）。地面上有高低不平的山坡和房屋等障碍物，根据波的衍射特性，当波长大于或相当于障碍物的尺寸时，电波才能明显地绕到障碍物的后面。地面上的障碍物一般不太大，长波可以很好地绕过它们，中波和中短波也能较好地绕过，短波和微波由于波长过短，绕过障碍物的能力很差。

地球是个良导体，地球表面会因地波的传播引起感应电流，因而地波在传播过程中有能量损失。频率越高，损失的能量越多。所以，无论从衍射的角度还是从能量损失的角度考虑，长波、中波和中短波沿地球表面都可以传播较远的距离，而短波和微波则不能。

地波的传播比较稳定，不受昼夜变化的影响，而且能够沿着弯曲的地球表面到达地平线以外的地方，所以长波、中波和中短波用于无线电广播。由于地波在传播过程中会不断损失能量，而且频率越高（波长越短）损失越大，因此，中波和中短波的传播距离不大，一般在几百千米范围内，收音机在这两个波段一般只能收听到本地或邻近省市的电台。长波沿地面传播的距离要远得多，但发射长波的设备庞大、造价高，所以长波很少用于无线电广播，多用于超远程无线电通信和导航等。

（2）天波。天波指电离层波。地球被厚厚的大气层包围，在地面上空 50 km 到几百千米的范围内，大气中一部分气体分子由于受到太阳光的照射而丢失电子，即发生电离现象，产生带正电的离子和自由电子，这层大气称为电离层。电离层对于不同波长的电磁波表现出不同的特性。实验证明，波长短于 10 m 的微波能穿过电离层，波长超过 3 000 km 的长波几乎会被电离层全部吸收。对于中波、中短波、短波，波长越短，电离层对它们的吸收越少，反射越多。因此，短波最适宜以天波的形式传播，它可以被电离层反射到几千 km 以外，也可以在地球表面和电离层之间多次反射，即可以实现多跳传播。但是，电离层是不稳定的，白天受阳光照射时电离程度高，夜晚电离程度低。因此，夜间它对中波和中短波的吸收减弱，这时中波和中短波也能以天波的形式传播。收音机在夜晚能够收听到许多远地的中波或中短波电台，就是这个缘故。

无线电波进入电离层时其方向会发生改变，出现折射。电离层折射效应的积累，导致电波的入射方向连续改变，最终"拐"回地面，人们通常把这种经电离层反射而折回地面的无线电波称为"天波"。

（3）空间波。空间波主要指直射波和反射波。从发射天线直接到达接收点的电波，称为直射波。当电波传播过程中遇到两种不同介质的光滑界面时，会像光一样发生镜面反射，这种反射回去的光波称为反射波。

（4）散射波。地球大气层中的对流层因其物理特性的不规则性或不连续性，会对无线电波起到散射作用，经过散射作用后的电波称为散射波。

不同频率的无线电波在大气中的传播特性不同，大气中的水蒸气、氧气等对于不同频率的无线电波产生不同的衰减作用，因此在一些衰减特别大的频率上并不适合进行无线通信。移动通信系统主要工作在 VHF 和 UHF 两个频段，在实际的传播环境中，发射端与接收端之间往往有山丘、建筑物、树木等障碍物的存在，因此，移动通信的电波传播方式主要是直射波、反射波、绕射波、散射波及它们的合成波等，如图 3-7 所示。

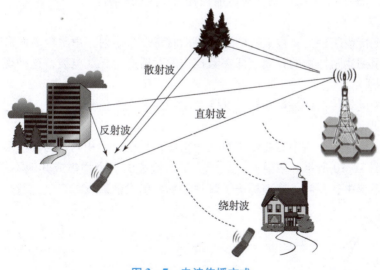

图 3-7　电波传播方式

（1）直射波。

在无遮挡物的情况下，无线电波以直线方式传播，即形成直射波，直射波传播的接收信号最强。

（2）反射波。

当无线电波在传播过程中遇到比其波长大得多的物体（如地球表面、建筑物墙壁表面、树干等）时，便会发生反射。

采用两径传播模型来分析反射波对信号的影响，如图 3 – 8 所示，其中 $d = d_1 + d_2$ 远远大于天线高度 h_T。

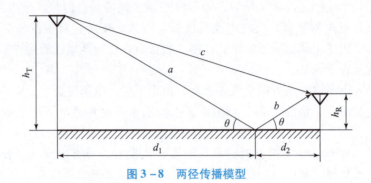

图 3 – 8　两径传播模型

经过推导，接收端接收到的功率为

$$P_R = P_T \left(\frac{h_T h_R}{d^2} \right)^2 g_T g_R \tag{3-2}$$

由式（3 – 2）可知以下几点。

1）由于 d 远远大于天线高度，其接收功率与频率无关。

2）接收功率与距离的四次方成反比，而自由空间的接收功率与距离的二次方成反比，这表明反射波接收功率衰减要快得多。

3）发射天线和接收天线的高度对传播损耗有一定的影响。

（3）绕射波。

无线电波在传播路径上，被尖锐的边缘阻挡时将发生绕射，由阻挡表面产生的二次波散布于空间，甚至到达阻挡物的背面，即在阻挡物的背后产生无线电波，这种现象称为绕射现象，如图 3 – 9 所示。

绕射波的强度受传播环境影响很大，既频率越高，绕射信号越弱。

（4）散射波。

当无线电波传播的介质中存在小于波长的物体，且单位体积内阻挡物很多时，将会发生散射现象，如图 3 – 10 所示。散射波一般产生于粗糙表面、小物体或其他不规则物体表面。在实际的通信系统中，树叶、街道标志、灯柱等均会引发散射现象。

图 3 – 9　绕射现象

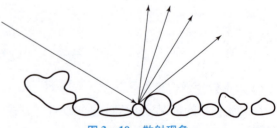

图 3 – 10　散射现象

（5）透射波。

当无线电波到达两种不同介质界面时，会有部分能量反射到第一种介质中（即反射线），另一部分能量透射到第二种介质中（即透射线或折射线），如图 3 - 11 所示。

例如，当无线电波透射过建筑物外墙时，有一部分能量会穿透墙壁射入室内。穿过墙体的透射线可以用透射系数来描述，穿透损耗大小不仅与无线电波频率有关，而且与穿透物体的材料、尺寸有关。

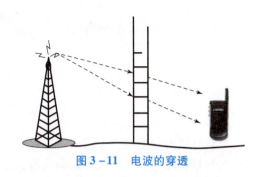

图 3 - 11　电波的穿透

一般直射信号是最强的，反射信号、透射信号次之，绕射信号更次之，而散射信号最弱。

知识点 3.2　天线分类及选型

天线

电磁波是由天线生成的，人们在日常生活中经常看到各种各样的天线，如图 3 - 12 所示。

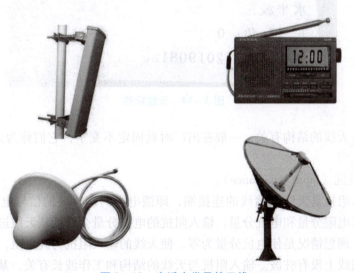

图 3 - 12　生活中常见的天线

1. 天线的工作原理

电磁波的辐射由时变电流源产生，或者由做加速运动的电荷激发。电磁波的传播是有方向性的，传播方向与电场、磁场相互垂直。

导线载有交变电流时，如图 3 - 13（a）所示，如果两导线的距离很近，它们所产生的感应电动势几乎可以抵消，因此产生的辐射很微弱。如果将两导线张开，如图 3 - 13（b）、图 3 - 13（c）所示，这时由于两导线的电流方向相同，它们所产生的感应电动势方向也相同，因而辐射较强。

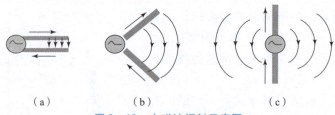

（a） （b） （c）

图 3-13　电磁波辐射示意图

当导线的长度远小于波长时，其中通过的电流很小，辐射很微弱。当导线的长度增大到可与波长相比拟时，导线上的电流就大大增加，因而就能形成较强的辐射。所以，天线辐射的能力与导线的长度和形状有关。

2. 天线的性能参数

在天线设备上，通常能看到一张标示有天线关键参数的标签，如图 3-14 所示。

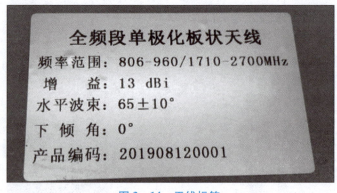

图 3-14　天线标签

这些参数与天线的结构有关，一般在出厂时就固定不变了，它们称为天线的性能参数，主要包括以下几项。

（1）输入阻抗（input impedance）。

天线的输入阻抗是天线和馈线的连接端，即馈电点两端感应的信号电压与信号电流之比。输入阻抗有电阻分量和电抗分量。输入阻抗的电抗分量会降低从天线进入馈线的有效信号功率。因此，理想情况是使电抗分量为零，使天线的输入阻抗为纯电阻，这时馈线终端没有功率反射，馈线上没有驻波。输入阻抗与天线的结构和工作波长有关，基本半波振子，即由中间对称馈电的半波长导线，其输入阻抗为 $(73.1+j42.5)\ \Omega$。当把振子长度缩短 3% ~ 5% 时，就可以消除其中的电抗分量，使天线的输入阻抗为纯电阻，即使半波振子的输入阻抗为 73.1 Ω（标称 75 Ω）。移动通信天线的输入阻抗通常为 50 Ω。

（2）回波损耗（return loss）。

当馈线和天线匹配时，高频能量全部被负载吸收，馈线上只有入射波，没有反射波。馈线上传输的是行波，各处的电压幅度相等，任意一点的阻抗都等于它的特性阻抗。而当天线和馈线不匹配时，也就是天线阻抗不等于馈线特性阻抗时，负载就不能将馈线上传输的高频能量全部吸收，而只能吸收部分能量，入射波的一部分能量反射回来形成反射波。回波损耗是度量反射信号能量的一种计量方式。图 3 - 15 为回波损耗示意图。

天线反射系数 Γ 和回波损耗的关系为

$$RL = -10 \times \log |\Gamma|^2$$

天线反射系数 Γ 和电压驻波比（voltage standing wave ratio，VSWR）的关系为

$$VSWR = \frac{1 + |\Gamma|}{1 - |\Gamma|}$$

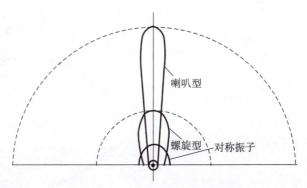

图 3 - 15　回波损耗示意图

（3）电压驻波比。

电压驻波比是回波损耗的另一种计量方式，它表示天线和馈线的阻抗匹配程度，其值在 1 到无穷大之间。电压驻波比为 1，表示完全匹配，高频能量全部被负载吸收，馈线上只有入射波，没有反射波；反之，如果电压驻波比为无穷大，则表示全反射，完全失配。在移动通信系统中，一般要求电压驻波比小于 1.5，过大的电压驻波比会缩小基站的覆盖范围并使系统内干扰增大，从而影响基站的服务性能。

（4）带宽（bandwidth）。

天线的频带宽度指天线的阻抗、增益、极化或方向性等参数保持在允许范围内的频率跨度。在移动通信系统中一般基于电压驻波比来定义带宽，当天线的输入电压驻波比≤1.5 时，天线的工作频带宽度就是带宽。例如，ANDREW CTSDG - 06513 - 6D 天线的带宽为 824 ~ 894 MHz，显然可以工作于 800 MHz 的 CDMA 频段。按照天线带宽的相对大小，可以将天线分为窄带天线、宽带天线和超宽带天线。

（5）增益（gain）。

增益是指在输入功率相等的条件下，实际天线与理想的辐射单元在空间同一点处所产生的场强的平方之比，即功率之比，天线增益衡量了天线朝一个特定方向收发信号的能力。增益一般与天线方向图有关，方向图主瓣越窄，后瓣、副瓣越小，增益越高。天线增益对移动通信系统的运行质量极为重要，因为它决定了蜂窝边缘的信号电平。图 3 - 16 给出了常用的三种天线的增益比较。

图 3 - 16　三种常用天线增益比较

天线增益的单位有两种，即 dBi 和 dBd。其中，dBi 是以理想点源形成的场做参考，而 dBd 是以半波对称振子形成的场做参考，如图 3 - 17 所示。因此，两者在数值上是不同的，

以 dBi 为单位比以 dBd 为单位数值大 2.15，即 dBi = dBd + 2.15。

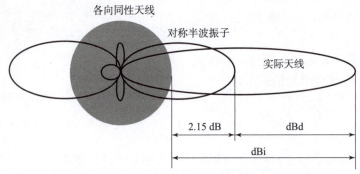

各向同性天线

对称半波振子

实际天线

2.15 dB　　　dBd

dBi

图 3 - 17　dBi 与 dBd 的不同参考示意图

（6）方向图。

方向图又称波瓣图，它是一种三维图形，可以描述天线辐射场在空间的分布情况。由于较少关注场的相位方向图，一般意义上的方向图指天线远区辐射场的幅度或功率密度方向图。同时，一般情况下以归一化的方向图来描述天线的辐射情况。通常取三维方向图轴线的一个剖面来表述主极化平面上的方向性。如果该剖面上的切向分量只有电场，则称为 E 面方向图；如果切向分量只有磁场，则称为 H 面方向图。图 3 - 18 是半波振子天线方向示意图。

顶视　　　　　　　侧视　　　　　　　立体

图 3 - 18　半波振子天线方向示意图

（7）波瓣宽度。

天线的方向图中通常有两个瓣或多个瓣，其中最大的瓣称为主瓣，其余的瓣称为副瓣。主瓣两个半功率（- 3 dB）点间的夹角定义为天线方向图的波瓣宽度，又称半功率角，如图 3 - 19 所示。

波瓣宽度有水平波瓣宽度和垂直波瓣宽度之分。

一般来说，天线的方向性和波瓣宽度是成反比的，波瓣宽度越窄，天线方向性越强。在图 3 - 20 中，ANDREW CTSDG - 06513 - 6D 天线的水平半功率角为 65°，垂直半功率角为 15°。

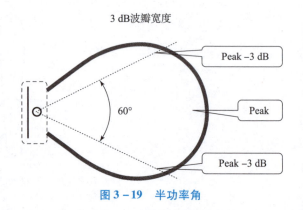

3 dB波瓣宽度

Peak -3 dB

60°

Peak

Peak -3 dB

图 3 - 19　半功率角

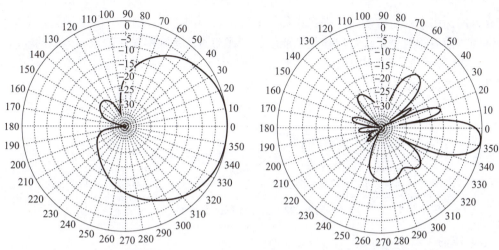

图 3 - 20   ANDREW CTSDG - 06513 - 6D 基站天线的水平和垂直方向示意图

（8）极化方式。

天线的极化是指天线辐射时形成的电磁场的电场方向。当电场方向垂直于地面时，此电波称为垂直极化波；当电场方向平行于地面时，此电波称为水平极化波，天线单极化方式如图 3 - 21（a）所示。双极化天线是指两个天线作为一个整体传输两个独立的波，有垂直/水平双极化天线和 +45°/ -45°倾斜双极化天线，如图 3 - 21（b）所示。+45°和 -45°两副极化方向相互正交的天线同时工作在收发双工模式下，大幅节省了每个小区的天线数量；同时由于 +45°/ -45°为正交极化，有效保证了分集接收的良好效果，其极化分集增益约为 5 dB，比单极化天线提高约 2 dB。移动通信系统中一般采用垂直单极化天线和 +45°/ -45° 倾斜的双极化天线。

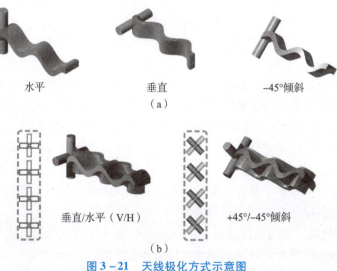

图 3 - 21   天线极化方式示意图
（a）单极化方式；（b）双极化方式

49

（9）前后比。

在方向图中，前后瓣最大电平之比称为前后比，如图 3-22 所示，它表明天线对后瓣抑制的强弱。前后比大，天线定向接收性能就好。移动通信系统中采用的定向天线的前后比一般在 25～30 dB 之间。选用前后比低的天线，天线的后瓣有可能产生越区覆盖，导致切换关系混乱，会产生掉话现象。

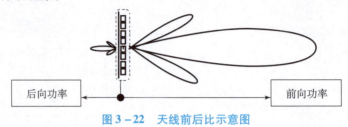

图 3-22　天线前后比示意图

3. 天线的工程参数

除了上述天线参数外，基站天线参数还有天线的高度、俯仰角、方位角、天线位置等，这些参数对基站的电磁覆盖范围有决定性的影响，它们称为天线的工程参数。天线参数的调整在网络规划和网络优化中具有很重要的意义。

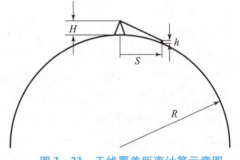

图 3-23　天线覆盖距离计算示意图

（1）天线高度。

天线高度直接与基站的覆盖范围有关。移动通信的频段一般是近地表面视线通信，如图 3-23 所示，天线所发直射波能达到的最远距离 S 与收发信天线的高度有关，具体关系式可简化如下

$$S = \sqrt{2R}(\sqrt{H} + \sqrt{h}) \tag{3-3}$$

式中，R 为地球半径，约为 6 370 km；H 为基站天线的中心点高度；h 为手机或测试仪表的天线高度。

移动通信网络在建设初期，站点较少，为了保证覆盖范围，基站天线一般架设得较高。随着移动通信网络的发展，基站站点数逐渐增多，当前密集市区基站间距已经达到 200～500 m。所以在网络发展到一定规模的时候，必须适当降低天线的高度，以减小基站的覆盖范围，否则便会严重影响网络质量。其影响主要有以下几方面。

1）话务不均衡。基站天线过高，会使该基站的覆盖范围过大，从而使该基站的话务量过大。而与之相邻的基站由于覆盖范围较小且被该基站覆盖，因此话务量较小，不能发挥应有作用。这样就会导致各基站话务不均衡。

2）系统内干扰高。基站天线过高，会造成越站无线信号干扰，引起掉话、串话和杂音较大等现象，从而导致整个无线通信网络的服务质量下降。

3）出现孤岛效应。孤岛效应是基站覆盖性问题，当基站覆盖在大型水面或多山地区等特殊地形时，由于水面或山峰的反射，基站在原覆盖范围不变的基础上，在较远处出现"飞地"，而与之有切换关系的相邻基站却因地形的阻挡而无法覆盖，这导致"飞地"与相邻基站之间没有切换关系，使"飞地"成为孤岛。当手机连接上"飞地"覆盖区的信号时，容易因没有切换关系而掉话。

（2）天线俯仰角。

天线俯仰角是网络规划和优化中一个非常重要的参数。选择合适的俯仰角可以使天线在本小区边界的电磁波与周围小区的电磁波能量重叠减小，从而使小区间的信号干扰减至最小。另外，选择合适的覆盖范围，使基站实际覆盖范围与预期的设计范围相同，同时加强本覆盖区的信号强度，也可以降低小区间的信号干扰。

在目前的移动通信网络中，基站站点的增多，使在设计密集市区基站的时候，一般要求其覆盖范围为 500 m 左右。而根据移动通信天线的特性，如果天线没有一定的俯仰角（或俯仰角偏小），则基站的覆盖范围会远远大于 500 m，这样会造成基站实际覆盖范围比预期范围偏大，从而导致小区与小区之间交叉覆盖，相邻切换关系混乱，系统内信号干扰严重。如果天线的俯仰角偏大，则会造成基站实际覆盖范围比预期范围偏小，导致小区之间存在信号盲区或弱区，同时易导致天线方向图形状的变化，例如，从鸭梨形变为纺锤形，从而造成严重的系统内干扰。因此，合理设置俯仰角是保证整个移动通信网络质量的基本要求。

一般来说，俯仰角的大小可以由式（3-4）推算

$$\theta = \arctan(h/R) + A/2 \qquad\qquad (3-4)$$

式中，θ 为天线的俯仰角；h 为天线的高度；R 为小区的覆盖半径；A 为天线的垂直平面半功率角。

式（3-4）是将天线的主瓣方向对准小区边缘时得出的，在实际的调整工作中，一般在得出的俯仰角角度的基础上再加上 1°~2°，使信号更有效地覆盖在本小区内。

（3）天线方位角。

天线方位角对移动通信的网络质量非常重要。一方面，准确的方位角能保证基站的实际覆盖与预期覆盖相同，保证整个网络的运行质量；另一方面，依据话务量和网络存在的具体情况对方位角进行适当调整，可以更好地优化现有的移动通信网络。

在现行的 3 扇区定向站中，一般以一定的规则定义各个扇区，这样做可以轻易辨别各个基站的各个扇区。一般的规则如下。

①A 小区：方位角度 0°，天线指向正北。

②B 小区：方位角度 120°，天线指向东南。

③C 小区：方位角度 240°，天线指向西南。

扇区的编号按顺时针方向依次是 A，B，C。

在网络建设及规划中，一般严格按照此规则对天线的方位角进行安装及调整，这也是天线安装的重要标准之一。如果方位角设置与之存在偏差，则易导致基站的实际覆盖范围与所设计的不相符，造成基站的覆盖范围不合理，从而导致一些意想不到的同频及邻频干扰。

在实际网络中，由于地形因素，如大楼、高山、水面等，往往会引起信号的折射或反射，导致实际覆盖与理想模型存在较大的出入，从而使一些区域信号较强，又使另一些区域信号较弱。可根据网络的实际情况，对相应天线的方位角进行适当调整，以保证信号较弱区域的信号强度，达到网络优化的目的。另外，由于各地人口密度不同，导致各天

线所对应小区的话务量不均衡，也可通过调整天线的方位角，达到均衡话务量的目的。

一般情况下建议不要调整天线的方位角，否则可能会造成一定程度的系统内干扰。但在某些特殊情况下，（如当地紧急会议或大型公众活动等），某些小区话务特别集中，可以临时对天线的方位角进行调整，以达到均衡话务、优化网络的目的。另外，针对郊区的某些信号盲区或弱区，亦可通过调整天线的方位角达到优化网络的目的，还应对周围信号进行测试，以保证网络的运行质量。

（4）天线位置。

由于后期工程、话务分布以及无线传播环境的变化，在优化中会有一些基站很难通过天线方位角或倾角的调整达到改善局部区域覆盖面积、提高基站利用率的目的。这种情况就需要进行基站搬迁，也就是基站重新选点。

4. 天线的类型

移动网络类型不同，基站天线的选择也有不同的要求。宏基站天线按定向性可分为全向和定向两种基本类型，按极化方式可分为单极化和双极化两种基本类型，按下倾角调整方式可分为机械式和电调式两种基本类型。以下内容简要介绍这几种基本天线类型。

（1）全向天线。

全向天线的波束在水平方向图上表现为360°均匀辐射，也就是无方向性，在垂直方向图上表现为有一定宽度。在一般情况下，波瓣宽度越小，增益越大。全向天线在移动通信系统中一般应用于郊县大区制的站型，覆盖范围大。

（2）定向天线。

定向天线的波束在水平方向图上表现为一定角度范围辐射，也就是有方向性，在垂直方向图上表现为有一定宽度。与全向天线一样，波瓣宽度越小，增益越大。定向天线在移动通信系统中一般应用于城区小区制的站型，覆盖范围小，用户密度大，频率利用率高。

根据组网的要求建立不同类型的基站，而不同类型的基站可根据需要选择不同类型的天线。例如，全向站就是采用各个水平方向增益基本相同的全向型天线，而定向站就是采用水平方向增益有明显变化的定向型天线。一般情况下，在市区选择水平波束宽度为65°的天线，在郊区可选择水平波束宽度为65°、90°或120°的天线（根据站型配置和当地地理环境而定），而在乡村选择能够实现大范围覆盖的全向天线则是最为经济的。

（3）机械天线。

机械天线指使用机械调整下倾角度的移动天线。

机械天线与地面垂直安装好后，如果要优化网络，需要调整天线背面支架的位置以改变天线的倾角。在调整过程中，天线主瓣方向的覆盖距离明显变化，天线垂直分量和水平分量的幅值不变，天线方向图容易变形。

实践证明：机械天线的最佳下倾角度为1°~5°；当下倾角度在5°~10°变化时，天线方向图稍有变形但变化不大；当下倾角度在10°~15°变化时，天线方向图的变化较大；当下倾角度大于15°后，天线方向图形状改变很大，从没有下倾时的鸭梨形变为纺锤形，这时虽然主瓣方向覆盖距离明显缩短，但天线方向图不是整个都在本基站扇区内，在相邻基站扇区内也会收到该基站的信号，从而造成严重的系统内干扰。下倾方式示意如图3-24所示。

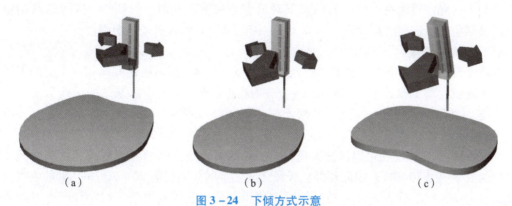

图 3－24　下倾方式示意

（a）不下倾；（b）电调下倾；（c）机械下倾

在日常维护中，如果要调整机械天线下倾角度，整个系统要关机，不能在调整天线倾角的同时进行监测。机械天线调整天线下倾角度非常麻烦，一般需要维护人员爬到天线安放处进行调整。机械天线的下倾角度是通过计算机模拟分析软件计算的理论值，与实际最佳下倾角度有一定的偏差。机械天线调整倾角的步进度数为 1°，三阶互调指标为 -120 dBc。

（4）电调天线。

电调天线指使用电子调整下倾角度的移动天线。

其工作原理是通过改变共线阵天线振子的相位，改变垂直分量和水平分量的幅值大小，从而改变合成分量场强强度，最终使天线的垂直方向图下倾，如图 3－25 所示。由于天线各方向的场强强度同时增大和减小，在改变倾角后天线方向图变化不大，主瓣方向覆盖距离缩短，从而使整个方向图在服务小区扇区内覆盖面积减小，而且不产生干扰。实践证明：电调天线下倾角度在 1°～5°变化时，其天线方向图与机械天线的方向图大致相同；当下倾角度在 5°～10°变化时，其天线方向图较机械天线的方向图稍有改变；当下倾角度在 10°～15°变化时，其天线方向图较机械天线的方向图变化较大；当机械天线下倾角度大于 15°后，其天线方向图较机械天线的方向图明显不同，这时天线方向图形状的变化不大，主瓣方向覆盖距离明显缩短，整个天线方向图都在本基站扇区内。由此可见，增加下倾角度可以使扇区的覆盖面积缩小，且不产生干扰，因此采用电调天线能够，降低干扰。

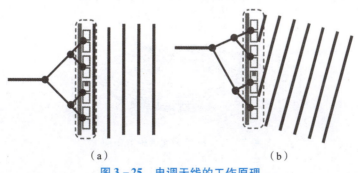

图 3－25　电调天线的工作原理

（a）天线方向图不下倾；（b）天线方向图下倾

电调天线允许系统在不停机的情况下对垂直方向图下倾角进行调整，实时监测调整效果，调整倾角的步进精度也较高（为 0.1°），因此可以对网络实现精细调整。

（5）双极化天线。

双极化天线是一种新型天线技术，组合了 +45° 和 −45° 两副极化方向相互正交的天线并同时工作在收发双工模式下，因此其最突出的优点是节省单个定向基站的天线数量。一般 GSM 的定向基站（三扇区）要使用 9 根天线，每个扇形使用 3 根天线（空间分集，一发两收），如果使用双极化天线，每个扇形只需要 1 根天线。同时，由于在双极化天线中，+45°∕−45° 的极化正交性可以保证 +45° 和 −45° 两副天线之间的隔离度满足互调对天线间隔离度的要求（≥30 dB），因此双极化天线之间的空间间隔仅需 20～30 cm。另外，双极化天线具有电调天线的优点，在移动通信网中使用双极化天线同电调天线一样，可以降低呼损，减小干扰，提高全网的服务质量。最后，双极化天线对架设安装要求不高，不需要征地建塔，只需要架一根直径 20 cm 的铁柱，将双极化天线按相应覆盖方向固定在铁柱上即可，所以能节省基建投资，不可使基站布局更加合理，从而使基站站址的选定更加容易。

（6）单极天线和对称振子天线。

单极天线和对称振子天线是直线型天线，如图 3−26 所示。单极天线与地面的镜像可以等效为对称振子天线。对称振子天线由两段直径和长度相等的直导线构成。对称振子天线适用于短波、超短波和微波波段，因其结构简单、极化纯度高而广泛应用在通信、雷达和探测等各种无线电设备中。它既可以作为独立的天线应用，也可以作为天线阵中的单元或者反射面天线的馈源应用。

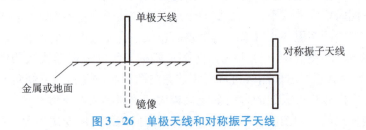

图 3−26　单极天线和对称振子天线

对称振子天线长度小于一个波长，辐射方向图是油饼形或南瓜形，如图 3−27 所示。单极天线属于全向天线，可以接收任何方向的磁场信号，增益为 1 dB。

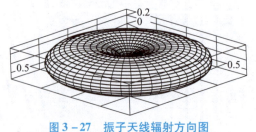

图 3−27　振子天线辐射方向图

对称振子天线的长度一般等于半波长。如果天线长度远小于波长，称为短振子。短振子的输入阻抗非常小，难以实现匹配，辐射效率很低。在实际情况中，往往把单极振子称作鞭状天线，长度为 1/4 波长，与同轴线内导体相连，接地板通常是车顶或机箱，与外导体相接，辐射方向图是对称振子方向的 1/2（地面以上部分），阻抗也是对称振子的 1/2。

（7）八木天线。

八木天线是一种引向天线，它的优点是结构与馈电简单，制作与维修方便，天线增益可达 15 dB 等，广泛应用于分米波段通信、雷达、电视和其他无线电设备中。八木天线由一个有源振子、一个无源反射器和若干无源引向振子组成，所有振子排列在一个平面上。有源振子一般采用半波谐振长度。图 3 – 28 是八木天线示意。

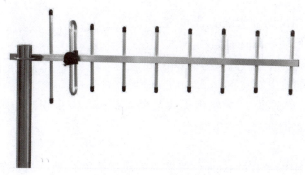

图 3 – 28　八木天线示意

（8）缝隙天线。

缝隙天线基本原理图如图 3 – 29 所示，传输线将能量馈送至缝隙，馈电点与缝隙末端的距离 S 决定了天线的输入阻抗，对 50 Ω 特性阻抗传输线而言，$S \approx 0.05\lambda$。缝隙形状与同形状的振子天线在结构上互补，其辐射来自缝隙周围导体上的分布电流，这些分布电流的等效辐射源为沿缝隙的等效磁流。缝隙上的电场方向与缝隙方向垂直，缝隙天线辐射的电磁波的极化方向也与缝隙方向垂直。缝隙天线的实现形式很多，除了图 3 – 29 所示的适用传输线直接馈电的方式外，还

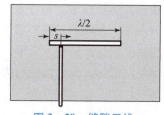

图 3 – 29　缝隙天线

可以用波导、馈源照射等方式给缝隙馈电，并常以缝隙阵列的形式出现。

（9）喇叭天线。

金属波导口可以辐射电磁波，但其口径较小时不能达到高增益，因此可以将其开口逐渐扩大、延伸，这就形成了喇叭天线，如图 3 – 30 所示。喇叭天线因其结构简单、频带较宽、功率容量大、易于制造的特点，广泛应用于微波波段。喇叭天线的增益一般为 10 ~ 30 dB，既可以作为单独的天线使用，也可以作为反射面天线或透镜天线的馈源。

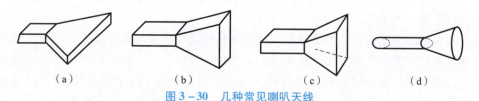

（a）　　　　　　（b）　　　　　　（c）　　　　　　（d）

图 3 – 30　几种常见喇叭天线

（a）H 面扇形喇叭天线；（b）e 面扇形喇叭天线；（c）角形喇叭天线；（d）圆锥形喇叭天线

（10）反射面天线。

反射面天线在馈源辐射方向上具有较大或很大尺寸的反射面，比较容易实现高增益和大前后比，如图 3-31 所示。反射面天线的口径场可以利用光学原理分析。较常见的反射面天线为抛物面天线，抛物面天线是一种高增益天线，是卫星或无线接力通信等点对点系统中使用最多的反射面天线。若抛物面天线的抛物面口径为 1 m，工作频率为 10 GHz，照度效率为 55%，则可以计算出增益为 37 dB，半功率点波束宽度为 2.3°，在

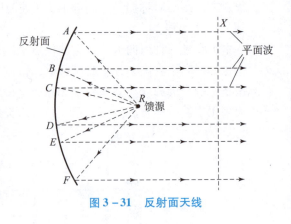

图 3-31 反射面天线

55 m 处形成远区场（平面波）。抛物面天线的增益很高，波束很窄，抛物面的对焦非常重要。抛物面天线的喇叭馈源与同轴电缆连接。

（11）微带天线。

微带天线在 100 MHz~50 GHz 的宽频带上的应用非常广泛。与常规的天线相比，微带天线具有的优点：质量轻、体积小、剖面薄的平面结构，可以做成共形天线；制造成本低，易于大量生产；可以做得很薄，能很容易地装在导弹、火箭和卫星上；散射截面较小；稍微改变馈电位置就可以获得线极化和圆极化（左旋和右旋）；比较容易制成双频率工作的天线；不需要背腔；适于组合式设计（固体器件，如振荡器、放大器、可变衰减器、开关、调制器、混频器、移相器等，可以直接安装到天线基片上）；馈线与匹配网络可以和天线结构同时制作。同时，微带天线也有缺点：频带窄；有损耗，增益较低；大多数微带天线只向半空间辐射；最大增益约为 20 dB；馈线与辐射元之间的隔离差；端射性能差；可能存在表面波；功率容量较低等。

在许多实际设计中，微带天线的优点远远超过它的缺点。应用微带天线的重要通信系统有移动通信、卫星通信、多普勒及其他雷达、无线电测高计、指挥和控制系统、导弹遥测、环境检测仪表和遥感、复杂天线中的馈电单元、卫星导航接收机、生物医学辐射器等。图 3-32 给出了微带天线的四种形式。

5. 天线的选型

对于天线的选择，应根据移动网络的覆盖、话务量、干扰和网络服务质量等实际情况，选择适合本地区移动网络需要的移动天线，选择方法如下。

（1）在基站密集的高话务地区，应该尽量采用双极化天线和电调天线。

（2）在边远地区、郊区等话务量不高、基站不密集的地区和只要求覆盖范围的地区，可以使用传统的机械天线。

我国目前的移动通信网在高话务密度区的呼损较高，干扰较大，其中一个重要原因是机械天线下倾角度过大，天线方向图严重变形。要解决高话务区容量不足的问题，必须缩短站距，加大天线下倾角度。但如果使用机械天线，当下倾角度大于 5°时，天线方向图就开始变形；当下倾角度超过 10°时，天线方向图严重变形，很难解决用户高密度区呼损高、干扰大的问题。因此，建议在这个区域采用电调天线或双极化天线替换机械天线。机械天线建议安装在农村、郊区等话务密度低的地区。

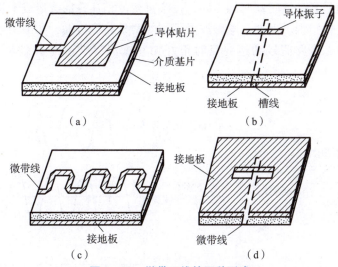

图 3 - 32　微带天线的四种形式

（a）微带贴片天线；（b）微带振子天线；（c）微带行波天线；（d）微带破除天线

四种效应

知识点 3.3　四种效应

　　移动信道属于无线信道，但又与一般具有可移动功能的无线接入的无线信道有所区别，它是移动的动态信道，随着用户所在环境条件的变化，其信道参数是时变的。利用移动信道进行通信，首先必须分析和掌握信道的基本特点和实质，然后才能针对存在的问题给出相应的技术解决方案。

　　移动信道基于电磁波在空间的传播来实现信息的传输，不同于有线通信，移动信道采用全封闭式的传输线，具有开放性的传播，受噪声和干扰影响严重。另外由于移动用户的移动性，导致接收环境具有复杂性和多变性，接收端接收的信号受到四种主要效应的影响。

　　1. 多径效应

　　由于接收者所处地理环境的复杂性，接收到的信号不仅有直射波的主径信号，还有从不同建筑物反射及绕射过来的多条不同路径信号，而且它们到达时的信号强度、时间及载波相位都不一样，接收端所接收到的信号是上述各种路径信号的矢量和，这种现象称为多径效应，其示意如图 3 - 33 所示。

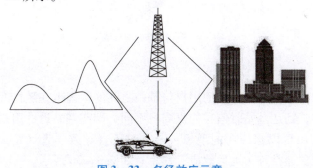

图 3 - 33　多径效应示意

由于各路径信号到达接收端时间不同，按各自相位相互叠加会造成干扰，这会使原来的信号失真，或者产生错误。例如，电磁波沿不同的两条路径传播，如果两条路径的长度正好相差半个波长，那么两路信号到达终点时正好相互抵消（波峰与波谷重合），如图3-34所示。

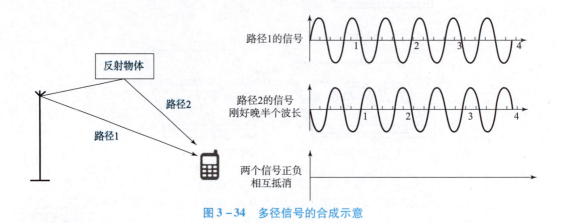

图3-34　多径信号的合成示意

这种现象在以前看模拟信号电视的过程中经常会遇到。看电视的时候如果信号较差，就会看到屏幕上出现重影，这是因为电视上的电子枪从左向右扫描时，后到的信号在稍靠右的地方形成了虚像。因此，多径效应是衰落的重要成因。多径效应对于数字通信、雷达最佳检测等都有着十分严重的影响。

2. 阴影效应

运动时，移动台由于大型建筑物和其他物体对电波传输路径的阻挡而在传播接收区域上形成了半盲区，导致电磁场阴影出现，这就是阴影效应，类似太阳光受阻挡后产生的阴影。二者的区别是光波的波长较短，阴影可见；电磁波波长较长，阴影不可见。阴影效应示意如图3-35所示。

图3-35　阴影效应示意

3. 远近效应

由于接收用户的随机移动性，移动用户与基站之间的距离也在随机变化，若各移动用户发射信号的功率一样，到达基站时信号的强弱将不同，即离基站近的用户信号强，离基站远的用户信号弱，从而出现以强压弱的现象，严重时还会导致弱者（距离基站较远的用户）的通信中断，这种现象通常称为远近效应，其示意如图3-36所示。

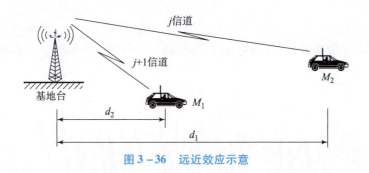

图 3 - 36　远近效应示意

由于 CDMA 是一个自干扰系统，所有用户共同使用同一频率，因此远近效应问题更加突出。

4. 多普勒效应

当移动台在运动中通信时，接收信号的频率会发生变化，称为多普勒效应。多普勒效应是为纪念奥地利物理学家及数学家克里斯蒂安·安德烈亚斯·多普勒而命名的（他于 1842 年首先提出了这一理论）。

多普勒效应随处可见。在地铁站时，地铁进站时鸣笛声变响，音调变尖，而出站时鸣笛声变弱，音调变低。值得注意的是，作为声源的鸣笛声波频率并没有因为运动而发生变化，发生变化的是耳朵所接收到的声波频率，如果地铁和人之间的相对运动速度为 0，就不会有这种声调变化的感觉了。

爱德文·哈勃使用多普勒效应得出宇宙正在膨胀的结论。他发现远离银河系的天体发射的光线频率变低，即移向光谱的红端，称为红移。天体离开银河系的速度越快，红移越大。

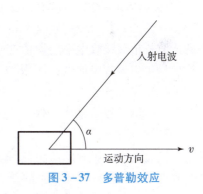

图 3 - 37　多普勒效应

在移动通信系统中，由于接收用户处于高速移动中，从而使接收的频率产生偏差。这一现象在高速移动（≥70 km/h）通信时尤其严重，对于慢速移动（步行）和准静态的室内通信则不予考虑。多普勒效应如图 3 - 37 所示。由多普勒效应引起的附加频移称为多普勒频移（Doppler shift），它会造成多普勒频展，多普勒频移可用式（3 - 5）表示

$$f_D = \frac{v}{\lambda}\cos\alpha = f_m\cos\alpha \qquad (3-5)$$

式中，α 是入射电波与移动台运动方向的夹角；v 是运动速度；λ 是波长。

$\frac{v}{\lambda}$ 与入射角度无关，为 f_D 的最大值，称为最大多普勒频移。

知识点 3.4　两种衰落

移动电波传播损耗主要由两方面构成，一是路径传播的损耗；二是衰落产生的损耗。路径传播的损耗，是指电波在空间传播中由于自身能量的散发而导致的损耗，随距离的

增加而增加。

在移动通信环境中，信号的多径效应和阴影效应是不可避免的，这两种现象都会使信号的强度随时间而产生随机变化，这种变化称为衰落。信号的衰落如图 3 – 38 所示。

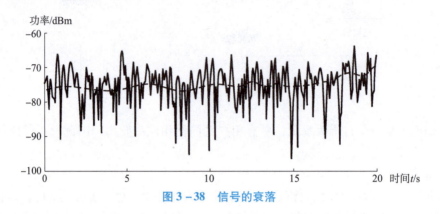

图 3 – 38　信号的衰落

根据信号的衰落周期，可以将衰落分为快衰落和慢衰落两种。

1. 快衰落

快衰落主要是多径传播而产生的衰落。

多径传播是指发射的电磁波经历不同路径而传递到接收端，这个现象是移动通信不可避免的。

移动体周围有许多散射、反射和折射体，它们会引起信号的多径传输，使到达的信号之间相互叠加，其合成信号幅度和相位随移动台的运动而快速起伏变化，它反映微观小范围内数十波长量级接收电平的均值变化而产生的损耗，其变化速率比慢衰落快，衰落速率（每秒信号包络经过中值电平次数的 1/2）可达每秒 40 次，衰落深度（信号的变动范围）为 30 dB 左右，故称为快衰落。由于快衰落表示接收信号的短期变化，因此又称短期衰落。快衰落接收信号包络服从瑞利分布，相位服从均匀分布，快衰落又称瑞利衰落。

2. 慢衰落

慢衰落是阴影效应产生的损耗，反映了中等范围内数百波长量级接收电平的均值变化而产生的损耗，其变化速率较慢，故又称慢衰落。由于慢衰落表示接收信号的长期变化，所以又称长期衰落。另外，大气折射条件的变化（大气介电常数变化）使多径信号造成同一地点场

快衰落与慢衰落

强中值随时间作慢变化，但这种变化远小于地形因素造成的变化，所以也属于慢衰落。由此可见，不同季节、气候等对无线信号的影响也不同。慢衰落接收信号幅度值近似服从对数正态分布。

⊙ 技能训练

技能点 3　多普勒频移现象验证实验

1. 训练内容

以小组为单位，准备 3 部以上智能手机，完成多普勒频移现象的验证实验，具体包括如下内容。

（1）在智能手机 A、B 上安装手机传感器 App。

（2）在智能手机 A 上运行音频发生器软件，并使其发出特定频率 f_1 的蜂鸣音。

（3）在智能手机 B 上运行吉他调音器 gStrings 软件，测量智能手机 A 发出的蜂鸣音频率 f_2。

（4）观察并用手机 C 记录手机 A、B 静止状态下，f_1 和 f_2 值的变化。

（5）观察并用手机 C 记录手机 A、B 相互靠近运动时，f_1 和 f_2 值的变化。

（6）观察并用手机 C 记录手机 A、B 相互远离运动时，f_1 和 f_2 值的变化。

多普勒频移现象的
验证实验手册

2. 训练任务

扫描二维码，在线学习"多普勒频移现象的验证实验"的实验手册，整理操作步骤并填写在表 3－2 中。

表 3－2　多普勒频移现象验证实验操作步骤表

序号	操作步骤	注意事项
1		
2		
3		
4		
5		
6		
7		
8		
…		

任务考核

1. 知识练习

（1）（单选题）对于 UHF、VHF 频段的移动通信，电波传播方式主要是（　　）。

A. 天波　　　　　　B. 地波　　　　　　C. 空间波　　　　　　D. 散射波

（2）（单选题）当手机快速远离基站时，会产生多普勒效应，手机接收到的信号的频率会（　　）。

A. 增加　　　　　　B. 不变　　　　　　C. 减小　　　　　　D. 不确定

（3）（单选题）衡量天线增益时，以 dBi 为单位比以 dBd 为单位，数值大于（　　）。

A. 1　　　　　　B. 1.5　　　　　　C. 2　　　　　　D. 2.15

（4）（多选题）在天馈工程的施工过程中，一般能够调整的参数有（　　）。

A. 天线挂高　　　　B. 天线下倾角　　　C. 天线方位角　　　D. 天线阻抗值

（5）（多选题）移动通信系统中主要关注的波段是（　　）。

A. LF　　　　　　B. HF　　　　　　C. VHF　　　　　　D. UHF

（6）（多选题）自由空间的传播损耗与电磁波（　　）。

A. 传播距离的平方成正比　　　　　　　B. 传播距离成正比

C. 频率的平方成正比　　　　　　　　　D. 频率的平方成正比

（7）（判断题）电磁波的传播方向和电场方向平行，和磁场方向垂直。（　　）

（8）（判断题）墙体会造成信号的损耗，一般墙体使用的钢筋越多损耗越小。（　　）

（9）（判断题）只有直射波信号可以被手机接收，反射波信号不能被接收。（　　）

（10）（判断题）天线的极化方向，就是指天线辐射时形成的电磁场的电场方向。（　　）

（11）（简答题）简述电磁波产生的基本原理。

（12）（简答题）若电磁波在自由空间传播，工作频率 f 为 1 800 MHz，传播距离 d 为 10 km，则传播损耗为多少 dB？若相同的传播环境，工作频率 f、传播距离 d 均变为原来的 2 倍，则传播损耗如何变化？

（13）（简答题）若载波频率 $f_c = 900$ MHz，移动台速度 $v = 100$ km/h，求最大的多普勒频移。

（14）（简答题）常见的天线类型有哪些？在不同的覆盖场景中，如何进行天线选型？

2. 任务评价

完成任务 3 的学习后，请根据学习反馈情况完成针对任务 3 的个人自评表（见表 3 - 3）、小组评价表（见表 3 - 4）、教师评价表（见表 3 - 5）的填写。

表 3 - 3 个人自评表

姓名：		评价日期：		
序号	评价内容	考核评价指标		评价结果
1	学习态度（10%）	（1）能够积极、主动、认真完成本任务的全部学习要求，可以获得 9 ~ 10 分； （2）能够根据要求按时完成本任务的大部分学习要求，可以获得 6 ~ 8 分； （3）能够完成本任务的小部分学习要求，可以获得 1 ~ 5 分		
2	线上课前学习任务（20%）	（1）能够完成全部课前学习任务，很好地掌握相关基础知识，可得 17 ~ 20 分； （2）能够完成大部分课前学习任务，可以大概理解本任务的相关知识内容，可以获得 12 ~ 16 分； （3）能够完成少量课前学习任务，对与本任务相关的知识内容了解得不多，可以获得 1 ~ 11 分		
3	线下课堂活动（50%）	（1）能够积极配合教师和小组的活动安排，承担相应的职责，及时完成全部课堂学习任务，可以获得 41 ~ 50 分； （2）能够按照要求完成大部分课堂学习任务，可以获得 31 ~ 40 分； （3）能够按照要求完成部分课堂学习任务，可以获得 1 ~ 30 分		
4	课后作业（20%）	（1）能够按时、认真、高质量完成全部课后作业，可以获得 17 ~ 20 分； （2）能够依照教师要求完成大部分课后作业，可以获得 12 ~ 16 分； （3）能够完成部分课后作业，可以获得 1 ~ 11 分		
5	在本任务的学习中收获了什么？还存在哪些不足			

表 3-4　小组评价表

小组名称：		小组成员：		
个人姓名：		小组分工：		
序号	评价内容	考核评价指标		评价结果
1	明确任务 （10%）	（1）能够清晰、明确地知道需要承担的小组职责，可以获得 9~10 分； （2）能够大概知道需要承担的小组职责，可以获得 5~8 分； （3）能够知道少部分能够承担的小组职责，可以获得 1~4 分		
2	团队配合 （20%）	（1）能够服从小组任务分配，积极较好地完成职责要求，可以获得 17~20 分； （2）能够基本服从小组任务分配，按照要求完成职责任务，可以获得 12~16 分； （3）在小组中配合度一般，完成部分小组职责，可以获得 1~11 分		
3	合作探究 （50%）	（1）能够熟练完成任务，学习思路清晰，在团队技能训练中起到示范和主导作用，可以获得 41~50 分； （2）能够在同伴的帮助下基本完成任务，可以获得 31~40 分； （3）能够完成部分任务，实践操作能力欠佳，可以获得 1~30 分		
4	伙伴关系 （20%）	（1）沟通能力强，能够积极为小组成员提供帮助，可以获得 17~20 分； （2）有一定的沟通能力，能够配合完成基本的团队任务，可以获得 12~16 分； （3）沟通能力不足，与团队其他成员的沟通较少，可以获得 1~11 分		
5	其他加分项			
小组组长：		评价日期：		

表 3 – 5　教师评价表

小组名称：			小组组长：	
序号	评价内容	考核评价指标		评价结果
1	学习态度 （10%）	（1）学习态度端正，不迟到早退，遵守课堂纪律，积极主动地完成各项任务，热心帮助他人，可以获得 9 ~ 10 分； （2）学习态度较为认真，能够按照要求配合完成学习任务，可以获得 6 ~ 8 分； （3）学习态度一般，偶尔有违反课堂纪律的现象，可以获得 1 ~ 5 分		
2	课前学习任务 （20%）	根据在线学习平台的统计数据进行计分登记		
3	小组探究学习活动 （50%）	（1）组长责任心强，能够安排小组成员在协作、互助的良好氛围下进行充分的讨论、探究，使大家可以高质量完成基站设备的安装训练，可以获得 41 ~ 50 分； （2）组长能够安排小组任务，可以按照要求完成基本任务，可以获得 31 ~ 40 分； （3）组长能力一般，不能妥善安排任务，不能全部完成任务，可以获得 1 ~ 30 分		
4	课后学习任务 （20%）	（1）作业质量好，能够较好地反映出该学生对知识和技能掌握牢固，有自己的理解和看法，可以获得 17 ~ 20 分； （2）作业质量尚可，能够反映出该学生对知识和技能的掌握情况良好，可以获得 12 ~ 16 分； （3）作业质量一般，能够反映出该学生对知识和技能的掌握还存在一定的不足，需要进行补充学习，可以获得 1 ~ 11 分		
5	其他加分项			
教师姓名：			评价日期：	

任务4　5G 关键技术探秘

情境引入

过去，由于移动网络存在较大时延，元宇宙、XR 足球赛等沉浸式观看体验并不如想象得那样美好，观众能明显感觉到眩晕。而在 2023 年的杭州亚运会上，运营商新开通的 5.5G 网络，在双千兆的加持下，能够给用户提供小于 100 ms 的网络时延，子弹时间、VR 观赛、裸眼 3D 等十多个 5G 或 5.5G 应用成为现实。

在滨江体育馆羽毛球主场地二楼看台上，20 台 4K 高清摄像机一字排开，1 台 VR 相机在球网边以裁判视角竖立，它们的作用来从不同角度捕捉运动员的动作，如图 4–1 所示。

图 4–1　羽毛球馆的 4K 高清摄像机

借助这些高清摄像机，工作人员能将羽毛球运动员跳跃、挥拍、转身的每个精彩瞬间定格，进行 360°回放，生成子弹时间特效。这些子弹时间插播到亚运会直播的精彩花絮中，观众们就能看到更多比赛细节，用户甚至可以在手机 App 上分解、放大某一个瞬间动作，还能帮助裁判更公正、精准地判罚。

高清摄像机捕捉的这些精彩瞬间，需在 5~10 s 内生成一个子弹时间精彩回放画面。而 4K 以上高清影像的实时处理特别考验网络和算力水平，因为要在云端实时拼接、切片、渲染，没有万兆宽带和云网融合能力的支持是实现不了的，而实现这些黑科技离不开 5G 网络的众多关键技术。本任务主要探秘 5G 的关键技术，深入理解 5G 网络速率更高、时延更低、覆盖更好的原因。

任务要求

知识目标

（1）理解各类 5G 关键技术的基本工作原理。

（2）能够列举不同移动通信系统中的调制技术。

（3）知道 Massive - MIMO 天线如何提升系统速率和覆盖范围。

（4）会解释不同业务类型的切片需求。

技能目标

（1）能够根据不同的场景需求设置合适的天线工作模式。

（2）能够列举不同移动通信系统中的调制技术、分集技术作用。

（3）会计算不同资源组合下的频带利用率。

素质目标

（1）养成自主学习的良好习惯。

（2）具有创新意识和科学探索精神。

（3）遵守 5G 通信网络的相关规范。

知识地图

5G 关键技术探秘知识地图如图 4 - 2 所示。

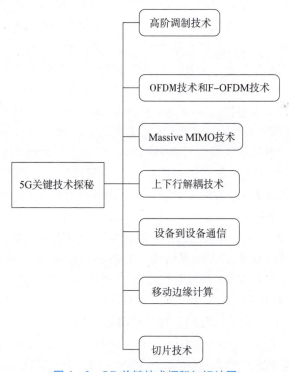

图 4 - 2　5G 关键技术探秘知识地图

知识积累

相对于 4G、3G、2G 网络，5G 网络可以为用户提供更高的业务速率、系统容量，更大的信号覆盖范围，以及更低的时延，这些性能的提升离不开众多 5G 关键技术的支持。在本任务中，要学习提升速率的高阶调制技术、滤波正交频分复用（filtered orthogonal frequency division multiplexing，F－OFDM）技术、大规模多输入多输出（massive multiple input multiple output，Massive MIMO）技术，降低时延的设备到设备的技术、移动边缘计算、切片技术，以及提升覆盖的上下行解耦技术等。

提升速率的技术

知识点 4.1　高阶调制技术

　　基带信号具有较低的频率分量，不宜在无线信道中传输。因此，在通信系统的发送端需要有一个载波来运载基带信号，使载波信号的某一个（或几个）参量随基带信号改变，这一过程就称为调制。相对应地，在通信系统的接收端需要有解调过程。

　　调制的目的如下。

　　（1）将调制信号（基带信号）转换成适合于信道传输的已调信号（频带信号）。

　　（2）实现信道的多路复用，提高信道利用率。

　　（3）减少干扰，提高系统抗干扰能力。

　　（4）实现传输带宽与信噪比之间的互换。

　　调制方式很多，根据调制信号的形式可分为模拟调制和数字调制，根据载波的选择可分为以正弦波作为载波的连续波调制和以脉冲串作为载波的脉冲调制。

　　根据调制信号改变载波参量（幅度、频率或相位）的不同，模拟连续波调制又可分为幅度调制、频率调制（frequency modulation，FM）和相位调制（phase modulation，PM）。数字调制也有三种方式：幅移键控（amplitude shift keying，ASK）、频移键控（frequency shift keying，FSK）和相移键控（phase shift keying，PSK）。

　　1G 采用 FM 的方式对模拟语音信号进行调制，信令系统采用二进制频移键控（2FSK）数字调制。FM 是指高频载波的频率随着调制信号的规律变化，而振幅保持恒定的调制方式。调频在抗干扰和抗衰落性能方面要优于调幅，但调频存在固有的缺点，即需要占用较宽的信道带宽，且存在门限效应。

　　自 2G 以来，移动通信系统都采用数字调制技术。和模拟调制相比，数字调制和解调对噪声与信道造成的各种损伤有更大的抵抗能力，各种信息形式（如声音、图像、数据等）容易复用并更为安全，能支持和容纳复杂的信号处理和控制技术（如纠错编码、信源编码、加密和均衡等），以改善通信链路质量，提高系统性能。

　　根据移动通信的特点，目前已在数字蜂窝移动通信系统中采用的调制方案主要有恒包络调制（最小相位频移键控（minimum frequency shift keying，MSK）、高斯最小频移键控（gauss minimum frequency－shift keying，GMSK）等）和线性调制（正交相移键控（quaternary phase shift keying，QPSK）、交错正交相移键控（offset quaternary phase shift keying，OQPSK）等）。恒包络调制主要特点是无论调制信号如何变化，已调信号包络不变，其发射功率放大器可以在非线性状态不引起严重的频谱扩展，这对有衰落现象的移动通信很有吸引力，并且其接收电路简单。但它的频谱利用率较低，所以在带宽效率更重要的情况下，该方案不一定合适。线性调制传输信号的幅度随着调制信号的变化而呈线性变化。这一类调制方案的频谱利用率较高，并且随着调制电平数的增加而增加。移动通信希望在有限带宽内能够容纳更多的用户，线性调制这个特点对移动通信是极为宝贵的。但由于线性调制的发射信号幅度随着调制信号线性变化，为了保证信号不失真，传输这种信号必须采用功率效率低的线性射频放大器，否则，将会导致被滤波器滤除的旁瓣再生，引起严重的邻道干扰。

1. 恒包络调制技术

在 2FSK 中，载波信号的频率随着两种可能的信息状态（1 或 0）的变化而变化。2FSK 信号波形在相邻码元之间呈现连续的相位或者不连续的相位。

若用载波频率 f_1 表示二进制信号 1，载波频率 f_2 表示二进制信号 0，则 2FSK 信号的波形如图 4-3 所示。

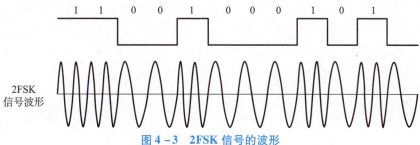

图 4-3　2FSK 信号的波形

由于两个频率是在两个独立的振荡器中产生，2FSK 的波形在 1 和 0 转换时刻常常是不连续的，这种不连续的相位将会导致频谱扩展、传输差错等问题，在严格规范的无线系统中一般不采用这种调制方式，而是采用相位连续变化的调制方式，这类调制称为连续相位频移键控（continuous phase frequency shift keying，CPFSK）。

2. 线性调制技术

（1）二进制相移键控（binary phase shift keying，BPSK）。

在 BPSK 中，载波信号的相位随着两种可能的信息状态（1 或 0）的变化而变化。通常用已调信号载波的 0°和 180°分别表示 1 和 0。图 4-4 所示为 BPSK 信号的波形。

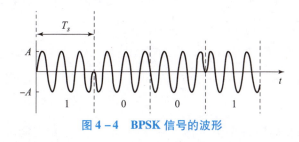

图 4-4　BPSK 信号的波形

为了提高信道的频谱利用率，需要采用多进制相位调制（multiple phase shift keying，MPSK）技术，MPSK 又称多相制，是利用载波的多种不同相位（或相位差）来表征数字信息的调制方式。

（2）正交相移键控。

正交相移键控是 MPSK 调制中最常用的一种调制方式。正交相移键控信号每个码元包含两个二进制信息，因此，在四相调制器输入端，通常要对输入的二进制码序列进行分组，两个码元分成一组，这样就可能有 00、01、10、11 四种组合，每种组合代表一个四进制符号，然后用四种不同的载波相位表征它们。由于正交相移键控一个调制码元中传输两个比特数据，所以比 BPSK 的带宽效率高两倍。

为了便于说明概念，可以将 MPSK 信号用信号矢量图来描述。四进制数字相位调制信号矢量如图 4-5 所示，具体的相位配置有两种形式。根据国际电报电话咨询委员会（CCITT）的建议，图 4-5（a）所示的移相方式称为 A 方式，图 4-5（b）所示的移相方式称为 B 方式。以 A 方式为例，载波相位有 0、$\frac{\pi}{2}$、π 和 $\frac{3\pi}{2}$ 四种，分别对应信息码元 00，10，11 和 01。

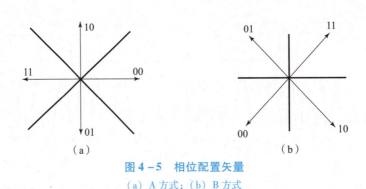

图 4-5　相位配置矢量
（a）A 方式；（b）B 方式

图 4-6 给出了典型的正交相移键控调制电路。

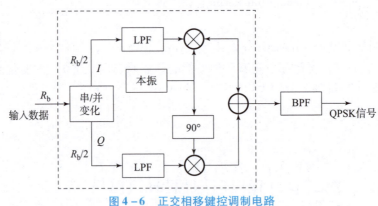

图 4-6　正交相移键控调制电路

图 4-7 为正交相移键控的相位转移，从其中可知，4 个点之间任何转移都是可能的，其中存在对角线之间的跳变，即相位跳变量为 180°，将会导致频谱再生。

（3）交错正交相移键控。

为了避免 QPSK 中出现的过零点的 180°相位跳变，可采用交错正交相移键控，其调制器与 QPSK 调制器的不同之处在于 Q 支路增加了延时电路（1 比特），这样 I 支路与 Q 支路错开了一个比特的时间，从而使 OQPSK 的相位转移不存在 180°相位跳变。图 4-8 为 OQPSK 的相位转移。

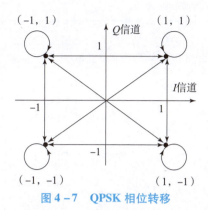

图 4-7 QPSK 相位转移

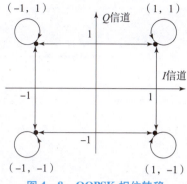

图 4-8 OQPSK 相位转移

3. 正交振幅调制技术

随着通信业务需求的迅速增长，寻找频谱利用率高的数字调制方式已成为数字通信系统设计、研究的主要目标之一。正交振幅调制（QAM）就是一种频谱利用率很高的调制方式，在中大容量数字微波通信系统、有线电视网络高速数据传输、卫星通信系统等领域得到广泛应用。

在移动通信中，随着微蜂窝和微微蜂窝的出现，信道传输特性发生了很大的变化，而过去无法在传统蜂窝系统中应用的 QAM 也引起了人们的重视。

QAM 是将调幅和调相结合起来的一种调制技术。在给定进制数和误码率条件下，QAM 功率效率优于 MPSK，但设备比 MPSK 复杂。可以用星座图来描述 QAM 的信号空间分布状态。图 4-9 分别给出了 4QAM、16QAM 和 64QAM 的星座图。

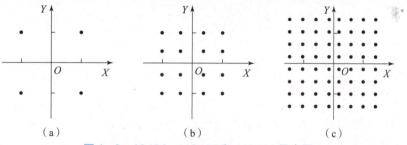

图 4-9 4QAM、16QAM 和 64QAM 星座图

（a）4QAM 星座图；（b）16QAM 星座图；（c）64QAM 星座图

为进一步提高频谱利用率，提升业务速率，人们在 5G 中采用了比 LTE 网络更加高阶的调制技术，它们采用的上下行信道调制技术如表 4-1 所示。以 64QAM 为例，星座图中的每个点都代表一个符号，该符号对应一组振幅和相位值，64 个不同的符号，可以用 6 b 的二进制信号进行编码，因此，每个符号就对应一个 6 b 的信号，当用不同符号对应的振幅和相位调制载波后，该载波就携带了 6 b 的数据。当调制的阶数越高，每个符号携带的数据就越多，而频带的利用率也就越高。

表 4 – 1　LTE 与 5G 上下行调制技术

技术	系统	
	LTE 系统	5G 系统
上行信道调制技术	QPSK 16QAM 64QAM	QPSK 16QAM 64QAM 256QAM
下行信道调制技术	QPSK 16QAM 64QAM	QPSK 16QAM 64QAM 256QAM 1024QAM

知识点 4.2　OFDM 技术和 F – OFDM 技术

1. OFDM 技术

在移动通信信道中，由于多径效应，传输信号产生时延扩展，接收信号中一个符号的波形会扩展到其他符号当中，造成符号间干扰（inter – symbol interference，ISI），使系统性能变差。为了避免产生 ISI，应该使符号速率小于最大时延扩展的倒数。

在频域内，与时延扩展相关的另一个重要概念是相干带宽，在应用中通常用最大时延扩展的倒数来定义相干带宽，即

$$\Delta B_{\text{c}} \approx \frac{1}{\tau_{\max}} \tag{4 – 1}$$

式中，$\tau_{\max}$ 为最大时延扩展。

相干带宽是无线信道的一个特性，当信号通过无线信道时，是出现频率选择性衰落还是平衰落，取决于信号本身的带宽。当信号的传输速率较高时，信号带宽超过无线信道的相干带宽，信号通过无线信道后各频率分量的变化不一样，引起信号波形失真，造成 ISI，此时就认为发生了频率选择性衰落；反之，当信号的传输速率较低，信号带宽小于相干带宽时，信号通过无线信道后各频率分量都受到相同的衰落，因此衰落波形不会失真，没有 ISI，则认为信号只是经历了平衰落，即非频率选择性衰落。

多载波调制（multi – carrier modulation，MM）把数据流分解为若干个子数据流，从而使子数据流具有较低的传输速率，然后利用这些子数据流分别去调制若干个载波。因此，在 MM 信道中，数据传输速率相对较低，码元周期较长，只要信号带宽小于无线信道的相干带宽，就不会造成 ISI。

MM 可以通过多种技术途径来实现，如多音实现（multitone realization，MR）、OFDM、多载波码分多址（multi – carrier code division multiple access，MC – CDMA）等。其中，OFDM 可以很好地抗多径干扰，是当前研究的一个热点。

OFDM 是一种能够充分利用频谱资源的多载波传输方式。常规频分复用与 OFDM 的信道

分配情况如图 4 - 10 所示。可以看出 OFDM 至少能够节约二分之一的频谱资源。

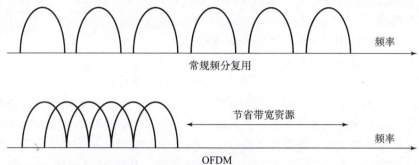

图 4 - 10　常规频分复用与 OFDM 的信道分配

OFDM 的主要思想是将信道分成若干正交子信道，将高速数据信号转换成并行的低速子数据流，调制到每个子信道上传输。OFDM 资源分配方式如图 4 - 11 所示。

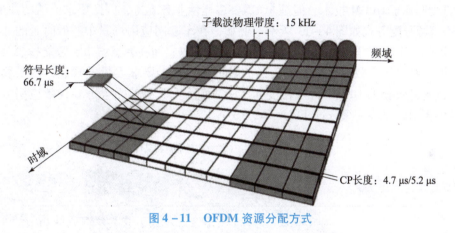

图 4 - 11　OFDM 资源分配方式

OFDM 利用快速傅里叶反变换（inverse fast Fourier transform，IFFT）和快速傅立叶变换（fast Fourier transform，FFT）来实现调制和解调，其过程如图 4 - 12 所示。

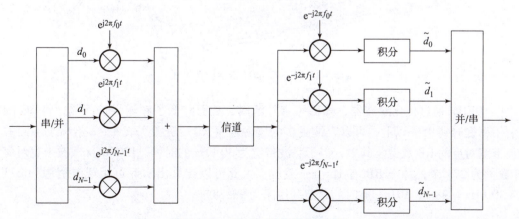

图 4 - 12　OFDM 的调制解调过程

OFDM 的调制解调流程如下。

（1）发射机在发射数据时，将高速串行数据转换为低速并行数据，利用正交的多个子载波进行数据传输。

（2）各个子载波使用独立的调制器和解调器。

（3）各个子载波之间要求完全正交，收发完全同步。

（4）发射机和接收机要精确同频、同步，准确进行位采样。

（5）接收机在解调器的后端进行同步采样，获得数据，然后将数据转换为高速串行。

OFDM 是 LTE 系统的关键技术之一，可以结合分集、时空编码、干扰和信道间干扰抑制以及智能天线技术，最大限度地提高系统性能。但由于 LTE 具有固定的 15 kHz 的子载波间隔，LTE 系统中的 OFDM 存在子载波间隔、符号长度、传输时间间隔（transmission time interval，TTI）固定的缺陷，灵活性差，而且频谱旁瓣大，频谱边带滚降慢，需要预留 10% 的带宽作为保护带，频谱利用率低。

2. F－OFDM 技术

5G 的波形基于 OFDM 技术，但是 5G 需要多样性业务支持，因此要求灵活的波形配置，F－OFDM 资源分配方式如图 4－13 所示。例如，在车联网应用场景中，低时延的业务需求就要求更短的 TTI 和符号长度，对应较大的子载波间隔；而在智慧城市、智能抄表等物联网应用场景中，终端接入数量巨大，但传送的数据量较小，要求大量子载波，且子载波间隔小，对应也允许较长的 OFDM 符号长度和 TTI，而且几乎不需要考虑多径效应引发的 ISI，因此不需要再引入循环前缀（cyclic prefix，CP）。

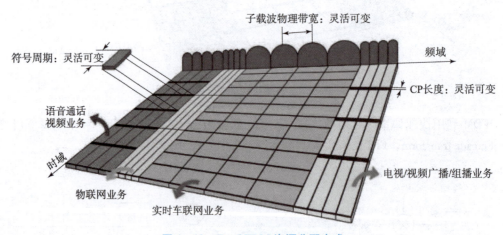

图 4－13　F－OFDM 资源分配方式

F－OFDM 通过优化滤波器，降低了带外泄露，从而降低了频域保护间隔，将 5G 的频谱利用率提升到 95% 以上，可以容纳更多的资源块（RB）资源。表 4－2 给出了不同的子载波带宽对应的 RB 数量。其中，当子载波带宽为 30 kHz 的时候，100 MHz 载波带宽对应的 RB 数量为 273 个，每个 RB 有 12 个子载波，由此可以计算出实际可用载波资源为 273 × 12 × 30 kHz = 98.28 MHz，此时的载波利用率为 98.28%。

表 4 – 2 不同的子载波带宽对应不同的 RB 数量

子载波带宽/kHz	载波带宽/MHz	RB 数	子载波带宽/kHz	载波带宽/MHz	RB 数	子载波带宽/kHz	载波带宽/MHz	RB 数
15	5	25	30	5	11	60	5	N/A
15	10	52	30	10	24	60	10	11
15	15	79	30	15	38	60	15	18
15	20	106	30	20	51	60	20	24
15	25	133	30	25	65	60	25	31
15	30	160	30	30	78	60	30	38
15	40	216	30	40	106	60	40	51
15	50	270	30	50	133	60	50	65
15	60	N/A	30	60	162	60	60	79
15	80	N/A	30	80	217	60	80	107
15	90	N/A	30	90	245	60	90	121
15	100	N/A	30	100	273	60	100	135

由于存在能量隔离，子带之间不需要严格同步，有利于支持异步信号传输，从而减少同步信令开销。F – OFDM 不仅继承了 OFDM 的优点（如适配 MIMO 等），还进一步提升了灵活性和频谱效率。

知识点 4.3 Massive MIMO 技术

提升覆盖的技术

Massive MIMO 又称大规模天线阵列技术，是 MIMO 技术的扩展与延伸。Massive MIMO 通过在基站侧采用大量天线来提升数据速率和链路可靠性。在采用大规模天线阵列的 Massive MIMO 系统中，信号可以在水平和垂直方向进行动态调整，因此，能量将更加准确地集中指向特定的终端用户，从而减少了小区间的干扰，能够支持多个终端用户间的空间复用。采用大量收发信机与多个天线阵列，可以将波束赋形与用户间的空间复用相结合，大力提升区域频谱效率。

1. Massive MIMO 的特点

（1）天线数更多。

4G 系统的 MIMO 最多只能实现 8 天线，5G 系统的 MIMO 可以实现 64，128，256 天线，甚至更大规模，所以称为大规模天线技术。天线的长度一般与电磁波信号的波长成正比，5G 使用毫米波后天线的长度可以变得很小，可以方便集成大量的天线。4G 与 5G 系统天线数目如图 4 – 14 所示。

（2）三维波束赋形。

传统的波束赋形是二维的，意味着波束只能在水平方向跟随手机用户的进行方向调整。

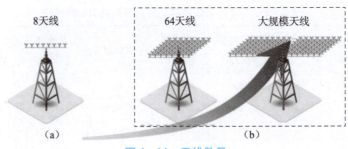

图 4 – 14　天线数目

(a) 4G；(b) 5G

5G 时代的波束赋形是三维的，意味着波束赋形的窄波束在水平方向和垂直方向都能随着目标手机的位置调整。

2. Massive MIMO 技术的优势

（1）同时同频服务更多用户，提高小区吞吐量。

大规模天线技术基于多用户波束赋形的原理，在基站端布置几百根天线，对多个目标接收机调制各自的波束，通过空间信号隔离，在同一时间同一频率资源上同时传输几十路信号。这种对空间资源的充分挖掘，可以有效利用宝贵而稀缺的频带资源，并且几十倍地提升网络容量。

（2）有效增强小区覆盖。

相对于传统的波束赋形（beam forming，BF）只能在水平方向跟随手机用户进行方向的调整，三维 BF 的窄波束在水平方向和垂直方向都能随着目标手机的位置调整，能够有效增强小区的覆盖范围。高层建筑覆盖场景如图 4 – 15 所示。

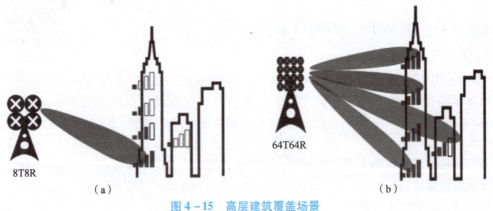

图 4 – 15　高层建筑覆盖场景

(a) 传统 MIMO；(b) Massive MIMO

如图 4 – 15（a）所示，传统的 8T 8R 天线只能水平扫波，不能上下扫波，所以会使高层用户出现没有信号、电话经常掉话等情况。图 4 – 15（b）是使用 Massive MIMO 的情况，此时天线不仅可以水平扫波，也可以上下扫波，并且能量更集中，赋形增益也更好。

3. Massive MIMO 适合的场景

高楼覆盖场景，使用 Massive MIMO 能够实现高层的深度覆盖；重大活动保障场景，如演唱会、运动会等用户容量需求大的场景。

知识点 4.4 上下行解耦技术

在通信中，高频段（如 5G 使用的高频段）波长比低频段波长的传播损耗更大、绕射能力更弱，这会造成高频段的覆盖范围缩短，特别是上行覆盖会成为瓶颈。虽然通过提高手机功率可以提升上行的覆盖距离，但是考虑到手机辐射、待机等问题，不可能一味地靠提高手机功率去解决这个问题，因此，需要寻找新的技术，即靠上下行解耦（上下行频谱共享）技术来解决上下行覆盖问题。

如图 4 - 16（a）所示，如果手机位于最里屋的圆圈区域，离基站比较近，可以有多余的功率发射信号，不存在上行覆盖受限问题。如果手机从这个区域来到边缘区域，上行便会出现覆盖瓶颈。此时，如果让手机上行切换到低频段发信号，而下行依旧工作在高频段，就可以解决上行覆盖的问题，这就是上下行频谱共享技术，又称上下行解耦技术。

如图 4 - 16（b）所示，下行一直使用 3.5 GHz 频段，而上行可以使用 1.8 GHz 或 3.5 GHz 频段。当手机离基站近的时候，用 3.5 GHz 的高频段；当手机离基站远的时候，用 1.8 GHz 的低频段。1.8 GHz 的频段是 LTE 的频段，也就是 LTE 中一部分频谱资源共享给 5G。

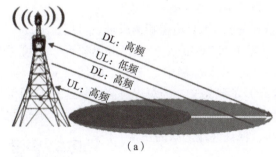
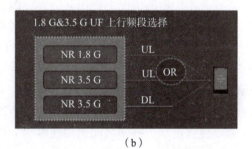

图 4 - 16 上下行解耦技术

知识点 4.5 设备到设备通信

设备到设备通信（D2D）技术，又称设备直通技术。D2D 技术不同于传统的蜂窝通信系统，它不需要通过基站进行通信，而是收发设备之间直接进行通信（见图 4 - 17）。D2D 技术改变了以基站为中心的移动通信格局，为大规模网络的零延迟通信、移动终端的海量接入及大数据传输开辟了新的途径。3GPP 已经把 D2D 技术列入新一代移动通信系统的发展框架中，成为第五代移动通信的关键技术之一。

与传统蜂窝通信方式相比，D2D 通信由于其不经过基站的特性而具有一系列优点。

（1）降低基站和回传网络压力，降低网络时延。

D2D 通信链路建立之后，传输数据无须核心设备或中间设备的干预，这样可以降低基站负荷，缓解核心网压力。另外，由于直连设备之间通常距离较近，直接进行数据传输可以大大降低传输时延。

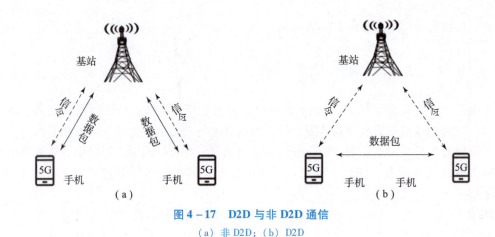

图 4 – 17　D2D 与非 D2D 通信
（a）非 D2D；（b）D2D

（2）降低终端发射功率，提升待机时间。

由于 D2D 通信通常应用于通信距离较短的设备之间，因此发送机所需发射功率较小，降低了能耗，可以提升终端待机时间。

（3）提高频谱效率，解决频谱资源匮乏的问题。

D2D 通信不仅复用了小区资源，也保证了移动终端用户的通信性能，即保证移动终端用户业务不中断的情况下使用其资源，因而提升了小区的频谱利用效率。

另外，相比于其他近距离通信技术（如蓝牙等），D2D 覆盖距离较远，可超过 1 km。

由于其优越的特性，结合未来网络的发展需求和趋势，人们已经开始研究未来可考虑 D2D 通信的应用场景，例如，将 D2D 通信应用于未来车辆中，未来车联网（V2X）需要车 – 车（V2V）、车 – 路（V2I）、车 – 人（V2P）的频繁交互的短程通信，通过 D2D 通信技术可以提供短时延、短距离、高可靠的 V2X 通信；还有一大场景就是应急通信，通信网络基础设施被破坏，终端之间仍然能够建立连接，保证终端之间的正常通信。

知识点 4.6　移动边缘计算

降低时延的技术

欧洲电信标准协会于 2014 年率先提出移动边缘计算（MEC）的概念。MEC 基本架构如图 4 – 18 所示，MEC 系统允许设备将计算任务卸载到网络边缘节点，如基站、无线接入点等，既满足了终端设备计算能力的扩展需求，又弥补了云计算时延较长的缺点。MEC 迅速成为 5G 的一项关键技术，有助于达到 5G 业务超低时延、超高能效、超高可靠性等关键技术指标。

相比于传统的网络架构和模式，MEC 具有很多明显的优势。

（1）低时延。

MEC 将计算和存储能力下沉到网络边缘，由于距离用户更近，用户请求不再需要经过漫长的传输网络到达遥远的核心网处理，而是由部署在本地的 MEC 服务器将一部分流量进行卸载，直接处理并响应用户，通信时延将会大大降低。因此，MEC 对于未来 5G 网络 1 ms 的时延要求是非常有价值的。

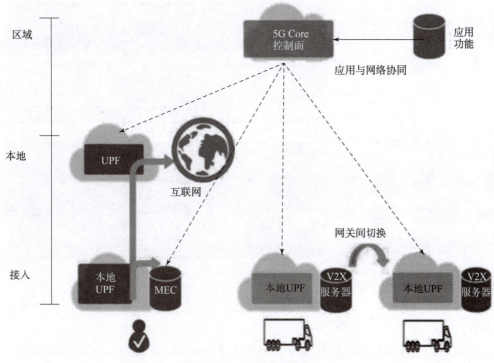

图 4-18　MEC 基本架构

（2）改善链路容量。

部署在移动网络边缘的 MEC 服务器能对流量数据进行本地卸载，从而极大地降低对传输网和核心网带宽的要求。

（3）提高能量效率，实现绿色通信。

MEC 的引入能极大地降低网络的能量消耗。MEC 自身具有计算和存储资源，能够在本地进行部分计算的卸载，对于需要大量计算能力的任务再考虑上交给距离更远、处理能力更强的数据中心或云进行处理，因此可以降低核心网的计算能耗。

知识点 4.7　切片技术

5G 网络需要同时支持多样化的使用场景，满足差异化服务对网络吞吐量、时延、连接数目和可靠性等性能指标的不同需求。部署一张物理网络很难满足千差万别的垂直行业的需求。为了满足不同的 QoS 要求，人们将一张物理网络横向切成多张逻辑网络，每张逻辑网络专门用来承担某一类特定的业务，例如，图 4-19 中的第一个切片用来承载超清视频业务。这样可以保证每一类业务在各自的切片里面质量是最好的，而且互相之间也不会有干扰。

网络切片是针对业务差异化、多租户需求提供的一类解决方案技术的统称，其对功能、性能、隔离、运维等多方面进行灵活设计，从而使运营商能够基于垂直行业的需求创建定制化的网络。

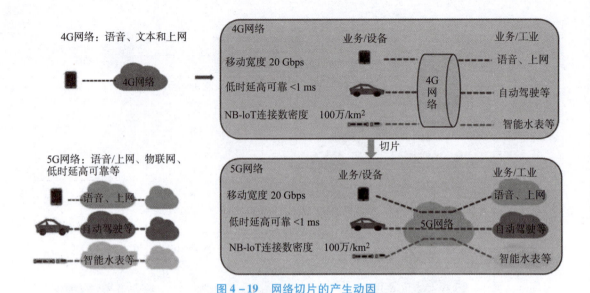

图 4-19　网络切片的产生动因

若要实现灵活的切片，离不开两大使能技术：网络功能虚拟化（NFV）和软件定义网络（SDN）。

NFV 实现了软硬件解耦，将物理资源抽象成虚拟资源，使网络中各节点的功能可以通过软件实现，并实现功能的重构和网络的智能编排，并且使网络的硬件基础设施可以采用符合业界标准的高容量服务器、交换机和存储设备，降低设备成本。

SDN 实现了网络控制面和转发面的分离，转发面只负责转发，如何转发受控制面统一控制。SDN 在控制面和转发面之间定义开放接口，实现网络切片中网络功能的灵活定义。

网络切片通过 SDN/NFV 完成部署，提供多样化和个性化的网络服务。其中，切片间的隔离保证了网络间的安全性，而资源的按需分配和再分配过程实现了网络资源利用最优化，提高了切片间资源的共享程度和利用率。

技能训练

技能点 4　MIMO 天线对业务速率的影响实验

1. 训练内容

基于 IUV – 5G 全网部署与优化教学仿真平台，完成 MIMO 天线对业务速率的影响实验，具体包括以下内容。

（1）识别不同型号的 MIMO 天线。

（2）选择不同通道数的 MIMO 天线。

（3）进行上行/下行数据业务速率测试。

（4）对比分析不同类型的 MIMO 天线对上行/下行数据业务速率的影响。

2. 训练任务

扫描二维码，在线学习"MIMO 天线对业务速率的影响实验"的微课视频，整理操作步骤并填写在表 4 – 3 中。

MIMO 天线对业务速率
的影响实验

表 4 – 3　MIMO 天线对业务速率的影响实验操作步骤表

序号	操作步骤	注意事项
1		
2		
3		
4		
5		
6		
7		
8		
...		

任务考核

1. 知识练习

（1）（单选题）5G 下行采用的多址技术是（   ）。

A. CDMA　　　　　　B. FDMA　　　　　　C. TDMA　　　　　　D. OFDM

（2）（单选题）如果客户不急于使用5G 的切片业务，仅希望用 eMBB 业务，则（   ）组网是好的选择。

A. Option2　　　　　B. Option3　　　　　C. Option4　　　　　D. Option5

（3）（多选题）F－OFDM 子载波的带宽是可以灵活配置的，可以是（   ）。

A. 15 kHz　　　　　B. 30 kHz　　　　　C. 60 kHz　　　　　D. 120 kHz

（4）（多选题）在 5G 关键技术中，（   ）可以提升网络频谱效率。

A. 256QAM 高阶调整　　　　　　　　　　B. Massive MIMO

C. 新信道编码　　　　　　　　　　　　　D. 灵活子载波带宽

（5）（判断题）上下行解耦是弥补 C 波段上行覆盖短板的重要技术。　　　　　（   ）

（6）（判断题）移动边缘计算技术适用于高带宽、低时延的场景。　　　　　　（   ）

（7）（判断题）5G 大规模天线可以有效提高频分复用增益、分集增益、空间复用增益。

　　　　　　　　　　　　　　　　　　　　　　　　　　　　　　　　　　（   ）

（8）（判断题）MEC 作为 5G 网络体系架构演进的关键技术，可满足系统对于吞吐量、时延、网络可伸缩性和智能化等多方面的要求。　　　　　　　　　　　　　（   ）

（9）（判断题）5G 网络采用独立组网与非独立组网相比，优势是支持 5G 各种新业务及网络切片。　　　　　　　　　　　　　　　　　　　　　　　　　　　　　（   ）

（10）（简答题）与 4G 相比，5G 有哪些关键性能的提升？

（11）（简答题）简述上下行解耦技术的基本工作原理。

（12）（简答题）什么是移动边缘计算？在哪些场景中会用到移动边缘计算，请举例说明。

2. 任务评价

完成任务 4 的学习后，请根据学习反馈情况完成针对任务 4 的个人自评表（见表 4-4）、小组评价表（见表 4-5）、教师评价表（见表 4-6）的填写。

表 4-4　个人自评表

姓名：		评价日期：		
序号	评价内容	考核评价指标		评价结果
1	学习态度（10%）	（1）能够积极、主动、认真完成本任务的全部学习要求，可以获得 9~10 分； （2）能够根据要求按时完成本任务的大部分学习要求，可以获得 6~8 分； （3）能够完成本任务的小部分学习要求，可以获得 1~5 分		
2	线上课前学习任务（20%）	（1）能够完成全部课前学习任务，很好地掌握相关基础知识，可得 17~20 分； （2）能够完成大部分课前学习任务，可以大概理解本任务的相关知识内容，可以获得 12~16 分； （3）能够完成少量课前学习任务，对与本任务相关的知识内容了解得不多，可以获得 1~11 分		
3	线下课堂活动（50%）	（1）能够积极配合教师和小组的活动安排，承担相应的职责，及时完成全部课堂学习任务，可以获得 41~50 分； （2）能够按照要求完成大部分课堂学习任务，可以获得 31~40 分； （3）能够按照要求完成部分课堂学习任务，可以获得 1~30 分		
4	课后作业（20%）	（1）能够按时、认真、高质量完成全部课后作业，可以获得 17~20 分； （2）能够依照教师要求完成大部分课后作业，可以获得 12~16 分； （3）能够完成部分课后作业，可以获得 1~11 分		
5	在本任务的学习中收获了什么？还存在哪些不足			

表 4 – 5　小组评价表

小组名称：		小组成员：	
个人姓名：		小组分工：	
序号	评价内容	考核评价指标	评价结果
1	明确任务 （10%）	（1）能够清晰、明确地知道需要承担的小组职责，可以获得 9~10 分； （2）能够大概知道需要承担的小组职责，可以获得 5~8 分； （3）能够知道少部分能够承担的小组职责，可以获得 1~4 分	
2	团队配合 （20%）	（1）能够服从小组任务分配，积极较好地完成职责要求，可以获得 17~20 分； （2）能够基本服从小组任务分配，按照要求完成职责任务，可以获得 12~16 分； （3）在小组中配合度一般，完成部分小组职责，可以获得 1~11 分	
3	合作探究 （50%）	（1）能够熟练完成任务，学习思路清晰，在团队技能训练中起到示范和主导作用，可以获得 41~50 分； （2）能够在同伴的帮助下基本完成任务，可以获得 31~40 分； （3）能够完成部分安装任务，实践操作能力欠佳，可以获得 1~30 分	
4	伙伴关系 （20%）	（1）沟通能力强，能够积极为小组成员提供帮助，可以获得 17~20 分； （2）有一定的沟通能力，能够配合完成基本的团队任务，可以获得 12~16 分； （3）沟通能力不足，与团队其他成员的沟通较少，可以获得 1~11 分	
5	其他加分项		
小组组长：		评价日期：	

表4-6 教师评价表

小组名称：			小组组长：	
序号	评价内容	考核评价指标		评价结果
1	学习态度 （10%）	（1）学习态度端正，不迟到早退，遵守课堂纪律，积极主动地完成各项任务，热心帮助他人，可以获得9~10分； （2）学习态度较为认真，能够按照要求配合完成学习任务，可以获得6~8分； （3）学习态度一般，偶尔有违反课堂纪律的现象，可以获得1~5分		
2	课前学习任务 （20%）	根据在线学习平台的统计数据进行计分登记		
3	小组探究学习活动 （50%）	（1）组长责任心强，能够安排小组成员在协作、互助的良好氛围下进行充分的讨论、探究，使大家可以高质量完成训练，可以获得41~50分； （2）组长能够安排小组任务，可以按照要求完成基本任务，可以获得31~40分； （3）组长能力一般，不能妥善安排任务，不能全部完成基站设备安装任务，可以获得1~30分		
4	课后学习任务 （20%）	（1）作业质量好，能够较好地反映出该学生对知识和技能掌握牢固，有自己的理解和看法，可以获得17~20分； （2）作业质量尚可，能够反映出该学生对知识和技能的掌握情况良好，可以获得12~16分； （3）作业质量一般，能够反映出该学生对知识和技能的掌握还存在一定的不足，需要进行补充学习，可以获得1~11分		
5	其他加分项			
教师姓名：			评价日期：	

任务5 5G物理层解析

情境引入

与前几代专注于支持蜂窝移动通信或移动电话的无线技术不同，5G承诺为各种跨行业设备提供连接和支持，这些设备涉及手机终端、无人机、机器人、医疗器械等。

例如，上海市第一人民医院的5G医疗应用发挥了重要作用。该医院设立的5G标准化发热门诊，配备了5G查房机器人、5G物流配送机器人、5G消毒机器人等设备，如图5-1所示，充分利用5G高带宽、低时延的特性，减少交叉感染的风险，提升医疗效率。

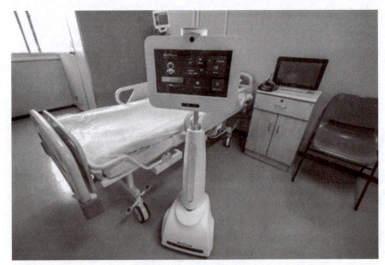

图5-1 5G查房机器人

5G查房机器人以5G技术为支撑，可以作为医生的"替身"进入隔离病房，医生在隔离病房外通过电脑或手机端实现远程查房、远程会诊。这一系统还支持多方接入，可以轻松实现跨院区、多学科专家会诊。

实际上，为支持各种各样的设备以及许多新应用，5G引入了许多物理层的变化，这些变化也包括我国科研人员不懈努力的成果。

任务要求

知识目标

（1）知道5G空口的无线资源包括什么。

（2）能够说出5G系统中帧、子帧、时隙及OFDM符号之间的关系。

（3）能够说出5G系统中RE、RB、RBG、REG、CCE各自的概念。

（4）能够说出 5G 初始接入流程。

技能目标

能够根据流程图，解释每个流程的意义。

素质目标

（1）养成自主学习的良好习惯。

（2）具有通信强国的信念和强烈的民族自豪感。

（3）尊重他人，积极参与小组任务。

知识地图

5G 物理层解析知识地图如图 5-2 所示。

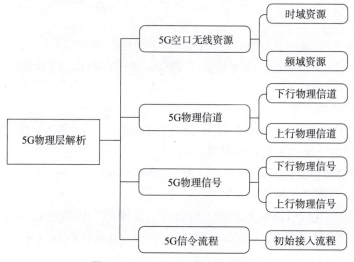

图 5-2　5G 物理层解析知识地图

知识积累

5G 空中接口简称 5G 空口，即终端 UE 与基站 gNodeB 之间的接口。和 LTE 一样，这个接口被命名为 Uu 接口，大写字母 U 表示用户网络接口（user to network interface，UNI），小写字母 u 则表示通用的（universal），该接口决定了 5G 与其他移动通信系统最根本的区别。图 5-3 给出了 Uu 接口协议结构。

在逻辑上，Uu 接口可以分为控制面和用户面。控制面主要处理系统信令层面的数据，与核心网侧 AMF 网元连接；用户面处理用户数据，用于在 UE 和核心网之间传送 IP 数据包，与核心网侧的 UPF 连接。由图 5-3 可知，控制面和用户面的底层协议是相同的。

控制面协议栈的组成与 LTE 相比没有发生变化，仍然由物理层（physical layer，PHY）、数据链路层 L2（包括媒体接入控制层（media access control，MAC）、无线链路控制层（radio link control，RLC）和分组数据汇聚协议层（packet data convergence protocol，PDCP））、无线资源控制层（radio resource control，RRC）和非接入层（non-access stratum，

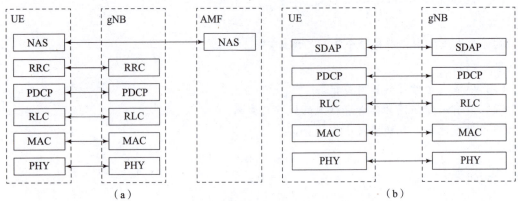

图 5-3 Uu 接口协议结构

（a）控制面协议栈；（b）用户面协议栈

NAS）组成，其中 RRC 层终止于 gNB，NAS 层终止于核心网 AMF。

但在用户面，与 LTE 相比，协议栈除了 PHY、MAC、RLC 及 PDCP 之外，又新增了业务数据适配协议层（SDAP）。

以下是各层功能的介绍。

（1）PHY 层主要利用物理传输介质为 L2 提供物理连接，以便透明传送比特流，涉及信道编码、加扰、调制、层映射及预编码等。

（2）MAC 层功能包括混合自动重传请求（hybrid automatic repeat request，HARQ）、信道映射、无线资源分配、复用与解复用等。

（3）RLC 层提供无线链路控制功能，涉及分段、重组、传输模式选择等，其中传输模式有 3 种，分别为透明模式（transparent mode，TM）、非确认模式（unacknowledged mode，UM）和确认模式（acknowledged mode，AM）。

（4）PDCP 层在 5G 系统中不仅涉及加解密和完整性校验，还具有压缩、解压缩、排序和复制检测等功能。

（5）RRC 层处理 UE 与接入网之间的所有信令，负责 UE 移动性管理相关的测量、控制等。

（6）NAS 层主要包含两部分，即上层信令和用户数据。其中 NAS 信令指的是 UE 和 AMF 之间传送的控制面消息，包括移动性管理消息和会话管理消息。

（7）SDAP 层主要负责 QoS 数据流与数据无线承载（data radio bearer，DRB）之间的映射，为数据包添加 QoS 流标识（QoS flow ID，QFI）。

知识点 5.1　5G 空口无线资源

物理层传输资源结构是物理层的基础，本部分内容对 5G 空口的无线资源进行介绍，主要涉及时域资源和频域资源。

在介绍具体的物理资源之前，先介绍系统参数的概念。系统参数是 5G 提出来的新概念，包含子载波间隔（SCS）、循环前缀长度、发送时间间隔长度和系统带宽。5G 采用多个不同的 SCS，从而适应不同的应用场景，以 LTE 的 15 kHz 为基础，按照 2 的幂次方进行扩展（$\Delta f = 2\mu \times 15\ \text{kHz}$）。表 5 - 1 给出了 μ 在不同取值下的 SCS 配置情况。

表 5 - 1 SCS 配置

μ 取值	子载波间隔/kHz	循环前缀
0	15	normal
1	30	
2	60	
3	120	
4	240	
5	60	extended

知识点 5.1.1 时域资源

对于移动通信系统来说，帧结构是一个重要的物理层概念，涉及帧、子帧、时隙和 OFDM 符号几个概念。帧标识的是物理层的时域资源组织单元。图 5 - 4 给出了 5G 的帧结构。

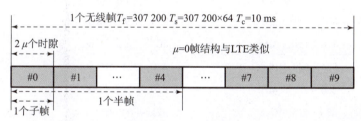

图 5 - 4 5G 的帧结构

5G 的帧结构

由图 5 - 4 可知，5G 帧结构具有如下特点。

（1）每个无线帧长为 10 ms。

（2）每个无线帧分为 10 个子帧，即一个子帧长度为 1 ms。

（3）一个子帧分为多个时隙，时隙个数为 2^μ，由参数 μ 确定。

（4）每个时隙中的 OFDM 符号个数为 14 或 12，可配置成上行、下行或 flexible。

（5）$T_c = 1/(48\,000 \times 4\,096)$ ms 是基本时间单元，T_s 是沿用的 LTE 基本时间单元。

图 5 - 5 给出了当 SCS = 30 kHz 时的帧结构。

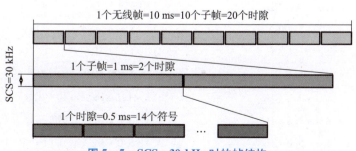

图 5 - 5 SCS = 30 kHz 时的帧结构

知识点 5.1.2 频域资源

在 3GPP 协议中，5G 的总体频谱资源可以分为以下两个频率范围（frequency range，FR）。

（1）FR1：sub 6G 频段，也就是低频频段，是 5G 的主用频段，其中 3 GHz 以下的频率称为 sub 3G，其余频段称为 C 波段（C – band）。

（2）FR2：毫米波，也就是高频频段，为 5G 的扩展频段，频谱资源丰富。

表 5 – 2 给出了 FR1 和 FR2 对应的频率范围。不同的频率范围对应的具体频段不同，使用场景也不同。不同频段对应不同的频率范围和双工模式，具体见表 5 – 3 和表 5 – 4。

表 5 – 2　FR1 和 FR2 对应的频率范围

频率分类	对应的频率范围
FR1	450 ~ 6 000 MHz
FR2	24 250 ~ 52 600 MHz

表 5 – 3　FR1 频段信息

NR 频段	上行频率	下行频率	双工模式
n1	1 920 ~ 1 980 MHz	2 110 ~ 2 170 MHz	FDD
n2	1 850 ~ 1 910 MHz	1 930 ~ 1 990 MHz	
n3	1 710 ~ 1 785 MHz	1 805 ~ 1 880 MHz	
n5	824 ~ 849 MHz	869 ~ 894 MHz	
n7	2 500 ~ 2 570 MHz	2 620 ~ 2 690 MHz	
n8	880 ~ 915 MHz	925 ~ 960 MHz	
n20	832 ~ 862 MHz	791 ~ 821 MHz	
n28	703 ~ 748 MHz	758 ~ 803 MHz	
n38	2 570 ~ 2 620 MHz	2 570 ~ 2 620 MHz	TDD
n41	2 496 ~ 2 690 MHz	2 496 ~ 2 690 MHz	
n50	1 432 ~ 1 517 MHz	1 432 ~ 1 517 MHz	
n51	1 427 ~ 1 432 MHz	1 427 ~ 1 432 MHz	
n66	1 710 ~ 1 780 MHz	2 110 ~ 2 200 MHz	FDD
n70	1 695 ~ 1 710 MHz	1 995 ~ 2 020 MHz	
n71	663 ~ 698 MHz	617 ~ 652 MHz	
n74	1 427 ~ 1 470 MHz	1 475 ~ 1 518 MHz	
n75	N/A	1 432 ~ 1 517 MHz	SDL
n76	N/A	1 427 ~ 1 432 MHz	
n77	3.3 ~ 4.2 GHz	3.3 ~ 4.2 GHz	TDD
n78	3.3 ~ 3.8 GHz	3.3 ~ 3.8 GHz	
n79	4.4 ~ 5.0 GHz	4.4 ~ 5.0 GHz	
n80	1 710 ~ 1 785 MHz	N/A	SUL

续表

NR 频段	上行频率	下行频率	双工模式
n81	880～915 MHz	N/A	
n82	832～862 MHz	N/A	
n83	703～748 MHz	N/A	SUL
n84	1 920～1 980 MHz	N/A	

表 5－4　FR2 频段信息

NR 频段	频率	双工模式
n257	26 500～29 500 MHz	
n258	24 250～27 500 MHz	TDD
n260	37 000～40 000 MHz	
n261	27 500～28 350 MHz	

5G 空口资源是一个时频两维的资源，5G 的资源栅格如图 5－6 所示。

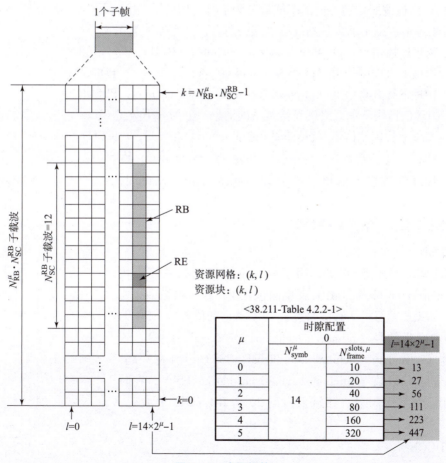

图 5－6　资源栅格

和 LTE 相比，5G 的资源栅格没有太大的变化，由于存在多种 SCS，资源栅格的物理维度也在变化，这里介绍几个频域资源基本概念。

（1）资源粒子（resource element，RE）：最小时频域单位，在时间上是一个 OFDM 符号，频域上为一个子载波。

（2）RB：占用频域上连续的 12 个子载波，为数据信道资源分配基本调度单位。

（3）资源块组（resource block group，RBG）：频域上占用 2，4，8，16 个 RB，同样为数据信道资源分配基本调度单位。

（4）资源单元组（resource element group，REG）：在时间上是 1 个 OFDM 符号，在频域上为 12 个子载波，为控制信道资源分配基本组成单位。

（5）控制信道单元（control channel element，CCE）：频域上 1CCE = 6REG = 6RB，同样为控制信道资源分配基本组成单位。

知识点 5.2　5G 物理信道

5G 物理信道负责编码、调制、多天线处理，以及从信号到合适物理时频资源的映射。基于映射关系，高层一个传输信道可以服务物理层一个或几个物理信道。

5G 物理信道按照传输方向的不同可分为下行物理信道和上行物理信道。

下行物理信道用于承载基站发给终端的消息，分为如下类型。

（1）物理广播信道（physical broadcast channel，PBCH）。

（2）物理下行控制信道（physical downlink control channel，PDCCH）。

（3）物理下行共享信道（physical downlink shared channel，PDSCH）。

上行物理信道用于承载终端发给基站的消息，分为如下类型。

（1）物理上行控制信道（physical uplink control channel，PUCCH）。

（2）物理上行共享信道（physical uplink shared channel，PUSCH）。

（3）物理随机接入信道（physical random access channel，PRACH）。

知识点 5.2.1　下行物理信道

1. PBCH

PBCH 调制方式为 QPSK，用于承载系统消息的主信息块（master information block，MIB），里面包含用户接入网络中必要的信息，如系统帧号、子载波带宽、SIB1 消息的位置等。5G 的 PBCH 和主同步信号（primary synchronization signal，PSS）、辅同步信号（secondary synchronization signal，SSS）组合在一起，组成一个同步信号块（synchronization signal block，SSB），在时域上占用连续 4 个符号，频域上占用 20 个 RB（240 个 RE），如图 5-7 所示。

2. PDCCH

PDCCH 的调制方式为 QPSK，用于传输来自 L1、L2 的下行

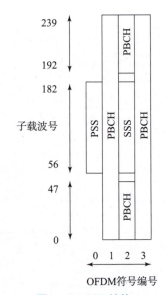

图 5-7　SSB 结构

控制信息，主要涉及以下三类信息。

（1）下行调度信息（DL assignments），以便 UE 接收 PDSCH。

（2）上行调度信息（UL grants），以便 UE 发送 PUSCH。

（3）指示 SFI、抢占指示（Pre-emption Indicator，PI）等信息，辅助 UE 接收和发送数据。

3. PDSCH

PRACH 调制方式有多种，可以为 QPSK、16QAM、64QAM、256QAM 和 1024QAM，用于传输寻呼消息、系统消息（system information block，SIB）、UE 空口控制面信令及用户面数据等内容，图 5-8 给出了该信道物理层的处理过程。

图 5-8　PDSCH 物理层的处理过程

知识点 5.2.2　上行物理信道

1. PUCCH

PUCCH 调制方式为 QPSK，用来发送上行控制信息（uplink control information，UCI）以支持上下行数据传输。主要包括以下三类信息。

（1）调度请求（scheduling request，SR）：用于上行共享信道（uplink shared channel，UL-SCH）资源请求。

（2）混合自动重传请求（hybrid automatic repeat request，HARQ）ACK/NACK：用于 PDSCH 上发送数据的 HARQ 反馈。

（3）信道状态信息（channel state information，CSI）：信道状态反馈，包括信道质量信息（channel quality information，CQI）、预编码矩阵指示（precoding matrix indicator，PMI）、秩指示（rank indicator，RI）和层指示（layer indicator，LI）。

2. PUSCH

PUSCH 调制方式有多种，可以为 QPS、16QAM、64QAM 和 256QAM，主要用于 UE 空口的信令及用户面数据的传输等。它可支持以下两种波形。

（1）循环前缀正交频分复用（cyclic prefix orthogonal frequency division multiplexing，CP-OFDM）：多载波波形，支持多流 MIMO。

（2）基于离散傅里叶变换的正交频分复用（discrete Fourier transform based orthogonal frequency division multiplexing，DFT-S-OFDM）：单载波波形，仅支持单流，可以提升覆盖性能。

图 5-9 和图 5-10 分别给出了 CP-OFDM 和 DFT-S-OFDM 对应的物理层处理过程。

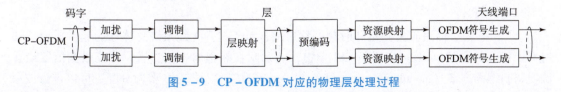

图 5-9　CP-OFDM 对应的物理层处理过程

图 5 – 10　DFT – S – OFDM 对应的物理层处理过程

3. PRACH

PUCCH 调制方式为 QPSK，主要用于 UE 发送随机接入前导，从而与基站完成上行同步，并请求基站分配资源。随机接入过程用于各种场景，如初始接入、切换和重建等。同其他 3GPP 系统一样，随机接入提供基于竞争和基于非竞争的接入。

前导按照序列长度，分为长序列和短序列两类。长序列沿用 LTE 设计方案，共 4 种格式；短序列为 NR 新增格式，R15 共 9 种格式，子载波间隔 sub6G 支持 {15，30} kHz，above6G 支持 {60，120} kHz。

知识点 5.3　5G 物理信号

5G 物理信号

由于移动通信系统的传输信道是动态变化的，因此为了实时掌握当前信道的状态，5G 空口采用插入参考信号（即物理信号）的方法。参考信号是一系列的已知训练序列，由于发送端和接收端都约定好了训练序列的内容和时频位置，因此，接收端可以通过接收这些参考信号来掌握当前信道的状态。

5G 物理信号按照传输方向的不同，分为下行物理信号和上行物理信号。

下行物理信号用于下行信道估计、时频同步等功能，有以下几种。

（1）PSS/SSS。

（2）信道状态指示参考信号（CSI – RS）。

（3）解调参考信号（DMRS）。

（4）相位跟踪参考信号（PT – RS）。

上行物理信号有上行信道估计等功能，具体如下。

（1）探测参考信号（SRS）。

（2）DMRS。

（3）PT – RS。

知识点 5.3.1　下行物理信号

1. PSS/SSS

同步信号分为 PSS 和 SSS 两种，用于 UE 进行下行同步，包括时钟同步、帧同步和符号同步。另外，UE 可通过读取 PSS 及 SSS，获取物理小区标识（physical cell identifier，PCI）。NR 中 PCI 取值为 0 ~ 1 007，分为 336 组，每组 3 个取值。其中，组内编号从 PSS 中获取（3 选 1，对应 3 个 PSS 序列），小组编号从 SSS 中获取（336 选 1，对应 336 个 SSS 序列）。

2. CSI – RS

CSI – RS 用于信道质量测量和时频偏移追踪，对于提升无线系统总体性能非常重要。通过 CSI – RS 的测量，UE 可以进行 CSI 上报，而基站在获得 CSI 信息后，可以根据信道质量调度调制编码方案（modulation and coding scheme，MCS）进行 RB 资源分配；可以进行波束赋形，提高速率；还可以进行多用户复用（multi – user multiple – input multiple – output，MU – MIMO），提升小区的整体吞吐量等。

3. DMRS

解调参考信号用于信道估计，帮助 UE 对控制信道和数据信道进行相干解调。其有 3 种不同的解调参考信号，分别用于 PBCH、PDCCH 和 PDSCH 的相干解调。

4. PT – RS

PT – RS 是 5G 新引入的参考信号，用于跟踪相位噪声的变化，主要用于高频段。

知识点 5.3.2   上行物理信号

1. SRS

基站可以利用 SRS 评估上行信道质量，对于 TDD 系统，利用信道互易性，也可以评估下行信道质量。基站除了可以利用 SRS 评估上行（下行）信道质量以外，还可以使用 SRS 进行上行波束的管理，包括波束训练、波束切换等。

2. DMRS

DMRS 用于信道估计，帮助 gNodeB 对控制信道和数据信道进行相干解调。有两种不同的解调参考信号，分别用于 PUSCH 和 PUCCH 信道的相干解调。

3. PT – RS

作用同下行 PT – RS。

5G 信令流程

知识点 5.4   5G 信令流程

为一部新手机插上全球用户识别卡（universal subscriber identity module，USIM）并开机后，UE 的第一个行为是搜索合适的可用网络，选择合适的小区驻留下来，进入空闲态；在手机上浏览网页时，UE 将向网络发起随机接入请求，随之建立与网络的信令和数据面的连接，进入连接态，以实现数据的接收/发送；此时手机如果发生了移动，从一个小区进入另一个小区，为保证业务的连续性，将会发起切换流程，从而完成 UE 上下文的更新。

初始接入过程包含同步、系统信息接收和随机接入这 3 个最基础流程。按照 5G 组网架构的不同，初始接入流程分为 SA 组网接入流程和 NSA 组网接入流程。本节只介绍 SA 组网接入流程。

SA 组网中的终端直接在 5G 网络中完成初始接入流程如图 5 – 11 所示。

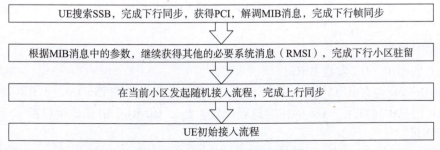

图 5 – 11   SA 组网初始接入流程

（1）UE 开机后，首先进行小区搜索。UE 首先解调 PSS 信号获取小区组内 ID（0～2），然后解调 SSS 信号获取小区组 ID（0～335），两者结合获得小区的 PCI（0～1007），从而实现与基站下行时频同步。

（2）搜索到 PSS/SSS 后，UE 可以读取 PBCH，获得 MIB 消息（如 SIB1 消息位置、子载波间隔、系统带宽等），解调 PDCCH 并读取 PDSCH 中的 SIB1，完成 SIB1 接收后，UE 可根据基站的配置，进一步获取其他系统消息，从而完成下行小区驻留。

（3）当用户正式驻留到小区后，若 UE 需要注册到网络或发起业务，则向网络发起随机接入请求，完成上行同步，其中随机接入流程分为非竞争随机接入流程和基于竞争随机接入流程。

（4）当 UE 完成随机接入流程之后，随即进入初始接入流程。

图 5 – 12 给出了 UE 初始接入信令流程。

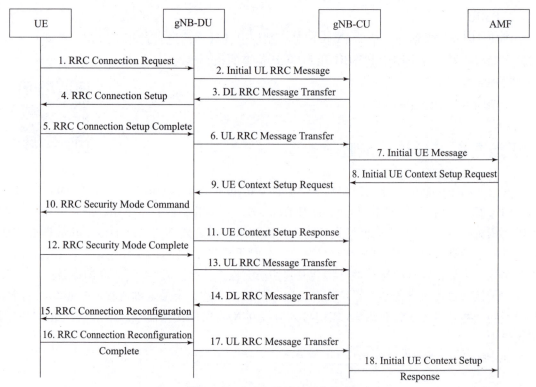

图 5 – 12　UE 初始接入信令流程

信令说明如下。

1）UE 向 gNB – DU 发送 RRC 连接请求消息。

2）gNB – DU 包含 RRC 消息，如果允许 UE 接入，则在 F1APINITIAL UL RRC MESSAGE TRANSFER 消息中包含用于 OE 的相应低层配置。初始 UL RRC 消息传输包括 gNB – DU 分配的 C – RNTI。

3）gNB – CU 为 UE 分配一个 gNB – CU UE F1AP ID，并向 UE 生成 RRC 连接设置消息。

RRC 消息封装在 F1AP DL RRC 消息传输中。

4）gNB – DU 向 UE 发送 RRC 连接建立消息。

5）UE 向 gNB – DU 发送 RRC 连接建立完成消息。

6）gNB – DU 将 RRC 消息封装在 F1AP UL RRC 消息传输中，并将其发送给 gNB – CU。

7）gNB – CU 向 AMF 发送初始 UE 消息。

8）AMF 向 gNB – CU 发送初始的 UE 上下文建立请求消息。

9）gNB – CU 发送 UE 上下文建立请求消息，用以在 gNB – DU 中建立 UE 上下文。在此消息中，它还可以封装 RRC 安全模式命令消息。

10）gNB – DU 向 UE 发送 RRC 安全模式命令消息。

11）gNB – DU 将 UE 上下文设置响应消息发送给 gNB – CU。

12）UE 向 gNB – DU 发送 RRC 安全模式完全响应消息。

13）gNB – DU 将 RRC 消息封装在 F1AP UL RRC 消息传输中，并将其发送给 gNB – CU。

14）gNB – CU 生成 RRC 连接重配置消息，并将其封装在 F1AP DL RRC 消息传输中。

15）gNB – DU 向 UE 发送 RRC 连接重配置消息。

16）UE 向 gNB – DU 发送 RRC 连接重配置完成消息。

17）gNB – DU 将 RRC 消息封装在 F1AP UL RRC 消息传输中，并将其发送到 gNB – CU。

18）gNB – CU 向 AMF 发送初始 UE 上下文设置响应消息。

当终端处于连接状态下，在不同小区间移动时，为保证业务的连续性，将发生切换事件，即移动性管理流程。

UE 需要先根据网络配置的参数和方式进行测量，获得小区级和波束级的质量，根据网络配置的上报规则，进行上报。当测量结果满足切换条件时，网络触发 UE 开始切换，UE 需要选择目标小区进行接入。

当 UE 完成业务后，重新进入空闲态或非激活态，根据广播消息配置的参数进行测量，然后根据测量结果结合 S 准则和 R 准则进行小区的选择和重选。

技能训练

技能点 5　NSA 模式下初始接入信令流程分析

1. 训练内容

图 5 – 13 为 NSA 组网初始接入流程，请根据所学内容完成对该流程的分析。

2. 训练任务

根据所学内容对图 5 – 11 中的 NSA 组网初始接入流程的各步骤进行解析并填写在表 5 – 5 中。

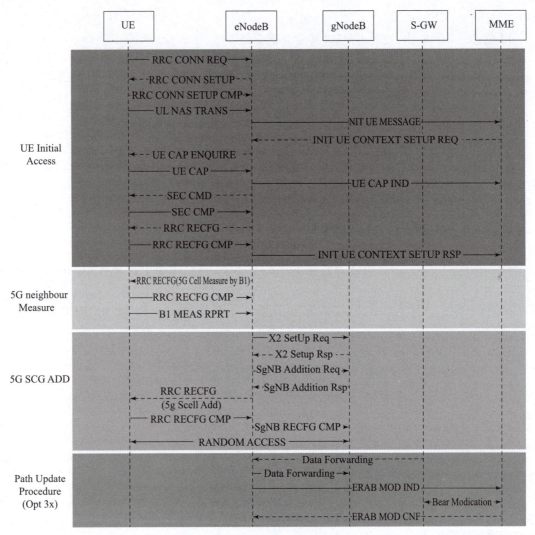

图 5 – 13 NSA 组网初始接入流程

表 5 – 5 NSA 组网初始接入流程

序号	步骤解释	备注
1		
2		
3		
4		
5		
6		
7		
8		
9		
10		
…		

任务考核

1. 知识练习

（1）（单选题）每个无线帧的长度为（   ）。

A. 1 ms   B. 5 ms   C. 10 ms   D. 20 ms

（2）（单选题）当 $\mu = 1$ 时，子载波间隔为（   ）。

A. 15 kHz   B. 30 kHz   C. 60 kHz   D. 120 kHz

（3）（单选题）5G NR 帧结构中，1 个子帧中的时隙个数是（   ）。

A. 12   B. μ C. 2μ D. 2^{μ}

（4）（单选题）1 个 RB 占用连续的（   ）个子载波。

A. 8   B. 10   C. 12   D. 4

（5）（单选题）5G 中，PCI 有（   ）个。

A. 503   B. 504   C. 1 007   D. 1 008

（6）（多选题）（   ）物理信号在上下行都出现。

A. PSS   B. PT – RS   C. DMRS   D. SRS

（7）（多选题）（   ）信道属于下行物理信道。

A. PBCH   B. PDCCH   C. PDSCH   D. PRACH

（8）（多选题）5G NR 帧结构中，一个时隙可能有（   ）个 OFDM 符号。

A. 10   B. 12   C. 14   D. 16

（9）（多选题）PDCCH 传输的下行控制信息包括（   ）。

A. 下行调度信息   B. 上行调度信息

C. 指示 SFI   D. 抢占指示 PI

E. 功控命令

（10）（判断题）PBCH 采用 256QAM 调制方式。   （   ）

（11）（判断题）RE 是最小时频域单位，在时域上是 1 个 OFDM 符号，在频域上为 1 个子载波。   （   ）

（12）（判断题）PRACH、PDSCH 均为下行物理信道。   （   ）

（13）（判断题）PUSCH 支持 CP – OFDM 和 DFT – S – OFDM 两种波形。   （   ）

（14）（简答题）简述 5G 帧结构中帧、子帧、时隙和符号的关系。

（15）（简答题）上行物理信道和下行物理信道各包括哪些信道类型？

（16）（简答题）简述各类物理信号的作用。

（17）（简答题）简述 SA 组网时，手机初始接入的流程。

2. 任务评价

完成任务 5 的学习后，请根据学习反馈情况完成针对任务 5 的个人自评表（表 5-6）、小组评价表（表 5-7）、教师评价表（表 5-8）的填写。

表 5-6　个人自评表

姓名：		评价日期：	
序号	评价内容	考核评价指标	评价结果
1	学习态度（10%）	（1）能够积极、主动、认真完成本任务的全部学习要求，可以获得 9~10 分； （2）能够根据要求按时完成本任务的大部分学习要求，可以获得 6~8 分； （3）能够完成本任务的小部分学习要求，可以获得 1~5 分	
2	线上课前学习任务（20%）	（1）能够完成全部课前学习任务，很好地掌握相关基础知识，可得 17~20 分； （2）能够完成大部分课前学习任务，可以大概理解本任务的相关知识内容，可以获得 12~16 分； （3）能够完成少量课前学习任务，对与本任务相关的知识内容了解得不多，可以获得 1~11 分	
3	线下课堂活动（50%）	（1）能够积极配合教师和小组的活动安排，承担相应的职责，及时完成全部课堂学习任务，可以获得 41~50 分； （2）能够按照要求完成大部分课堂学习任务，可以获得 31~40 分； （3）能够按照要求完成部分课堂学习任务，可以获得 1~30 分	
4	课后作业（20%）	（1）能够按时、认真、高质量完成全部课后作业，可以获得 17~20 分； （2）能够依照教师要求完成大部分课后作业，可以获得 12~16 分； （3）能够完成部分课后作业，可以获得 1~11 分	
5	在本任务的学习中收获了什么？还存在哪些不足		

表 5-7 小组评价表

小组名称：		小组成员：	
个人姓名：		小组分工：	
序号	评价内容	考核评价指标	评价结果
1	明确任务（10%）	（1）能够清晰、明确地知道需要承担的小组职责，可以获得 9～10 分； （2）能够大概知道需要承担的小组职责，可以获得 5～8 分； （3）能够知道少部分能够承担的小组职责，可以获得 1～4 分	
2	团队配合（20%）	（1）能够服从小组任务分配，积极较好地完成职责要求，可以获得 17～20 分； （2）能够基本服从小组任务分配，按照要求完成职责任务，可以获得 12～16 分； （3）在小组中配合度一般，完成部分小组职责，可以获得 1～11 分	
3	合作探究（50%）	（1）能够熟练完成任务，学习思路清晰，在团队技能训练中起到示范和主导作用，可以获得 41～50 分； （2）能够在同伴的帮助下基本完成任务，可以获得 31～40 分； （3）能够完成部分任务，实践操作能力欠佳，可以获得 1～30 分	
4	伙伴关系（20%）	（1）沟通能力强，能够积极为小组成员提供帮助，可以获得 17～20 分； （2）有一定的沟通能力，能够配合完成基本的团队任务，可以获得 12～16 分； （3）沟通能力不足，与团队其他成员的沟通较少，可以获得 1～11 分	
5	其他加分项		
小组组长：		评价日期：	

表 5－8　教师评价表

小组名称：			小组组长：	
序号	评价内容	考核评价指标		评价结果
1	学习态度 （10%）	（1）学习态度端正，不迟到早退，遵守课堂纪律，积极主动地完成各项任务，热心帮助他人，可以获得 9～10 分； （2）学习态度较为认真，能够按照要求配合完成学习任务，可以获得 6～8 分； （3）学习态度一般，偶尔有违反课堂纪律的现象，可以获得 1～5 分		
2	课前学习任务 （20%）	根据在线学习平台的统计数据进行计分登记		
3	小组探究学习活动 （50%）	（1）组长责任心强，能够安排小组成员在协作、互助的良好氛围下进行充分的讨论、探究，使大家可以高质量完成训练，可以获得 41～50 分； （2）组长能够安排小组任务，可以按照要求完成基本任务，可以获得 31～40 分； （3）组长能力一般，不能妥善安排任务，不能全部完成基站设备安装任务，可以获得 1～30 分		
4	课后学习任务 （20%）	（1）作业质量好，能够较好地反映出该学生对知识和技能掌握牢固，有自己的理解和看法，可以获得 17～20 分； （2）作业质量尚可，能够反映出该学生对知识和技能的掌握情况良好，可以获得 12～16 分； （3）作业质量一般，能够反映出该学生对知识和技能的掌握还存在一定的不足，需要进行补充学习，可以获得 1～11 分		
5	其他加分项			
教师姓名：			评价日期：	

模块三

5G 网络规划设计

任务 6 覆盖规划

🌀 **情境引入**

2024 年 6 月 26 日，辽鲁航线海域 5G 网络全部建成并正式投入运行，这是我国首次实现 5G 网络海上规模化连续覆盖，标志着超过 2 万平方公里的海域结束了手机信号不稳定或没有信号的历史。

以烟台—大连航线、威海—大连航线为代表的辽鲁航线，是连接山东半岛、辽东半岛客货运的黄金航线，航程超过 150 km，每年约有 27.6 万艘次船舶和 400 余万人次旅客通过。然而，由于海域广阔且传统通信基站覆盖范围有限，各大航线海域网络不连续、信号不稳定，船舶在航行过程中常常存在信号盲区。

针对海上通信环境复杂，需要克服距离远、干扰多、覆盖难等问题，遵循"站得越高、看得越远"的海上 5G 网络建设原则，结合充分利用沿海山体地理优势区域建站的思路，山东移动联合北海航海保障中心，环渤海省份的海事机构、移动公司，创新采用"700 MHz 海岸基站超远覆盖 + 轮渡船舱直放站 + 船载多模 CPE"的组网模式，研发船舶高效网络接入设备，采用 700 MHz 频段频率进行 5G 网络建设，该频段具有传播距离远的特点，有效通信距离超过 50 km；在关键节点如大竹山岛建设基站补点，以扩大网络覆盖范围；利用海上灯塔、浮标等现有设施进行基站部署，从而降低建设成本和时间。

目前，山东已实现沿海、常驻居民岛屿、省内航线及省际重要航线的网络畅通，海域网络覆盖延伸至 103 km，并在离岸 50 km 处实现了高达 160 Mbit/s 的上传速率，辽鲁航线海域的 5G 网络使大量的船舶和旅客受益。旅客在航行过程中可以顺畅地使用手机通话、上网和观看视频，提高了乘船体验。船舶公司可以实时动态监控船舶航行状态，提前发现问题并预防事故，提高了信息化管理水平和效率。海事、海警、渔政等涉海职能部门可以利用 5G 网络感知能力，及时监控和预报潜在的安全风险，构建安全可靠的海洋感知通信网络，如图 6 - 1 所示。

不断织密的海上 5G 网络，也让 5G + 海洋牧场、5G + 海上钻井平台、5G + 智能船舶等智慧海洋新应用不断涌现，悄然改变着海上的生产生活。由这些案例可知，不同的应用场景

图6-1 依托5G网络的海上航标作业现场直播（图片来自交通运输部北海航海保障中心）

中，对移动网络信号覆盖的要求也千变万化，如何根据现场需要科学规划、合理部署基站站点是考验基站工程师们专业技能和智慧的难题。本任务主要介绍5G网络的覆盖规划，要求大家了解覆盖规划的流程并掌握覆盖规划中的处理方法和技巧。

任务要求

知识目标

（1）描述自由传播空间的定义。

（2）比较并区别电磁波传播的常见模型。

（3）掌握最大允许传播路径损耗的计算公式。

（4）了解小区的形状，描述区群、同频小区、激励方式、小区分裂的概念。

技能目标

（1）能够计算电磁波在自由空间的传播损耗。

（2）能够分析项目的覆盖需求并根据需要完成5G工程项目覆盖规划的计算。

（3）能够制定项目的覆盖规划报告。

素质目标

（1）养成自主学习的良好习惯。

（2）培养科学严谨的工作态度、爱岗敬业的工匠精神。

（3）尊重他人，积极参与小组任务。

知识地图

覆盖规划知识地图如图 6-2 所示。

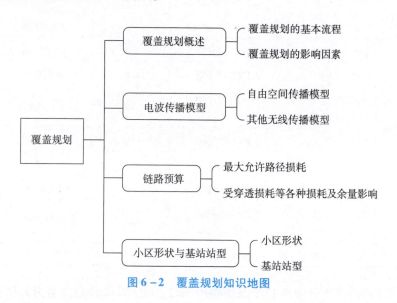

图 6-2　覆盖规划知识地图

知识积累

覆盖规划的流程

知识点 6.1　覆盖规划概述

1. 覆盖规划的基本流程

（1）确定链路预算中使用的传播模型。

（2）根据传播模型，通过链路预算表分别计算满足上下行覆盖要求的小区半径。

（3）根据站型计算单个站点覆盖面积。

（4）用规划区域面积除以单个站点覆盖面积得到满足覆盖的站点数。

2. 覆盖规划的影响因素

（1）系统工作频段。

因为频段高低跟传播损耗的大小有关，所以系统工作频段的分配会影响小区的覆盖半径，继而影响系统的覆盖规划结果，各运营商的各种制式均占用不同的频段组网，我国三大运营商的 2G、3G、4G 网络频率分配具体情况如表 6-1 所示。

表6-1　三大运营商2G/3G/4G 网络工作频段划分

运营商	上行频率/MHz	下行频率/MHz	频宽/MHz	制式	
中国移动	885～909	930～954	24	GSU900	2G
	1 710～1 725	1 805～1 820	15	GSM1800	2G
	2 010～2 025	2 010～2 025	15	TD SCDMA	3G
	1 880～1 890 2 320～2 370 2 575～2 635	1 880～1 890 2 320～2 370 2 575～2 635	120	TD～LTE	4G
中国联通	909～915	954～960	6	GSM900	2G
	1 745～1 755	1 840～1 850	10	GSM1800	2G
	1 940～1 955	2 130～2 145	15	WCDMA	3G
	2 300～2 320 2 555～2 575	2 300～2 320 2 555～2 575	40	TD－LTE	4G
	1 755～1 765	1 850～1 860	10	LTE－FDD	4G
中国电信	825～840	870～885	15	CDMA	2G
	1 920～1 935	2 110～2 125	15	CDMA2000	3G
	2 370～2 390 2 635～2 655	2 370～2 390 2 635～2 655	40	TD－LTE	4G
	1 765～1 780	1 860～1 875	15	LTE－FDD	4G

3GPP 将 5G 频段分为低频段 FR1 和高频段 FR2。FR1 对应频段范围为 450～6 000 MHz，FR2 对应频段范围为 24 250～52 600 MHz。为了保证 eMBB 业务所需要的高速率，在 5G 部署时，需要满足 100 MHz 的连续频段带宽。在频段的使用规划中，6 GHz 以下的波段对于支持大多数 5G 使用场景是至关重要的，如 3 300～4 200 MHz 和 4 400～5 000 MHz 频段范围，适合在广域覆盖和容量之间获得平衡。在工信部公布的频段中，均有此范围的频段。

运营商 5G 频段划分如表6-2 所示。

表6-2　运营商 5G 频段划分

运营商	5G 频段/MHz	5G 频段号
中国电信	3 400～3 500	N78
中国移动	2 515～2 675、4 800～4 900	N41、N79
中国联通	3 500～3 600	N78
中国广电	4 900～4 960	N79

（2）小区边缘用户速率。

在 5G 无线网络中，不同场景对数据速率的要求并不相同，甚至差异巨大，因此在覆盖规划时，要首先确定边缘用户的数据速率目标，因为不同的数据速率目标对应不同的解调门限，覆盖半径也不同，因此，小区边缘用户的数据速率是 5G 网络覆盖规划的重要参数，也是无线网络规划要实现的目标之一。根据不同的业务场景，小区边缘用户的数据速率可以有不同的要求。在上行和下行边缘用户的数据速率匹配上，要综合考虑上下行覆盖的均衡性。

（3）时隙配比。

5G NR 使用动态 TDD 技术，可以根据业务需求动态调整上下行时隙配比，特别是在密集部署的情况下，每个基站只服务于少数几个终端，所以动态适应上下行业务需求变化对密集部署尤为重要。对于密集部署，基站间干扰可以得到较好地控制。基站不需要过多考虑周边基站的上下行情况，可以独立地调整上下行时隙配比。如果无法满足站间隔离的要求，基站也可以通过站间协调进行上下行时隙配比的调整。如果需要，也可以直接限制上下行动态调整，改为静态操作。

（4）子载波间隔与工作带宽。

4G 子载波间隔固定为 15 kHz，而 5G 的子载波间隔是可变的，5G 子载波间隔可选为 15 kHz、30 kHz、60 kHz、120 kHz、240 kHz。

不同的子载波间隔，支持的工作带宽范围是不一样的；不同的子载波间隔下，5G 可以支持的工作带宽范围也不相同。因为工信部颁布的频段都在 FR1 内，因此，当前规划的 5G 工作带宽最高为 100 MHz。

（5）RB 配置。

12 个子载波可以组成一个 RB，5G NR 单载波最大支持 275 个 RB，即 3 300 个子载波，但因为 5G NR 单载波需要设置保护带宽来降低误差矢量幅度、抑制相邻频道泄露，5G NR 单载波实际支持 RB 数量达不到最大值。RB 的数量对基站发射功率和接收机灵敏度均有影响，而不同的 RB 配置也会影响上下行链路的覆盖能力。

知识点 6.2　电波传播模型

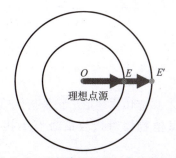

电波传播模型

1. 自由空间传播模型

自由空间是一个理想化的概念，是指电波传播时天线周围为无限大真空，是理想传播条件。电波在自由空间传播时，其能量既不会被障碍物所吸收，也不会产生反射或散射。自由空间为人们研究电波传播提供了一个简化的计算环境。

假设在自由空间中有一理想点源 O，如图 6-3 所示，其为一个无大小、无体积的点，形成理想的球面波，沿 O 点朝任意方向出发，在距离 O 较近的内球面上，任意一点的能量场假设为 E，在距离 O 较远的外球面上，任意一点的能量场设为 E'。在自由空间中，内球面的能量和等于外球面的能量和，而内球面的面积小于外球面的面积，所以在图 6-3 中 $E > E'$，因此，可以得到一个结论，沿理想点源向外，测得的场强会逐渐变弱，即电磁波在自由空间中由于能量的扩散会产生损耗，且距离越远，损耗

图 6-3　理想点源天线形成的场示意

越大，该损耗可以用式（6-1）计算得到，即

$$L_{fs} = 32.45 + 20\lg d + 20\lg f \tag{6-1}$$

式中，d 的单位是 km；f 的单位是 MHz；L_{fs} 的单位是 dB；L_{fs} 定义为自由空间路径损耗，又称自由空间基本传输损耗，它表示自由空间中两个理想点源天线（增益系数 $g=1$ 的天线）之间的传输损耗。

需要指出，自由空间是不吸收电磁能量的理想介质。这里所谓的自由空间基本传输损耗是指在传播过程中，随着传播距离增大，电磁能量在扩散过程中引起球面波扩散损耗。实际上，接收天线所捕获的信号功率仅仅是发射天线辐射功率很小的一部分，而大部分能量都散失了，自由空间损耗正反映了这一点。

自由空间基本传输损耗 L_{fs} 仅与频率 f 和距离 d 有关。当 f 或 d 扩大 1 倍时，L_{fs} 均增加 6 dB。

2. 其他无线传播模型

多径效应与阴影效应造成的信号衰落受移动信道的影响，是完全随机的一个过程，很难计算精确的损耗值。在通信工程中，如果需要计算某种传播场景下的衰落损耗，一般的处理方法：在大量场强测试的基础上，经过对数据的分析与统计处理，找出各种地形地物下的传播损耗与距离、频率，以及天线高度的关系，给出传播特性的各种图表和计算公式，建立无线传播预测模型。

传播模型中需要考虑不同的地形地物的影响。电波在不同的环境中传播，其特性不尽相同。从广义上讲，传播环境应包括电波传播地区的自然地形、人工建筑与植被状况等。现实中的地形、地物又多种多样、千差万别。在研究移动信道时，应根据地形地物的主要特征将传播环境加以分类，并给出明确定义。只有这样，才能研究在不同地形地物环境条件下电波的传播特性。

（1）地形的分类及各自的定义。

1）准平滑地形。它是指地形起伏高度在 20 m 以内，起伏较平缓，地面平均高度相差不大的地形。

2）不规则地形。它是指地表形态不规则、起伏较大的地形。

①丘陵地形。它用地形起伏高度参数 Δh 表示。Δh 值等于从接收点向发射点方向计算 10 km 内 10%~90% 的地形起伏高度差，如图 6-4 所示。

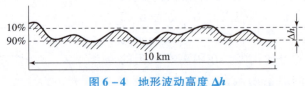

图 6-4　地形波动高度 Δh

② 孤立山岳地形。它是指传播路径上的一个孤立山岳，除接收点邻近的障碍物以外，没有其他物体对接收信号有干扰。对于 VHF 及 UHF 频段，这种山岳可近似看作刃形障碍。

③ 斜坡地形（此处不展开介绍）。

④ 水陆混合地形（此处不展开介绍）。

（2）地物的分类及各自的定义。

其可以根据建筑物分布、植被等密集情况对传播环境分类。

1）开阔区。它是指传播路径上没有或很少有高建筑物及大树的开阔空间和前方 300～400 m 内没有任何障碍物的地区，如农田和树木很少的荒地等。

2）郊区。它是由村庄或公路组成，有分散的树和小房子。在郊区可能有些障碍物靠近移动台但不十分密集。

3）一般城区。它是指一般的城市或大的市镇，有较高的建筑物和多层住宅。

4）密集城区。它是指在大城市的市中心，建筑物非常密集，且高度在 10 层楼以上，街道也更加狭窄。

（3）链路预算中的传播模型。

电波传播模型是为了更好更准确地研究电波传播而设计出来的一种模型。在无线网络规划中，传播模型主要分两种：一种是直接应用电磁理论计算出来的确定性模型，如射线跟踪模型；一种是基于大量测量数据的统计型模型，如 Okumura - Hata、COST231 - Hata、SPM（Spatial Channel Model，空间通道模型）、标准宏小区模型、城区宏站（urban macro，Uma）、城区杆站（urban micro，Umi）、郊区宏站（rural macro，Rma）等。

确定性模型对于信号预测准确度较高，但是对计算条件的要求也高，一般需要高精度三维电子地图，计算量较大，计算周期较长。确定性模型一般用于仿真预测。

统计型模型是一种比较成熟的数学公式，影响电磁波传播的一些主要因素，如天线挂高、频率、收发天线间距离、地形地物类型等，都以变量函数在路径损耗公式中反映出来。统计型模型计算比较简单，但是模型各参数适用范围有一定的局限性，需要对模型进行校正。

特别是覆盖规划在实际网络规划，常用的传播模型为 Okumura - Hata、COST231 - Hata、SPM、Uma 等统计型模型。从适用频段上看，Okumura - Hata、COST231 - Hata 适用频段均小于 2 GHz，SPM 模型最高适用频段为 3.5 GHz。由于 5G 主要频段在 3.3 GHz 以上，因此 Okumura - Hata、COST231 - Hata 已经不适用于 5G 高频段，SPM 也仅仅适用于 3.5 GHz 以下部分的 5G 频段。随着频率的升高，无线信号在传播过程中的衍射能力越来越差，受到周围建筑物和道路的影响也越来越大。现有传播模型仅仅考虑频率、天线挂高、接收高度、衍射损耗、距离等因素，但是建筑物高度、街道宽度等对高频段信号传播也有一定的影响，这与现有传播模型存在一定的差异。因此，在 5G 中，3GPP 协议定义了三种传播模型，即 Umi、Uma、Rma。其中 Umi 模型用于城区的微站覆盖场景，典型高度为 10 m；Uma 模型用于城区的宏站覆盖场景，典型高度为 25 m；Rma 模型则用于农村地区的宏站覆盖场景，典型高度为 35 m。Uma 模型是一种适于高频的传播模型，适用频率为 0.5～100 GHz，适用于小区半径为 10～5 000 m 的宏蜂窝系统，一般要求站点高度和建筑物平均高度不超过 50 m，街道平均宽度不大于 50 m，UE 的高度为 1.5～22.5 m。

在实际应用中，3GPP 标准模型不够准确，实际规划中需要对模型进行适当的修正。

知识点 6.3　链路预算

链路预算是网络规划的前提，主要是通过对上下行信号传播途径中各种影响因素的考察和分析，估算覆盖能力，得到保证一定信号质量下链路所允许的最大允许路径损耗

（maximum allowed path loss，MAPL），然后将 MAPL 代入传播模型，继而计算出小区半径，如图 6 - 5 所示，并根据基站的站型得到小区覆盖面积，最后用总覆盖面积除以单个站点覆盖面积，确定满足连续覆盖条件下的站点规模，如图 6 - 6 所示。

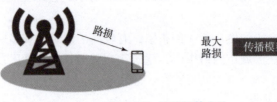

图 6 - 5　链路预算方法

链路预算

站点数量=总覆盖面积÷单站覆盖面积

图 6 - 6　覆盖站点数估算

需要注意的是，链路预算上下行需要独立计算，以受限的链路作为最终结果。一般来说，基站的能力强，发射功率大，可达 200～320 W，而手机的发射功率则小得多，一般为 0.2～0.4 W。因此，上行的 MAPL 要小于下行的 MAPL，也就是说，覆盖能力因为上行的 MAPL 受限，计算小区半径的时候，只考虑上行的 MAPL 就可以了。链路预算针对每个物理信道和信号分别计算，以受限的信道作为最终结果，但一般情况只考虑 PUSCH、PDSCH。

5G 链路预算的特点：Massive MIMO 大规模天线增益；100 MHz 大带宽提供更高业务速率。

1. 最大允许路径损耗

链路预算与很多参数有关，通过设置各种链路预算参数，得到最终的链路预算结果，即MAPL。5G 和 4G 在 C - band 上差别不是很大，在毫米波频段需要额外考虑人体遮挡损耗、树木损耗、雨衰、冰雪损耗的影响。

最大允许路径损耗（图 6 - 7）的计算较为复杂，式（6 - 2）为最大允许路径损耗的计算公式，即

$$最大允许路径损耗=基站发射功率-10lg（子载波数）+基站天线增益-$$
$$基站馈线损耗-穿透损耗-植被损耗-人体遮挡损耗-$$
$$干扰余量-雨/冰雪余量-慢衰落余量-人体损耗+$$
$$UE 天线增益-接收灵敏度 \qquad (6-2)$$

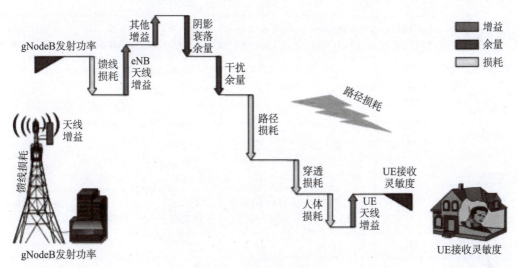

图 6 – 7　最大允许路径损耗

从式（6 – 2）中可知，链路预算中有如下两大类因素。

（1）确定性因素：基站发射功率、基站天线增益、终端接收灵敏度、终端天线增益等。

（2）不确定性因素：慢衰落余量、雨雪影响、干扰余量等，这些因素不是任意时候都会发生的，当作链路余量考虑。

1）干扰余量：为了克服邻区及其他外界干扰导致的底噪抬升而预留的余量，其取值等于底噪抬升。

2）雨/冰雪余量：为了克服概率性的较大降雪、降雨等导致的信号衰减而预留的余量。

3）慢衰落余量：信号强度中值随着距离变化会呈现慢速变化（遵从对数正态分布），与障碍物阻挡、季节更替、天气变化相关。慢衰落余量指的是为了保证长时间统计中值达到一定电平覆盖概率而预留的余量。

4）接收灵敏度：输入端在所分配的资源带宽内，满足业务质量要求的最小接收信号功率，其中，接收灵敏度与背景噪声灵敏度、子载波间隔、噪声系数及解调门限有关。这里的解调门限即信号与干扰加噪声比门限，是计算接收机灵敏度的关键参数，在链路预算中占据相当重要的地位，是设备性能和功能算法的综合体现。不同场景需求不同，所需要的信号与干扰加噪声比（SINR）就不同。实际上，场景的目标速率越高，目标码率也就越高，花费的 RB 数目就越多，就需要使用更高的调制阶数和高码率调制模式，对 SINR 要求也更高。

5）发射功率：发射端的功率值。5G 链路预算中通常会给出有效发射功率（EIRP）参数，它是指信道发射功率和天线增益之和。理论上，最大发射功率越大，则覆盖性能越好，但是在实际建网中，考虑到干扰、系统互操作及越区覆盖等各方面因素，上下行信道的最大发射功率是有一定限制的。5G 基站一般发射功率取最大值 200 W，即 53 dBm。对于多流系统，每一流功率按照均匀分配考虑，则 4 流系统的单流功率为 50 W，即 47 dBm。UE 在 FR1 频段默认的最大发射功率定义为 200 mW，即 23 dBm，双流发射的最大功率为 400 mW，即 26 dBm。

表 6 – 3 列出了多个频段的 5G 链路预算与 4G 链路预算的差异。

表6-3　5G链路预算与4G链路预算的差异

链路各因素	1.8 GHz（FDD 2R）	1.9 GHz（TDD 8R）	2.6 GHz（TDD 8R）	2.6 GHz（NR 64R）	3.5 GHz（NR 64R）	4.9 GHz（NR 64R）
频段/GHz	1.8	1.9	2.6	2.6	3.5	4.9
路径损耗差异/dB	3.2	2.7	0	0	-2.6	-5.5
UE 发射功率/dBm	23	23	23	26	26	26
穿透损耗/dB	20	20	23	23	26	30
上下行时隙配比	全上行	（UL20%、DL75%）	（UL20%、DL75%）	（UL20%、DL75%）	（UL30%、DL70%）	（U30%、DL70%）
基站天线配置	2R	8R	8R	64R	64R	64R
天线合并增益/dB	0	6	6	15	15	15
天线增益/dBi	18	14.5	16.5	11	11	10.4
馈线及连接损耗/dB	0.5	0.5	0.5	0	0	0
干扰余量	3	3	3	2	2	2
UE 发射预编码增益/dB	0	0	0	3	3	3
垂直天线损耗/dB	3	3	3	0	0	0
综合	8.7	3.7	基线	14	10.2	2.8

表6-4列出了2 600 MHz频段的5G链路预算和LTE链路预算的差异。

表6-4　5G NR C-band 链路预算与 LTE 链路预算的差异

链路影响因素	LTE 链路预算	5G NR C-band 链路预算
馈线损耗	RRU 形态，天线外接存在馈线损耗	AAU 形态，无外接天线馈线损耗；RRU 形态，天线外接存在馈线损耗
基站天线增益	单个物理天线仅关联单个 TRX，单个 TRX 天线增益即为物理天线增益	MM 天线阵列，整列关联多个 TRX，单个 TRX 对应多个物理天线，总的天线增益 = 单个 TRX 天线增益 + BF Gain，其中，链路预算中的天线增益仅为单个 TRX 天线增益（64TR 为 10～11 dBi）。BF Gain 体现在解调门限中（典型值为 15 dBi）

续表

链路影响因素	LTE 链路预算	5G NR C – band 链路预算
传播模型	Cost231 – Hata	Uma/Rma/Umi
穿透损耗	相对较小	更高频段，更高穿透损耗
干扰余量	相对较大	MM 波束天然带有干扰避让效果，干扰较小
人体遮挡损耗	N/A	N/A
雨衰	N/A	N/A
树衰	N/A	N/A

2. 穿透损耗

建筑物的穿透损耗与具体的建筑物类型、电波入射角度等因素有关。不同材质在不同频率的穿透损耗值不同，随着频率升高，穿透损耗值逐渐增大。

链路预算中通常会根据不同场景选取相应的穿透损耗值，典型场景的取值如表 6 – 5 所示。

表 6 – 5　多频段不同覆盖场景的穿透损耗值

频段/GHz	0.8	1.8	2.1	2.6	3.5	4.5
密集城区/dB	18	21	22	23	26	28
一般城区/dB	14	17	18	19	22	24
郊区/dB	10	13	14	15	18	20
农村/dB	7	10	11	12	15	17

3. 慢衰落余量

慢衰落余量是指未来保证长时间统计中，达到移动电平覆盖概率而预留的余量，通过边缘覆盖率和慢衰落标准差得出。慢衰落余量取决于传播环境，而不同环境的标准偏差不同。慢衰落标准差如表 6 – 6 所示。

表 6 – 6　慢衰落标准差

模型 （Scenario）	视距/非视距 （LOS/NLOS）	慢衰落标准差/dB
Rma	LOS	4
Rma	NLOS	8
Uma	LOS	4
Uma	NLOS	6
城区微站 （Umi – Street Canyon）	LOS	4
城区微站 （Umi – Street Canyon）	NLOS	7.82
室内 （In Office）	LOS	3
室内 （In Office）	NLOS	8.03

通常认为慢衰落服从对数正态分布。根据慢衰落方差和边缘覆盖概率要求，可以得到所需的慢衰落余量。例如，按照85.10%边缘覆盖率进行链路预算，取慢衰落标准差为4 dB，这样就需要留出4.16 dB的余量。

表6-7给出了区域覆盖概率95%条件下，Uma LOS/NLOS的慢衰落余量的典型值。

表6-7　Uma模型下的慢衰落余量

场景	区域覆盖概率	边缘覆盖率	慢衰落标准差/dB	慢衰落余量/dB
LOS	95%	85.10%	4	4.16
NLOS	95%	82.50%	6	5.6

这里提到的区域覆盖概率，其定义为在半径为R的圆形区域内，接收信号强度大于接收门限的位置占总面积的百分比。

4. 干扰余量

链路预算是指单个小区与单个UE之间的关系。实际上，网络是由很多站点共同组成的，其中存在各种干扰。因此，链路预算需要针对干扰预留一定的余量，即干扰余量，如图6-8所示。

图6-8　上下行干扰示意

(a) 下行干扰；(b) 上行干扰

干扰余量的影响因素有以下几个。

(1) 同一场景，站间距越小，则干扰余量越大。

(2) 网络负荷越大，则干扰余量越大。

(3) 下行干扰大于上行干扰。

干扰余量无法通过理论进行计算，但通过系统仿真可以获得。表6-8给出了5G干扰余量经验值，3.5 GHz频段采用64T64R的MIMO天线、连续组网；28 GHz频段采用的是非连续组网的方式。

表6-8　5G干扰余量经验值

频点	3.5 GHz 64T64R				28 GHz			
场景	OTO		OTI		OTO		OTI	
	UL	DL	UL	DL	UL	DL	UL	DL
密集城区/dB	2	17	2	7	0.5	1	0.5	1
一般城区/dB	2	15	2	6	0.5	1	0.5	1

续表

频点	3.5 GHz 64T64R				28 GHz			
郊区/dB	2	13	2	4	0.5	1	0.5	1
农村/dB	1	10	1	2	0.5	1	0.5	1
注：室外到室外（outdoor to outdoor，OTO），室内到室内（outdoor to indoor，OTI）								

5. 人体遮挡损耗

人体遮挡包括行人遮挡、近端遮挡（如手持设备、穿戴设备），与人体距离收发段的位置、基站、终端的高度差、遮挡面积有关。在低频段场景中，一般认为人体遮挡损耗为 0，通常在毫米波场景才考虑。

对于无线宽带到户（wireless to the x，WTTx）场景，且 CPE 位置较高，不受行人遮挡，则链路预算中也不需要考虑人体遮挡损耗。在 eMBB 场景，人体遮挡损耗的参考值如表 6-9 所示。

表 6-9　人体遮挡损耗参考值

频段/GHz	NLOS/dB	LOS/dB
28	15	6
3.5	8	3

根据现场测试，针对 28 GHz 的毫米波波段，典型室内 LOS 场景下，人体遮挡损耗测试结果为轻微遮挡 5 dB，严重遮挡 15 dB；典型室外 LOS 场景下，人体遮挡损耗测试结果为较重遮挡 18 dB，严重遮挡 40 dB。

6. 雨衰余量

雨衰余量与雨滴的直径、信号的波长相关，而信号的波长由其频率决定，雨滴的直径与降雨率密切相关，所以雨衰与信号的频率及降雨率有关。而且，雨衰余量是一个累积的过程，不仅和信号在降雨区域中的传播路径长度相关，也和要求达到保证速率的概率相关，一般应在毫米波场景考虑雨衰的影响。表 6-10 给出了 28 GHz 毫米波段的雨衰余量参考值。

表 6-10　28 GHz 雨衰余量参考值

项目	美国				加拿大			性能降低时间/年
典型站间距/km	1				3			
典型半径/km	0.67				2			
雨区	N	E	K	M	E	B	C	
0.01% 降雨率/(mm·h^{-1})	95	22	42	63	22	12	15	
达到保证速率概率 99.99% 需考虑余量/dB	15.17	4.44	7.64	10.74	7.85	4.78	5.74	0.876
雨衰下的速率/(Mb·s^{-1})	0	481	182	0	149	429	330	

续表

项目	美国				加拿大			性能降低时间/年
典型站间距/km	1				3			
典型半径/km	0.67				2			
雨区	N	E	K	M	E	B	C	
0.1%降雨率/(mm·h⁻¹)	35	6	12	22	6	3	5	
达到保证速率概率99.99%需考虑余量/dB	5.733	1.68	2.89	4.06	2.97	1.81	2.17	8.76
雨衰下的速率/(Mb·s⁻¹)基线1 Gb·s⁻¹	346	767	603	512	589	746	698	
1%降雨率/(mm·h⁻¹)	5	0.6	1.5	4	0.6	0.5	0.7	
达到保证速率概率99.99%需考虑余量/dB	1.58	0.46	0.8	1.12	0.82	0.5	0.6	87.6
雨衰下的速率/(Mb·s⁻¹)基线1 Gb·s⁻¹	777	937	882	838	876	928	912	

5G 毫米波场景对雨衰的估算同微波一致，都是参考 ITU-R 建议书的计算方法。但在微波传输中，对于余量的要求比较严格，其对应的是规划区域 0.01% 的时间内链路中断的概率，5G 场景中，需要根据客户对保证速率概率的实际要求预留电平余量。

7. 植被损耗

植被损耗与植被类型、植被厚度、信号频率、信号路径的俯仰角有关，通常在毫米波场景考虑，可根据场景实际情况调整。植被损耗的典型值如表 6-11 所示。

表 6-11 植被损耗典型值

场景	预期植被损耗/dB	典型值/dB
一棵稀疏的树	5~10	8
一棵茂密的树	15	11（树中下部）16（树冠）
两棵树	15~20	19
三棵树	20~25	24

知识点 6.4　小区形状与基站站型

1. 小区形状

众所周知，全向天线辐射的覆盖区在理想平面上应该是以天线辐射源为中心的圆形，为了对某一区域实现无缝覆盖，一个个天线辐射源产生的覆盖圆形必然会发生重叠，该重叠区就是干扰区。在考虑了交叠之后，实际上每个辐射区的有效覆盖区是一个多边形。根据交叠情况不同，有效覆盖区可分为正三角形、正方形或正六边形，小区形状如图 6 - 9 所示，可以看出，要用正多边形无空隙、无重叠地覆盖一个平面的区域，可取的形状只有图 6 - 9 中的 3 种。那么，采用哪种正多边形的无缝覆盖才能最接近实际的圆形覆盖呢？

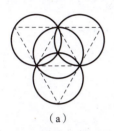　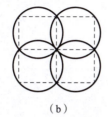　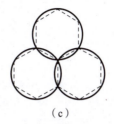

（a）　　　　　　　　　　（b）　　　　　　　　　（c）

图 6 - 9　小区形状

（a）正三角形；（b）正方形；（c）正六边形

小区形状与基站站型

在辐射半径 r 相同的条件下，计算出 3 种形状小区的邻区距离、小区面积和重叠区面积，如表 6 - 12 所示。

表 6 - 12　不同小区参数的比较

项目	小区形状		
	正三角形	正方形	正六边形
邻区距离	r	$\sqrt{2}r$	$\sqrt{3}r$
小区面积	$\dfrac{3\sqrt{3}}{4}r^2 \approx 1.3r^2$	$2r^2$	$\dfrac{3\sqrt{3}}{2}r^2 \approx 2.6r^2$
重叠区面积	$(\pi - 1.3)r^2 \approx 1.84r^2$	$(\pi - 2)r^2 \approx 1.14r^2$	$(\pi - 2.6)r^2 \approx 0.54r^2$

由表 6 - 12 可知，对同样大小的服务区域，用正六边形时重叠面积最小，最接近理想的天线覆盖圆形区。因此，人们选择正六边形作为小区的形状，并称移动通信网为蜂窝网。

根据半径，小区可分为宏蜂窝和微蜂窝两种，如表 6 - 13 所示。

表 6 - 13　小区的分类

小区类型	宏蜂窝（1 ~ 35 km）	微蜂窝（<1 km）
天线安装	基站天线安装在铁塔上或屋顶上	基站天线安装在建筑物墙上或屋顶上
传播情况	路径损耗主要由移动台附近建筑顶的绕射和散射来决定，即主射线在屋顶上方传播	电波传播由周围建筑物的绕射和散射来决定，主射线在街道和周围建筑物组成的"峡谷"内传播

2. 基站站型

基站站型一般包括全向站和三扇区定向站，如图 6 - 10 所示。不同站型与单个站点覆盖面积的关系如表 6 - 14 所示。在规模估算中，根据基站广播信道水平 3 dB 波瓣宽度的不同，常用的定向站有 65° 和 90° 两种。

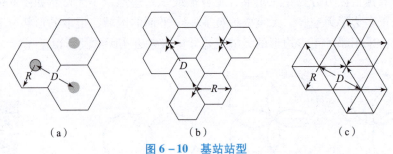

（a）　　　　　　　　　　（b）　　　　　　　　　　（c）

图 6 – 10　基站站型

（a）全向站；（b）定向站（65°，三扇区）；（c）定向站（90°，三扇区）

表 6 – 14　站型与单个站点覆盖面积的关系

	全向站	定向站（广播信道65°，三扇区）	定向站（广播信道90°，三扇区）
站间距	$D=\sqrt{3}R$	$D=1.5R$	$D=\sqrt{3}R$
面积	$S=2.6R^2$	$S=1.95R^2$	$S=2.6R^2$

对于 5G 来说，以 2.6 GHz 频段、2 Mb/s 边缘速率为例，在密集城区的站间距约为 450 m，一般城区站间距约为 700 m，郊区站间距约为 1 300 m。由于 3.5 GHz 频段较高，覆盖面积要少一些，站间距要比 2.6 GHz 频段的站间距小 100 m 左右。

🌀 技 能 训 练

技能点 6　覆盖规划工程实践

1. 训练内容

基于 IUV – 5G 全网部署与优化教学仿真平台，完成特定场景下的 5G 网络覆盖规划，具体内容如下。

（1）能理解任务书的覆盖规划要求。

（2）能遵照标准流程完成项目覆盖规划。

（3）能理解并正确使用 PUSCH、PDSCH 信道中的各项参数。

（4）能理解并正确使用传播模型参数。

（5）两人一组轮换操作，完成实验报告，并总结实验心得。

由于此任务计算过程较多且复杂，为便于学习者理解，举例如下。

步骤 1：认真阅读并理解任务书的要求。

覆盖规划任务书：A 市为一般城区，总移动上网用户数为 200 万，规划覆盖区域 320 km²，用户密度较高。该市话务模型请参照表 6 – 15 ~ 表 6 – 17。请根据 A 市网络拓扑规划架构选择合适的无线网规划参数进行覆盖规划计算。

表 6 – 15　PUSCH 信道参数规划

参数名	取值
终端发射功率/dBm	26
终端天线增益/dBi	2
基站灵敏度/dBm	– 126
基站天线增益/dBi	12
上行干扰余量/dB	3.5
线缆损耗/dB	0
人体损耗/dB	0
穿透损耗/dB	18
慢衰落余量/dB	11
对接增益/dB	5
单站小区数/个	3

表 6-16　PDSCH 信道参数规划

参数名	取值
基站发射功率/dBm	53
基站天线增益/dBi	12
终端灵敏度/dBm	-105
终端天线增益/dBi	0
下行干扰余量/dB	7
线缆损耗/dB	0
人体损耗/dB	0
穿透损耗/dB	25
慢衰落余量/dB	11
对接增益/dB	5
单站小区数/个	3

表 6-17　传播模型参数

参数名	取值
平均建筑高度/m	20
街道宽度/m	18
终端高度/m	1.5
基站高度/m	22
工作频率/GHz	3.5
本市区域面积/km²	320

步骤 2：计算 PUSCH 的最大允许路径损耗。将表 6-15 中的参数准确填写到计算公式中，并计算出 PUSCH 信道的 MAPL 值，如图 6-11 所示。

01/计算最大允许路径损耗

最大允许路径损耗（MAPL）= 终端发射功率　26　dbm + 终端天线增益　2　dbi + 对接增益　5　db + 基站天线增益　12　dbi - 基站灵敏度　-126　dbm - 上行干扰余量　3.5　db - 线缆损耗　0　db - 人体损耗　0　db - 穿透损耗　18　db - 慢衰落余量　11　db =　138.5　db

图 6-11　PUSCH 的 MAPL 计算

步骤 3：将 PUSCH 信道的 MAPL 值、表 6-17 中的参数代入图 6-12 中的公式，计算终端与基站之间的直线距离 d_{3D1}，如图 6-12 所示。

02/计算终端与基站直线距离 d_{3D1}

$\lg d_{3D1} = \{$最大允许路径损耗 __138.5__ db − 161.04 + 7.1 × lg 街道宽度 __18__ m − 7.5 × lg 平均建筑高度 __20__ m + [24.37 − 3.7 × (平均建筑高度 __20__ m + 基站高度 __22__ m)^2] × lg 基站高度 __22__ m − 20 × lg 工作频率 __3.5__ GHz + 3.2 × (lg17.625)^2 − 4.97 + 0.6 × (终端高度 __1.5__ m − 1.5)$\}$ ÷ [43.42 − 3.1 × lg 基站高度 __22__ m] + 3 = __2.86__

d_{3D1} = __724.44__ m

图 6−12　终端与基站直线距离 d_{3D1} 计算

步骤 4：计算 PDSCH 的最大允许路径损耗。将表 6−16 中的参数准确填写到计算公式中，并计算出 PDSCH 信道的 MAPL 值，如图 6−13 所示。

03/计算最大允许路径损耗

最大允许路径损耗（MAPL）= 基站发射功率 __53__ dbm + 基站天线增益 __12__ dbi + 对接增益 __5__ db + 终端天线增益 __0__ dbi − 终端灵敏度 __−105__ dbm − 下行干扰余量 __7__ db − 线缆损耗 __0__ db − 人体损耗 __0__ db − 穿透损耗 __25__ db − 慢衰落余量 __11__ db = __132__ db

图 6−13　PDSCH 的 MAPL 计算

步骤 5：将 PDSCH 信道的 MAPL 值、表 6−16 中的参数代入图 6−14 中的公式，计算基站与终端之间的直线距离 d_{3D2}。

04/计算终端与基站直线距离 d_{3D2}

$\lg d_{3D2} = \{$最大允许路径损耗 __132__ dB − 161.04 + 7.1 × lg 街道宽度 __18__ m − 7.5 × lg 平均建筑高度 __20__ m + [24.37 − 3.7 × (平均建筑高度 __20__ m + 基站高度 __22__ m)^2] × lg 基站高度 __22__ m − 20 × lg 工作频率 __3.5__ GHz + 3.2 × (lg17.625)^2 − 4.97 + 0.6 × (终端高度 __1.5__ m − 1.5)$\}$ ÷ [43.42 − 3.1 × lg 基站高度 __22__ m] + 3 = __2.82__

d_{3D2} = __831.76__ m

图 6−14　终端与基站直线距离 d_{3D2} 计算

步骤 6：将 PUSCH 信道的 d_{3D1} 值与 PDSCH 信道的 d_{3D2} 值进行比较，取较小的值作为 MAPL 值。因为 d_{3D1} 值 < d_{3D2} 值，所以印证了上行信道受限的结论。将 PUSCH 的 d_{3D1} 值作为最终的终端与基站的直线距离值 d_{3D}。

步骤 7：将终端与基站之间的直线距离 d_{3D}、基站高度、终端高度等数据代入图 6−15 的公式中，可以计算出单扇区覆盖半径 d_{2D}。

05/计算单扇区覆盖半径 d_{2D}

单扇区覆盖半径 d_{2D} = $\sqrt{(d_{3D}\ \underline{724.44}\ m)^2 - (基站高度\ \underline{22}\ m - 终端高度\ \underline{15}\ m)^2}$ = __724.43__ m

图 6−15　单扇区覆盖半径计算

步骤 8：将单扇区覆盖半径代入图 6−16 中的单站覆盖面积公式，可以计算出单站的覆盖面积。再用市区面积除以单站覆盖面积，求得最终的覆盖规划的站点数目。

06/计算本市无线覆盖规划站点数

单站覆盖面积 = 195×（覆盖半径 __724.15__ m）^{2} ÷3×单站小区数目 __3__ ×10^{-6} = __1.02__ km^2

覆盖规划站点数目 = 本市区域面积 __320__ km^2 ÷单站覆盖面积 __1.02__ km^2 = __314__ 个

图 6−16　覆盖规划站点数计算

至此，已经完成了本项目中覆盖规划所需站点数的估算。

2．训练任务

扫描二维码，分析"5G 网络覆盖规划工程案例"中的具体要求，整理操作步骤，完成计算任务并填写在表 6−18 中。

5G 网络覆盖规划工程案例

表 6−18　5G 网络覆盖规划工程案例分析计算步骤表

序号	操作步骤	注意事项
1		
2		
3		
4		
5		
6		
7		
…		

任务考核

1. 知识练习

（1）（单选题）在计算自由空间的传播损耗时，若频率 f 增大 1 倍，自由空间的传播便会损耗（　　）。

A. 增加 3 dB　　　　　B. 增加 6 dB　　　　　C. 减少 3 dB　　　　　D. 减少 6 dB

（2）（单选题）蜂窝网中，小区的形状是（　　）。

A. 正三角形　　　　　B. 正方形　　　　　　C. 正六边形　　　　　D. 正八边形

（3）（多选题）自由空间的传播损耗 L_{fs} 跟电磁波（　　）。

A. 传播距离的平方成正比　　　　　　　　　B. 传播距离成正比

C. 频率成正比　　　　　　　　　　　　　　D. 频率的平方成正比

（4）（多选题）属于不规则地形的有（　　）。

A. 丘陵地　　　　　B. 孤立山岳　　　　　C. 斜坡地　　　　　D. 水陆混合

（5）（多选题）5G 系统中常用的电磁波传播模型有（　　）。

A. UMA　　　　　　B. UMI　　　　　　C. RMA　　　　　　D. 奥村模型

（6）（多选题）在计算最大允许路径损耗时，需要考虑（　　）等因素。

A. 天线增益　　　　B. 基站馈线损耗　　　C. 穿透损耗　　　　D. 干扰余量

E. 路径损耗

（7）（判断题）UMA 传播模型适用于城区的宏站覆盖场景。　　　　　　　　（　　）

（8）（判断题）5G 和 4G 在 C－band 上的差别不是很大，在毫米波频段也不需要额外考虑人体遮挡损耗、树木损耗、雨衰、冰雪损耗的影响。　　　　　　　　　　　（　　）

（9）（简答题）简述覆盖规划的基本流程。

（10）（简答题）为何将小区的形状选为正六边形？

（11）（简答题）对比并分析常见的电波传播模型。

2. 任务评价

完成任务 6 的学习后，请根据学习反馈，情况完成针对任务 6 的个人自评表（表 6－19）、小组评价表（表 6－20）、教师评价表（表 6－21）的填写。

表 6－19　个人自评表

姓名：		评价日期：		
序号	评价内容	考核评价指标		评价结果
1	学习态度（10%）	（1）能够积极、主动、认真完成本任务的全部学习要求，可以获得 9～10 分； （2）能够根据要求按时完成本任务的大部分学习要求，可以获得 6～8 分； （3）能够完成本任务的小部分学习要求，可以获得 1～5 分		
2	线上课前学习任务（20%）	（1）能够完成全部课前学习任务，很好地掌握相关基础知识，可得 17～20 分； （2）能够完成大部分课前学习任务，可以大概理解本任务的相关知识内容，可以获得 12～16 分； （3）能够完成少量课前学习任务，对与本任务相关的知识内容了解得不多，可以获得 1～11 分		
3	线下课堂活动（50%）	（1）能够积极配合教师和小组的活动安排，承担相应的职责，及时完成全部课堂学习任务，可以获得 41～50 分； （2）能够按照要求完成大部分课堂学习任务，可以获得 31～40 分； （3）能够按照要求完成部分课堂学习任务，可以获得 1～30 分		
4	课后作业（20%）	（1）能够按时、认真、高质量完成全部课后作业，可以获得 17～20 分； （2）能够依照教师要求完成大部分课后作业，可以获得 12～16 分； （3）能够完成部分课后作业，可以获得 1～11 分		
5	在本任务的学习中收获了什么？还存在哪些不足			

表 6－20　小组评价表

小组名称：		小组成员：		
个人姓名：		小组分工：		
序号	评价内容	考核评价指标		评价结果
1	明确任务 （10%）	（1）能够清晰、明确地知道需要承担的小组职责，可以获得 9~10 分； （2）能够大概知道需要承担的小组职责，可以获得 5~8 分； （3）能够知道少部分能够承担的小组职责，可以获得 1~4 分		
2	团队配合 （20%）	（1）能够服从小组任务分配，积极较好地完成职责要求，可以获得 17~20 分； （2）能够基本服从小组任务分配，按照要求完成职责任务，可以获得 12~16 分； （3）在小组中配合度一般，完成部分小组职责，可以获得 1~11 分		
3	合作探究 （50%）	（1）能够熟练完成任务，学习思路清晰，在团队技能训练中起到示范和主导作用，可以获得 41~50 分； （2）能够在同伴的帮助下基本完成任务，可以获得 31~40 分； （3）能够完成部分任务，实践操作能力欠佳，可以获得 1~30 分		
4	伙伴关系 （20%）	（1）沟通能力强，能够积极为小组成员提供帮助，可以获得 17~20 分； （2）有一定的沟通能力，能够配合完成基本的团队任务，可以获得 12~16 分； （3）沟通能力不足，与团队其他成员的沟通较少，可以获得 1~11 分		
5	其他加分项			
小组组长：		评价日期：		

表6-21　教师评价表

小组名称：		小组组长：		
序号	评价内容	考核评价指标		评价结果
1	学习态度 （10%）	（1）学习态度端正，不迟到早退，遵守课堂纪律，积极主动地完成各项任务，热心帮助他人，可以获得9~10分； （2）学习态度较为认真，能够按照要求配合完成学习任务，可以获得6~8分； （3）学习态度一般，偶尔有违反课堂纪律的现象，可以获得1~5分		
2	课前学习任务 （20%）	根据在线学习平台的统计数据进行计分登记		
3	小组探究学习活动 （50%）	（1）组长责任心强，能够安排小组成员在协作、互助的良好氛围下进行充分的讨论、探究，使大家可以高质量完成训练，可以获得41~50分； （2）组长能够安排小组任务，可以按照要求完成基本任务，可以获得31~40分； （3）组长能力一般，不能妥善安排任务，不能全部完成任务，可以获得1~30分		
4	课后学习任务 （20%）	（1）作业质量好，能够较好地反映出该学生对知识和技能掌握牢固，有自己的理解和看法，可以获得17~20分； （2）作业质量尚可，能够反映出该学生对知识和技能的掌握情况良好，可以获得12~16分； （3）作业质量一般，能够反映出该学生对知识和技能的掌握还存在一定的不足，需要进行补充学习，可以获得1~11分		
5	其他加分项			
教师姓名：		评价日期：		

任务7 容量规划

情境引入

南京南站是亚洲最大的火车站，华东地区重要交通枢纽之一，旅客高度集中。据统计，南京南站每年发送超 5 000 万旅客，日均发送旅客 12 万人次，周末高峰期间发送旅客高达18 万人次。为保障节假日高峰出行高密重载场景的用户体验，2021 年国庆节前，江苏移动携手华为在南京南站部署 5G 2.6 GHz + 4.9 GHz 双层分布式 Massive MIMO（以下简称"分布式 M - IMO"）网络，实现了容量、速率双提升的目标。

在超大型车站进行无线网络覆盖时，需要应对车站超密连接、超大流量的业务需求。南京南站候车大厅具有人流密度极大、流量超高、流动性强、业务突发性强等网络特点，由此而产生的无线网元高负荷、高干扰严重影响了 5G 用户。为了提升南京南站室内无线网络质量，江苏移动采用了华为数字化室分集成服务解决方案，从业务分布情况和体验需求出发，并结合投资收益诉求，量身定制了网络的全面改造升级方案。

面对复杂严峻的网络挑战，5G 多小区连续组网已无法满足用户体验要求。南京移动提出将原有普通小区进行重新规划，候车区划分为南、北、中 3 个物理小区，通过不同小区分流沪宁线、京沪线、沪武线客流实现负荷均衡。以 2.6 GHz + 4.9 GHz 双层分布式基站为基础，开通分布式 M - MIMO 功能和双 100 M 载波聚合，消除小区间干扰，提升小区流数、多用户配对能力和用户峰值体验。从节日高峰期间的测试情况看，南京南站候车厅忙时下行平均拉网速率为 1.11 Gbit/s，如图 7 - 1 所示；5G 日均流量超 3T，整体容量较升级前提升 3.5 倍。分布式 M - MIMO 方案将传统组网方案中的干扰信号转换为增益信号，有效提升了小区容量，适合在大型商场、交通枢纽等环境空旷、人流量高、容量需求大的场景使用。

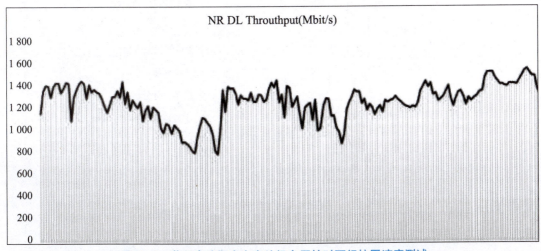

图 7 - 1 节日高峰期南京南站候车厅忙时下行拉网速率测试

那么，应该怎样才能根据不同场景下的用户数量、用户业务需求合理规划网络容量，以最高的性价比规划网络呢？本次任务主要学习网络容量的相关基本概念，并结合工程实际需求，遵循相关的设计流程，合理设计网络容量，从而满足系统的要求。

任务要求

知识目标

（1）解释爱尔兰的概念。

（2）阐明容量规划的流程，归纳影响容量估算的因素。

（3）知道常见的5G业务模型。

（4）熟悉5G业务评价的指标。

技能目标

（1）能够根据常见的业务模型计算业务容量。

（2）能够分析项目的容量需求可以根据需求完成5G工程项目容量规划的计算。

（3）能够编写项目的容量规划报告。

素质目标

（1）养成自主学习的良好习惯。

（2）培养科学严谨的工作态度、爱岗敬业的职业精神。

（3）尊重他人，积极参与小组任务。

知识地图

容量规划知识地图如图7-2所示。

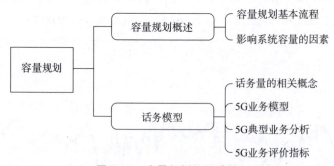

图7-2　容量规划知识地图

知识积累

知识点 7.1 容量规划概述

容量规划的流程

1. 容量规划基本流程

容量规划一般遵循如下流程。

（1）计算基站的单站吞吐量：根据系统仿真结果可以得到一定站间距下的单站吞吐量。

（2）根据话务模型计算用户业务的总吞吐量需求或者由用户给出。其中吞吐量需求的因素包括地理分区、用户数量、用户增长预测、保证速率等。

（3）用总吞吐量除以单站的吞吐量，得到容量规划的基站数量。

该容量规划的流程是理论计算方法，可能无法直接获得话务模型或者直接估算基站吞吐量。

2. 影响系统容量的因素

对早期的 1G、2G 移动通信系统来说，主要业务是语音业务，因此，影响系统容量的主要因素如下。

（1）每个小区的可用信道数，此数值越大系统容量越大。系统容量可以用信道效率来表示，即用给定频段中所能提供的最大信道数目进行度量。一般来说，信道数目越大，系统容量越大，在蜂窝通信网络中用每个小区的可用信道数，即每个小区可以同时容纳的用户数来衡量系统容量，但是一个小区又不能分配太多的信道，因为一个小区占用太多的信道就会影响频率的利用率，整个系统的容量也会受到限制。

（2）任何通信系统的设计都要满足一定的通话质量，为了保证通话质量，系统接收端的常用信号载波功率与干扰信号的载波功率的比值 C/I 也是影响系统容量的因素之一。C/I 值越大，其系统容量就越小。

（3）影响数字蜂窝系统通信容量的重要因素是语音编码的比特率，而比特率越小，系统容量就越大。

而在 LTE 系统、5G 系统中，主要传输的是数据业务，影响系统容量的主要因素如下。

（1）资源配置和分配算法。系统带宽配置直接决定小区的峰值速率，分配的带宽越高，则系统的吞吐量越大。在小区服务中，系统需要对用户分配带宽资源，用户带宽资源直接影响用户的数据速率。用户分配带宽由两个因素决定，一是激活用户数，二是频率资源分配算法。

（2）网络信道环境和链路质量。在资源分配和调制编码方式的选择上，LTE 是完全动态的系统，因此实际的信道环境和链路质量，对系统的容量也有着至关重要的影响。

（3）MIMO 天线模式对系统容量有直接影响。与 GSM 和 TD－SCDMA 不同的是，LTE 和 5G 在天线技术上，有了更多的选择。多天线的设计理念，可以根据实际网络需要以及天线资源，实现单流分集、多流复用、复用与分集自适应、单流波束赋形、多流波束赋形等技术，这些技术的使用场景不同，但是都会在一定程度上影响用户容量。

（4）干扰消除技术。由于 OFDMA 将小区内的用户信息承载在相互正交的不同子载波和时域符号资源上，因此可以认为小区内不同用户间的干扰很小，系统内的干扰主要来自同频的其他小区。若系统内的可用载波较少，很可能会面临同频组网的干扰问题，这进一步加剧了同频小区之间的干扰，而小区间干扰消除技术可以有效消除同频干扰的影响，提升小区容量。

（5）话务模型的准确性。LTE 系统、5G 系统能够提供种类繁多的数据业务，但不同业务各自具有的特性会给系统带来不同的业务负荷，从而影响整个系统性能的评估。另外，移动通信系统工作于各种复杂的无线环境中，能让用户随时随地自由接入、提供可靠的服务至关重要。在各种应用场景中，由于用户分布以及对具体的业务需求不同，必须使用不同的模式来满足不同环境的应用需求，建立科学准确的话务模型对系统容量规划具有重要的意义。

知识点 7.2 话务模型

5G 业务模型

1. 话务量的相关概念

在介绍呼损率概念之前，首先介绍一个很重要的概念——话务量。

在语音通信系统中，业务量的大小用话务量来度量。话务量是度量通信系统通话业务量繁忙程度的指标。其性质如同客流量，具有随机性，只能依靠统计来获取。

话务量又分为呼叫话务量和完成话务量。呼叫话务量的大小取决于单位时间（1 h）内平均发生的呼叫次数 λ 和每次呼叫的平均占用信道时间（含通话时间）S。显然，λ 和 S 的加大都会使业务量加大，因而可以定义呼叫话务量 A 为

$$A = S\lambda \qquad (7-1)$$

式中，λ 的单位是次/h；S 的单位是 h/次；两者相乘而得到 A，A 的量纲为 1，单位为爱尔兰（Erl）。

如果在 1 h 之内连续占用一个信道，则其呼叫话务量为 1 Erl。

例如，假设在 10 个信道上，平均每小时有 255 次呼叫，平均每次呼叫的时间为 2 min，那么这些信道上的呼叫话务量为

$$A = \left[(255 \times 2) \div 60 \right] \text{Erl} = 8.5 \text{ Erl}$$

在一个通信系统中，呼叫失败的概率称为呼叫损失概率，简称呼损率，记为 B。

在信道共用的情况下，当 M 个用户共用 n 个信道时，由于用户数远大于信道数，即 $M \geqslant n$。因此，会出现大于 n 个用户同时要求通话而信道数不能满足要求的情况。这时，只能保证 n 个用户通话。而另一部分用户虽然发出呼叫，但因无信道而不能通话，因此称为呼叫失败。假设单位时间内成功呼叫的次数为 λ_0（$\lambda_0 < \lambda$），即可算出完成话务量 A_0 满足

$$A_0 = \lambda_0 S \qquad (7-2)$$

呼叫话务量 A 与完成话务量 A_0 之差，即为损失话务量。损失话务量占呼叫话务量的比值即为呼损率，即

$$B = \frac{A - A_0}{A} = \frac{\lambda - \lambda_0}{\lambda} \qquad (7-3)$$

呼损率的物理意义是损失话务量与呼叫话务量之比的百分数。因此，呼损率在数值上等于呼叫失败次数与总呼叫次数之比的百分数。显然，呼损率 B 越小，成功呼叫的概率就越大，用户就越满意。因此，呼损率也称系统的服务等级（或业务等级），记为 GOS。

不言而喻，GOS 是系统的一个重要质量指标。例如，某系统的呼损率为 10%，即说明该通信系统内的用户每呼叫 100 次，就有 10 次因信道均被占用而打不通电话，其余 90 次则能找到空闲信道而实现通话。但是，对于一个通信网来说，要想使呼损小，要么增加信道数，要么让呼叫的话务量小一些，即容纳的用户数少些，但这种情况是不希望出现的。可见呼损率与话务量是一对矛盾体，即服务等级与信道利用率是矛盾的。

实际上，每小时的话务量是不可能完全相同的，所以了解蜂窝网日常话务量统计数据，对通信系统的建设者、设计者和管理经营者来说是很重要的。因为，只要"忙时"信道够用，那么"非忙时"就不成问题了。因此，在这里引入忙时话务量的概念。

忙时话务量是指一天中话务量最大的一个时段，网络设计应按忙时话务量来进行计算，最忙 1 h 内的话务量与全天话务量之比称为集中系数，用 k 表示，一般 k 为 10% ~ 15%。每个用户的忙时话务量需要用统计的办法确定。

假设通信网中每位用户每天平均呼叫次数为 C，每次呼叫平均占用信道时间为 Ts，集中系数为 k，则每用户的忙时话务量为

$$a = \frac{1}{3\,600}CTk \tag{7-4}$$

例如，每天平均呼 3 次（$C=3$ 次/天），每次呼叫平均占用 2 min（$T=120$ s/次），集中系数为 10%（$k=0.1$），则每位用户忙时话务量为 0.01 Erl。

在用户的忙时话务量 a 确定之后，每个信道所能容纳的用户数 m 就不难计算了，公式为

$$m = \frac{A/n}{a} = \frac{3600\,\dfrac{A}{n}}{CTk} \tag{7-5}$$

2.5G 业务模型

业务量是制定 5G 无线网络规划方案的重要输入依据，它直接决定着通信网络系统的建设规模和服务能力，对整个无线网络规划设计具有举足轻重的意义。不同于 4G 无线网络，5G 中的业务量预测与典型场景有关，在 5G 三大典型场景中，eMBB 场景实际上包含"连续广覆盖"和"热点高容量"两个技术场景，海量机器类通信（MTC）场景对应"低功耗大连接"技术场景，uRLLC 场景则对应"低时延高可靠"场景，不同的场景对应不同的关键性能挑战指标，确定这些技术指标参数的过程就是场景业务模型建立的过程。

IMT-2020 推进组还提出了 8 种应用场景，包括办公室、密集住宅区、体育场、露天集会、地铁、快速路、高铁、广域覆盖，这 8 种应用场景属于"技术场景"的细分场景。这 8 种应用场景具有超高流量密度、超高连接密度、超高移动性等特征，会对 5G 无线网络形成挑战。

5G 网络需要通过数据调研来分析未来通信业务的发展趋势，以此判断各种应用场景的指标参数，预测各应用场景下可能发生的业务等，最终确定应用场景的业务模型。通过项目前期资料收集及用户预测，获取规划区域面积及用户数量后，结合业务模型推导出的用户体验速率等关键指标，可推断规划区域的总业务量需求，以此作为规划的输入，将影响后续规划的结果。此外，由于各地的实际情况不同，应用场景的设定也可以更改或重新定义。下面以密集住宅区为例来展示 5G 场景业务模型。

5G 典型业务包括视频会话、视频播放、虚拟现实、实时视频共享。根据密集住宅区的

特点，其业务发生的概率分别为视频会话 5%、视频播放 20%、增强现实 10%、虚拟现实 5%、实时视频共享 10%。

住宅区人数可以参照现行城市规划法规体系编制的各类居住用地控制性详细规划规定，即住宅区容积率不大于 5，假定人均居住面积 50 m²，则一块 1 km² 的容积率为 5 的居民小区，小区人口密度应为 10 万/km²。假定居住地与社区 5G 终端的渗透率是 1.2，5G 设备的激活率是 30%，则连接数密度为 3.6 万/km²。

按照场景业务模型技术参数的计算公式，得到密集住宅区场景业务模型如表 7-1 所示。

表 7-1　密集住宅区的业务模型

业务指标	数值
连接数密度	3.6 万/km²
用户体验速率	上行 14.79 Mb/s，下行 102.68 Mb/s
时延	50～100 ms
移动性	静止
流量密度	上行 0.52 Tb/（s·km²），下行 3.61 Tb/（s·km²）

3.5G 典型业务分析

（1）视频会话。

在 5G 时代，视频会话业务很可能会代替语音会话成为主流。为了获得良好的使用体验，在传输 4K 高清视频时，视频会话双方的上下行速率应大于 60 Mb/s；同时，视频会话业务时延应控制在 50～100 ms。

（2）视频播放。

在 5G 时代，用户将对视频播放有更高的要求，视频播放将以 8K 分辨率为主。传输 8K 高清视频，下行速率应达到 240 Mb/s；上行速率则无具体要求，其时延应控制在 50～100 ms。

（3）虚拟现实技术。

虚拟现实技术可以让使用者享受沉浸式的体验。虚拟现实属于交互式/会话类业务，时延应控制在 50～100 ms，一般为 3D 场景，在 8K 高清视频的分辨率时才能有很好的体验，以 8K 高清视频传输作为要求，下行速率应达到 960 Mb/s，上行速率则无具体要求。

（4）增强现实技术。

增强现实技术可以在屏幕上把虚拟世界套在现实世界并进行互动。增强现实属于时延敏感的交互类业务，时延需要控制在 5～10 ms，在 5G 时代，为保证游客良好的体验，其业务需要 4K 高清视频的分辨率。根据 4K 高清视频传送要求，上行速率应达到 60 Mb/s，下行速率应达到 60 Mb/s。

（5）实时视频共享业务。

实时视频共享业务也属于交互式/会话类业务。5G 时代，实时视频共享业务将拥有更好的体验。根据高清视频的传输速率要求，当直播清晰度在 4K 时，上行速率应达到 60 Mb/s。实时视频共享业务对下行速率没有具体要求，需要 50～100 ms 的时延才能提供非常良好的业务体验。

（6）联网无人机。

5G 技术将增强无人机视频回传能力，以最小的延时传输海量的数据，使其在景区的安防、监控、体育赛事的直播中，可以发挥越来越重要的作用。无人机若传输 1080P 高清视频，上行速率应大于 15 Mb/s，时延应控制在 5~10 ms。

4. 5G 业务评价指标

IMT–2020 推进组给出的业务技术指标，包括连接数密度、用户体验速率、时延、移动性、流量密度等。

（1）连接数密度。

连接数密度是指单位面积内可以支持的在线设备总和，是衡量 5G 无线网络对海量规模终端设备支持能力的重要指标。显然，在不同场景下，5G 终端连接数量是不同的，需要根据场景中 5G 终端的激活数量确定。

（2）用户体验速率。

用户体验速率是指真实网络环境下单用户可获得的实际感知速率。用户体验速率可以通过场景中各业务发生的概率推断，业务发生的概率需要根据经验或预测设定一个经验值。

（3）时延。

在某些场景下，每个可能发生的业务都有其时延指标要求，其优先满足时延要求最低的业务。

（4）移动性。

在室内及机动车禁止进入的景区，移动性只需要满足人的步行速度即可，即 6 km/h，而城市道路，则对移动性要求较高，按照 60 km/h 考虑。

（5）流量密度。

在某场景中有发生多个业务的可能性，则该场景的流量密度是指该场景区域内所有可能发生业务的总数据流量。

技能训练

容量规划操作实践

技能点7　容量规划工程实践

1. 训练内容

基于 IUV - 5G 全网部署与优化教学仿真平台，完成特定场景下的 5G 网络容量规划，具体内容包括如下。

（1）能够理解任务书的容量规划要求。

（2）能够遵照标准流程完成项目容量规划。

（3）能够理解并正确使用上行、下行容量规划的各项参数。

（4）两人一组轮换操作，完成实验报告，并总结实验心得。

由于此任务计算过程较多且复杂，为便于学习者理解，下面举例说明。

步骤1：认真阅读并理解任务书要求。

容量规划任务书：A 市为一般城区，总移动上网用户数为 200 万，规划覆盖区域 320 km²，用户密度较高。该市话务模型请参照表 7 - 2 和表 7 - 3，请根据 A 市网络拓扑规划架构选择合适的无线网规划参数进行容量规划的计算。

表 7 - 2　上行容量计算参数规划

参数名	取值
调制方式	64QAM
流数	2
μ	1
帧结构	1111111200
缩放因子	0.75
S 时隙中上行符号数	4
最大 RB 数	273
R_{max}	948/1 024
开销比例	0.08
单小区 RRC 最大用户数/人	800
本市 5G 用户数/万人	200
编码效率	0.8
上行速率转化因子	0.7
在线用户比例	0.08

表 7 - 3　下行容量计算参数规划

参数名	取值
调制方式	256QAM
流数	4
μ	1
帧结构	1111111200
缩放因子	0.8
S 时隙中下行符号数	6
最大 RB 数	273
R_{max}	948/1024
开销比例	0.14
单小区 RRC 最大用户数/人	800
本市 5G 用户数/万人	200
编码效率	0.8
下行速率转化因子	0.7
在线用户比例	0.08

步骤 2：计算上行单时隙时长。代入 μ 值，计算结果如图 7 - 3 所示。

01/计算上行单时隙时长

上行单时隙时长 = 1 ms ÷ 2μ ___1___

= ___0.5___ ms

图 7 - 3　上行单时隙时长计算

步骤 3：计算上行符号占比。

5G NR 中定义了三种时隙类型，即上行时隙、下行时隙和灵活时隙。其中，上下行时隙通常由网络侧决定，而灵活时隙则由终端决定。已知一个时隙为 0.5 ms，包含 14 个 OFDM 符号，灵活时隙可以根据终端需求，灵活分配这 14 个 OFDM 符号的上下行配比，同时，也需要预留时隙保护的空域。在 eMBB 场景下，按照 30 kHz 的子载波间隔设置，几种 5G NR 典型的时隙配比方案对比如表 7 - 4 所示。

表 7 - 4　几种 5G NR 典型时隙配比方案对比

时隙配比方案	7 : 3	4 : 1	3 : 1	8 : 2
属性	DDDSUDDSUU	DDDSU	DDSU	DDDDDDDSUU
	2.5 ms 双周期结构	2.5 ms 单周期结构	2 ms 单周期结构	5 ms 单周期结构
灵活时隙建议配置（DL : GP : UL）	10 : 2 : 2	10 : 2 : 2	12 : 2 : 0	6 : 4 : 4

续表

时隙配比方案	7∶3	4∶1	3∶1	8∶2
优势	上下时隙配比均衡	下行有更多时隙，有利于下行吞吐量的提升	有效减少时延	下行容量能力强
劣势	双周期时隙较复杂	上下行切换较频繁	转换点增多	时延相对较大
下行符号占比/（%）	64.30	74.30	71.40	64.30
上行符号占比/（%）	32.90	22.90	25	32.90
GP 符号占比/（%）	2.90	2.90	3.60	2.90

注：D 为下行时隙，U 为上行时隙，S 为灵活时隙；DL 为下行，GP 为时隙保护的空域，UL 为上行

在仿真软件中，可以参看图 7-4 所示的帧结构相关的容量计算。

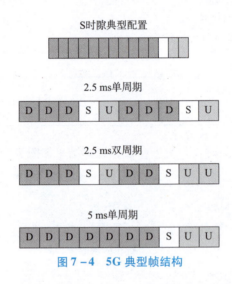

图 7-4　5G 典型帧结构

因为参数中已经给定帧结构为 1111111200，对应的是 8∶2 的结构类型，在一个 5 ms 的周期内，有 1 个 S、2 个 U、7 个 D，每个时隙对应 14 个符号。由于表 7-2 参数中给出 S 中上行符号数为 4，则 2 个 U 对应 28 个符号，整个周期对应 140 个符号，代入图 7-5 所示的公式中，可得上行符号占比。

02/计算上行符号占比

重复周期内上行符号占比 =（S 时隙中上行符号数__4__个 + 上行时隙中符号数__28__个）÷总符号数__140__个
≈ __0.23__

图 7-5　上行符号占比计算

步骤 4：计算上行理论峰值速率。

将表 7-2 中的参数代入图 7-6 中的公式中便可以计算得到上行理论峰值速率。

03/计算上行理论峰值速率

上行理论峰值速率 = 10^{-6} × 流数 __2__ × 比特数 __6__ b 符号 × 缩放因子 __0.75__ × R_{max} __0.925 8__ × 最大 RB 数

__273__ × 12 × (1 − 开销比例 __0.08__) ÷ [10^{-3} ÷ (14 × 2^{μ} __1__)]

≈ __703.15__ Mb/s

图 7 – 6　上行理论峰值速率计算

步骤 5：计算上行实际平均速率。

将表 7 – 2 中的参数代入图 7 – 7 中的公式中，可以计算得到上行实际平均速率。

04/计算上行实际平均速率

上行实际平均速率 = 上行理论峰值速率 __703.15__ Mb/s × 重复周期内上行符号占比 __0.23__ × 编码效率 __0.8__ × 上行速率转化因子 __0.7__

≈ __90.57__ Mb/s

图 7 – 7　上行实际平均速率计算

步骤 6：计算上行单站平均吞吐量与站点数。

若站型采用 S 定向站，每个站点有 3 个扇区，并将上述步骤中计算的结果和表 7 – 2 中的参数代入图 7 – 8 的公式中，即可得到最终的上行容量规划站点数。

05/计算上行单站平均吞吐量与站点数

上行单站峰值吞吐量 = 单小区 RRC 最大用户数 __800__ × 在线用户比例 __0.08__ × 上行理论峰值速率 __703.15__ Mb/s × 单站小区数目 __3__ ÷ 1024

≈ __131.84__ Gb/s

上行单站平均吞吐量 = 单小区 RRC 最大用户数 __800__ × 在线用户比例 __0.08__ × 上行实际平均速率 __90.57__ Mb/s × 单站小区数目 __3__ ÷ 1024

≈ __16.98__ Gb/s

上行容量规划站点数 = 本市 5G 用户数 __200__ 万 × 10 000 ÷ 单小区 RRC 最大用户数 __800__ ÷ 单站小区数目 __3__

≈ __833__ 个

图 7 – 8　上行单站平均吞吐量与站点数计算

步骤 7：根据表 7 – 3 中所给的下行容量计算参数，可以计算出下行单时隙时长、下行符号占比、下行理论峰值速率、下行实际平均速率等数据，如图 7 – 9 所示。

06/计算下行单时隙时长

下行单时隙时长 = 1 ms ÷ 2μ __1__

≈ __0.5__ ms

07/计算下行符号占比

重复周期内下行符号占比 = (S 时隙中下行符号数 __6__ 个 + 下行时隙中符号数 __98__ 个) ÷ 总符号数 __140__ 个

≈ __0.74__

图 7 – 9　下行容量计算

08/计算下行理论峰值速率

下行理论峰值速率 = 10^{-6} × 流数 __4__ × 比特数 __8__ b 符号 × 缩放因子 __0.8__ × R_{max} __0.925 8__ × 最大 RB 数 __273__ × 12 × (1 − 开销比例 __0.14__) ÷ [10^{-3} ÷ (14 × 2^{μ} __1__)]

≈ __1 869.64__ Mb/s

09/计算下行实际平均速率

下行实际平均速率 = 下行理论峰值速率 __1 869.64__ Mb/s × 重复周期内下行符号占比 __0.74__ × 编码效率 __0.8__ × 下行速率转化因子 __0.7__

≈ __774.78__ Mb/s

图 7-9　下行容量计算（续图）

步骤 8：将计算结果代入图 7-10 中的公式中便可计算得到单站平均吞吐量与站点数。

010/计算下行单站平均吞吐量与站点数

下行单站峰值吞吐量 = 单小区 RRC 最大用户数 __800__ × 在线用户比例 __0.08__ × 下行理论峰值速率 __1 869.64__ Mb/s × 单站小区数目 __3__ ÷ 1 024

≈ __350.56__ Gb/s

下行单站平均吞吐量 = 单小区 RRC 最大用户数 __800__ × 在线用户比例 __0.08__ × 下行实际平均速率 __774.78__ Mb/s × 单站小区数目 __3__ ÷ 1 024

≈ __145.27__ Gb/s

下行容量规划站点数 = 本市 5G 用户数 __200__ 万 × 10 000 ÷ 单小区 RRC 最大用户数 __800__ ÷ 单站小区数目 __3__

≈ __833__ 个

图 7-10　下行单站平均吞吐量与站点数计算

现任已经完成了本项目中容量规划所需要的站点数的估算结果为 833，将上下行容量估算的站点数相比较，选择较大的数作为最终的容量规划站点数。

2. 训练任务

扫描二维码，分析"5G 网络容量规划工程案例"中的具体要求，整理操作步骤，完成计算任务并填写在表 7-5 中。

5G 网络容量规划工程案例

表 7-5　5G 网络容量规划工程案例分析计算步骤表

序号	操作步骤	注意事项
1		
2		
3		
4		
5		
6		
7		
8		
...		

◎ 任务考核

1. 知识练习

（1）（单选题）一位用户打了 1 h 的电话，产生的业务量是（　　）。

A. 1 Erl　　　　　B. 2 Erl　　　　　C. 3 Erl　　　　　D. 4 Erl

（2）（单选题）呼损率在数值上等于（　　）。

A. 呼叫失败次数与总呼叫次数之比

B. 呼叫失败次数与成功呼叫次数之比

（3）（单选题）根据密集住宅区的特点可知，其视频播放业务发生的概率为（　　）。

A. 5%　　　　　B. 20%　　　　　C. 10%　　　　　D. 15%

（4）（多选题）在 5G NR 中定义了三种时隙类型，分别是（　　）。

A. 上行时隙　　　B. 下行时隙　　　C. 灵活时隙　　　D. 动态时隙

（5）（多选题）在 LTE 和 5G 系统中，影响系统容量的因素有（　　）。

A. 资源配置和分配算法　　　　　　B. 网络信道环境和链路质量

C. 话务模型的准确性　　　　　　　D. MIMO 天线的模式

（6）（多选题）5G 业务评价指标包括（　　）。

A. 连接数密度　　　B. 用户体验速率　　　C. 时延　　　　D. 移动性

E. 流量密度

（7）（判断题）联网无人机对时延的要求不高。（　　）

（8）（判断题）系统容量规划一般要满足最大忙时话务量的要求。（　　）

（9）（简答题）简述容量规划的基本流程。

（10）（简答题）已知某系统采用 2.5 ms 单周期结构，时隙配比为 4∶1，特殊时隙配比为 10∶2∶2，请列式计算其上行和下行的符号占比。

2. 任务评价

完成任务 7 的学习后，请根据学习反馈情况完成针对任务 7 的个人自评表（表 7-6）、小组评价表（表 7-7）、教师评价表（表 7-8）的填写。

表 7-6　个人自评表

姓名：		评价日期：		
序号	评价内容	考核评价指标		评价结果
1	学习态度（10%）	（1）能够积极、主动、认真地完成本任务的全部学习要求，可以获得 9～10 分； （2）能够根据要求按时完成本任务的大部分学习要求，可以获得 6～8 分； （3）能够完成本任务的小部分学习要求，可以获得 1～5 分		
2	线上课前学习任务（20%）	（1）能够完成全部课前学习任务，很好地掌握相关基础知识，可得 17～20 分； （2）能够完成大部分课前学习任务，可以大概理解本任务的相关知识内容，可以获得 12～16 分； （3）能够完成少量课前学习任务，对与本任务相关的知识内容了解得不多，可以获得 1～11 分		
3	线下课堂活动（50%）	（1）能够积极配合教师和小组的活动安排，承担相应的职责，及时完成全部课堂学习任务，可以获得 41～50 分； （2）能够按照要求完成大部分课堂学习任务，可以获得 31～40 分； （3）能够按照要求完成部分课堂学习任务，可以获得 1～30 分		
4	课后作业（20%）	（1）能够按时、认真、高质量完成全部课后作业，可以获得 17～20 分； （2）能够依照教师要求完成大部分课后作业，可以获得 12～16 分； （3）能够完成部分课后作业，可以获得 1～11 分		
5	在本任务的学习中收获了什么？还存在哪些不足			

表 7-7 小组评价表

小组名称：		小组成员：		
个人姓名：		小组分工：		
序号	评价内容	考核评价指标		评价结果
1	明确任务 (10%)	（1）能够清晰、明确地知道需要承担的小组职责，可以获得 9~10 分； （2）能够大概知道需要承担的小组职责，可以获得 5~8 分； （3）能够知道少部分能够承担的小组职责，可以获得 1~4 分		
2	团队配合 (20%)	（1）能够服从小组任务分配，积极较好地完成职责要求，可以获得 17~20 分； （2）能够基本服从小组任务分配，按照要求完成职责任务，可以获得 12~16 分； （3）在小组中配合度一般，完成部分小组职责，可以获得 1~11 分		
3	合作探究 (50%)	（1）能够熟练完成任务，学习思路清晰，在团队技能训练中起到示范和主导作用，可以获得 41~50 分； （2）能够在同伴的帮助下基本完成任务，可以获得 31~40 分； （3）能够完成部分任务，实践操作能力欠佳，可以获得 1~30 分		
4	伙伴关系 (20%)	（1）沟通能力强，能够积极为小组成员提供帮助，可以获得 17~20 分； （2）有一定的沟通能力，能够配合完成基本的团队任务，可以获得 12~16 分； （3）沟通能力不足，与团队其他成员的沟通较少，可以获得 1~11 分		
5	其他加分项			
小组组长：		评价日期：		

141

表 7 – 8　教师评价表

小组名称：		小组组长：		
序号	评价内容	考核评价指标		评价结果
1	学习态度 （10%）	（1）学习态度端正，不迟到早退，遵守课堂纪律，积极主动地完成各项任务，热心帮助他人，可以获得 9～10 分； （2）学习态度较为认真，能够按照要求配合完成学习任务，可以获得 6～8 分； （3）学习态度一般，偶尔有违反课堂纪律的现象，可以获得 1～5 分		
2	课前学习任务 （20%）	根据在线学习平台的统计数据进行计分登记		
3	小组探究学习活动 （50%）	（1）组长责任心强，能够安排小组成员在协作、互助的良好氛围下进行充分的讨论、探究，使大家可以高质量完成训练，可以获得 41～50 分； （2）组长能够安排小组任务，可以按照要求完成基本任务，可以获得 31～40 分； （3）组长能力一般，不能妥善安排任务，不能全部完成任务，可以获得 1～30 分		
4	课后学习任务 （20%）	（1）作业质量好，能够较好地反映出该学生对知识和技能掌握牢固，有自己的理解和看法，可以获得 17～20 分； （2）作业质量尚可，能够反映出该学生对知识和技能的掌握情况良好，可以获得 12～16 分； （3）作业质量一般，能够反映出该学生对知识和技能的掌握还存在一定的不足，需要进行补充学习，可以获得 1～11 分		
5	其他加分项			
教师姓名：		评价日期：		

任务 8　参数规划

情境引入

2021 年 9 月 27 日,第十四届全运会在陕西西安圆满闭幕。"智慧全运"是本届全运会的重要办会理念,作为第十四届全运会的官方合作伙伴,中国电信全方位为全运会提供强大的综合信息支撑,用自身的硬核实力展示了"智慧全运"的核心和枢纽作用,如图 8-1 所示。

图 8-1　"陕西西安第十四届全运会"通信保障

作为通信服务保障的"国家队"和主力军,为了确保实现"零通信网络重大及以上障碍、零通信维护原因大面积投诉、零通信网络生产安全事故、零通信机房消防事件、零延误处置网络信息及安全事件"的保障目标,中国电信按照"最高标准、最全覆盖、最严落实、最快响应"的重保模式运行。

从这个工程案例中可以看出,基站参数的设置对网络性能的影响非常大,因此,在网络规划的参数设置时,需要结合现场的实际情况和需求,在多次反复测试的基础上进行工程参数的优化,这也需要现场工程师具备专业细致、精益求精的工作精神。本任务将介绍基站相关参数的基本概念及取值范围,通过工程实践掌握选取基站参数的最佳方法。

任务要求

知识目标

(1) 了解网络规划的定义,知道无线参数规划是移动网络规划中的重要环节。

(2) 了解移动网络无线参数的分类、定义、作用。

(3) 熟悉 PCI 参数的定义及规划原则。

(4) 熟悉 TA 参数的定义及规划原则。

(5) 熟悉邻区参数的定义及规划原则。

技能目标

（1）能够根据要求独立完成 PCI 参数规划。

（2）能够根据要求独立完成 TA 参数规划。

（3）能够根据要求独立完成邻区参数规划。

素质目标

（1）养成自主学习的良好习惯。

（2）遵守参数规划的相关标准与规范。

（3）尊重他人，积极参与小组任务。

知识地图

参数规划知识地图如图 8 – 2 所示。

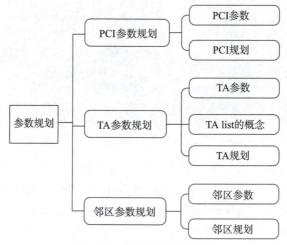

图 8 – 2　参数规划知识地图

知识积累

根据在网络中服务的对象，无线参数一般可以分为两类，工程参数和资源参数。

（1）工程参数，是指与工程设计、安装和开通有关的参数，如天线增益、电缆损耗等，这些参数一般在网络规划设计中必须确定，在网络的运行过程中一般不轻易更改。

（2）资源参数，是指与无线资源的配置、利用有关的参数，这类参数通常会在无线接口上传送，以保持基站与移动台之间的一致性。大多数资源参数在网络运行过程中可以通过一定的人机界面进行动态调整。

接下来将重点介绍 PCI 参数规划、TA 参数规划和邻区参数规划的相关内容。

知识点 8.1　PCI 参数规划

知识点 8.1.1　PCI 参数

PCI 是指物理小区标识，也称物理小区 ID，在 5G 中用来区分不同小区的无线信号。其作用类似于 CDMA 中的 PN、UMTS 中的扰码，由于 PCI 参数有总数限制，必然面临复用的问题，它的总体规划思路基本上和 PN 规划、扰码规划相似。

PCI 由 PSS 和 SSS 组成，对应关系表达式为 PCI = PSS + 3SSS，其中的 PSS 的取值范围为 0 ~ 2；SSS 的取值范围为 0 ~ 335。PCI 共有 1 008 个，取值范围是 0 ~ 1 007，如图 8 - 3 所示。在 5G 小区搜索流程中，通过将检索到的 PSS 值与 SSS 值相结合来确定具体的小区 ID 值。

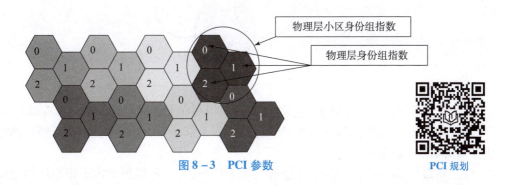

图 8 - 3　PCI 参数

PCI 规划

知识点 8.1.2　PCI 规划

在移动网络无线参数规划过程中，需要对相邻小区的 PCI 进行合理配置，以避免相邻小区的参考信号干扰。因此，PCI 规划需要遵循如下规则。

（1）不冲突原则。

PCI 冲突是指在某一指定位置，手机可以同时接收到两个不同小区发射的包含相同 PCI 信息的信号，即两个互为邻区的小区使用了相同的 PCI，如图 8 - 4 所示。

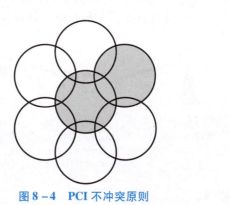

图 8 - 4　PCI 不冲突原则

小区参数规划
的流程

145

当存在 PCI 冲突时，会出现以下状况。

1）在最坏的状况下，UE 将无法接入这两个干扰小区中的任何一个。

2）在最好的状况下，UE 能够接入其中一个小区，但将受到很严重的干扰。

PCI 不冲突原则的主旨是保证同频邻小区之间的 PCI 值不相等。

（2）不混淆原则。

PCI 混淆是指某个指定小区，在已知或未知的情况下，拥有两个使用相同 PCI 的邻区，如图 8-5 所示。

图 8-5　PCI 不混淆原则

UE 使用 PCI 来识别小区和关联测量报告，当存在 PCI 混淆时，便会出现以下状况。

1）在最坏的状况下，gNodeB 只知道其中一个邻小区，UE 将会切换至错误的小区，造成大量的切换失败和掉话。

2）在最好的状况下，gNodeB 知道这两个邻小区，UE 将先确定上报小区的全球小区识别码（cell global identifier, CGI），再触发切换。

PCI 不混淆原则的主旨是保证某个小区的同频邻小区 PCI 值不相等，并尽量选择无 MOD3 干扰的 PCI 值。

（3）MOD3 干扰。

MOD3 干扰是指同频的两个小区的 PCI 值除以 3 的余数相同（即 PSS 相同），且两个小区的参考信号接收功率（reference signal receiving power, RSRP）值相近，如图 8-6 所示。当产生 MOD3 干扰之后，会造成下行小区参考信号的相互干扰，影响信道评估，从而导致 SINR 值、CQI 值、下行速率、接入性能、保持性能、切换性能等指标的全面异常。

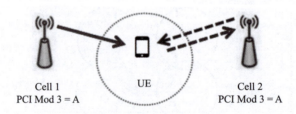

图 8-6　MOD3 干扰

（4）复用最优化原则。

PCI 复用要求主要包括以下两点。

1）复用距离：使用相同 PCI 的两个小区之间的距离需要大于规划站间距的 2 倍。

2）复用层数：使用相同 PCI 的两个小区之间的层数需要大于 2。

PCI 复用最优化原则的主旨是保证使用相同 PCI 的小区具有足够的复用距离和复用层数，并在同频邻小区之间选择干扰最优的 PCI 值，如图 8-7 所示。

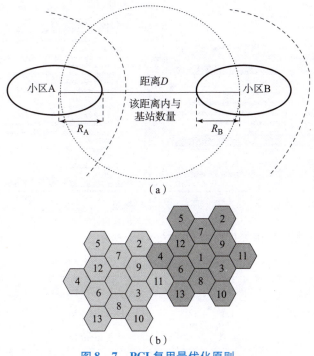

图 8-7　PCI 复用最优化原则

知识点 8.2　TA 参数规划

TA 规划

知识点 8.2.1　TA 参数

跟踪区（tracking area，TA）是 LTE 为 UE 的位置管理新设立的概念，在 5G 中继续保留了 TA，其功能主要是实现对 UE 位置的寻呼和更新管理，如图 8-8 所示。具体体现：当 UE 处于空闲状态时，通过 TA 注册告知核心网当前的 TA；当 UE 需要寻呼时，必须在 UE 所注册 TA 的所有小区进行寻呼。

其实早在 2G、3G 时期，为了能够让核心网及时知道终端的位置，设置了位置区（location area，LA）、路由区（routing area，RA）等参数。为了更好地理解 TA 参数的功能，下面先介绍几个概念。

（1）LA 是 2G 和 3G 电路域的概念，当寻呼终端时，MSC 对终端所在 LA 中的所有小区进行搜索，一般进行跨 LA 更新和周期性 LA 更新。

（2）RA 是 2G 和 3G 分组域的概念，能够让通用分组无线业务（general packet radio service，GPRS）服务支持节点（serving GPRS support Node，SGSN）及时知道终端的位置，在发起数据传输前，先向 SGSN 和 HLR 注册，接着在 RA 中寻呼，一般进行跨 RA 更新和周期性 RA 更新。

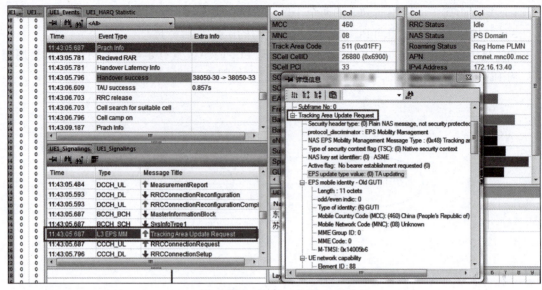

图 8-8　TA 参数

LA、RA、TA 的概念及相关扩展参数如表 8-1 所示。

表 8-1　LA、RA、TA 的概念及相关扩展参数

参数归属	参数名	全称	中文译名
2G 和 3G 电路域	LA	location area	位置区
	LAI	LA identity	位置区标识
	LAC	LA code	位置区编码
2G 和 3G 分组域	RA	routing area	路由区
	RAI	RA identity	路由区标识
	RAC	RA code	路由区编码
LTE 和 5G	TA	tracking area	跟踪区
	TAI	TA identity	跟踪区标识
	TAC	TA code	跟踪区编码

知识点 8.2.2　TA list 的概念

　　TA 是 TA list（跟踪区列表）下的基本组成单元，想要更好地了解 TA，需要先明白 TA list 的概念。一个 TA list 最多可以包含 256 个 TA，如图 8-9 所示。AMF 可以为每个 UE 分配一个 TA list，并发送给 UE 保存。根据 TA list 判定是否执行 TA 更新，更新机制：UE 在该 TA list 区域内时，不需要执行 TA 更新，以减少与网络的频繁交互；UE 进入新的 TA list 区域时，需要执行 TA 更新，AMF 给 UE 重新分配一组 TA。在有业务需求时，网络会在 TA list 所包含的所有小区内向 UE 发送寻呼消息。因此，在 5G 系统中，寻呼和位置更新都是基于 TA list 进行的。TA list 的引入可以避免 TA 边界处乒乓效应导致的频繁 TA 更新。

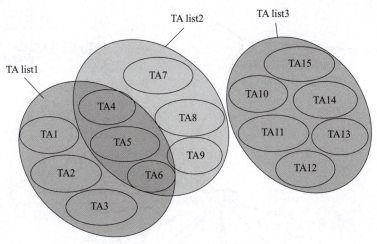

图 8 – 9　TA list 参数

知识点 8.2.3　TA 规划

TA 规划需要满足以下几点原则。

（1）TA 面积不宜过大。

TA 面积过大，则 TA list 包含的 TA 数目将受到限制，降低基于用户的 TA list 规划的灵活性，未能达到 TA list 引入的目的。

（2）TA 面积不宜过小。

TA 面积过小，则 TA list 包含的 TA 数目就会过多，MME 的维护开销及位置更新的开销就会增加。

（3）应设置在低话务区域。

TA 的边界决定了 TA list 的边界。为减少位置更新的频率，TA 边界不应该设置在高话务量区域及高速移动等区域，并应尽量设置在天然屏障（如山川、河流等）位置。

在市区和城郊交界区域，一般将 TA 的边界放在外围一线的基站处，而不是放在话务密集的城郊接合部，避免结合部用户频繁位置更新。同时，TA 规划尽量不要以街道为界，一般要求 TA 边界斜交于街道，避免乒乓效应导致的位置或路由更新，TA 规划如图 8 – 10 所示。

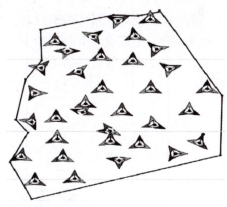

图 8 – 10　TA 规划

知识点 8.3　邻区参数规划

知识点 8.3.1　邻区参数

邻区是相邻基站小区的简称，是基站为了使终端顺利切换而设置的目标小区的集合，如图 8 – 11 所示。为了实现顺利切换，源基站与目标基站间必须建立连接，传送相关信息。这些目标基站就是源基站的邻区。

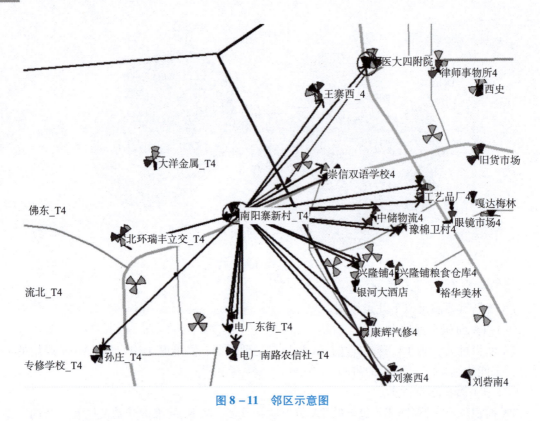

图 8-11　邻区示意图

知识点 8.3.2　邻区规划

邻区规划需要综合考虑各小区的覆盖范围、站间距、接收功率等信息。

若邻区规划不合理（图 8-12），便会引起网络问题。若邻区过多，会导致终端测量不准确，引起切换不及时、误切换、重选慢等问题；若邻区过少，会引起孤岛效应问题；若邻区信息错误，便会影响网络正常的切换流程。

邻区参数规划

图 8-12　邻区规划不合理

这些问题都会对网络的接通、掉话和切换产生不利的影响。因此，要保证稳定的网络性能，就需要进行合理的邻区规划。正确的邻区规划思路主要是首先使用规划软件进行邻区初步规划，如图 8 - 13 所示，然后根据初步规划结果，结合各个基站的实际情况增删邻区和调整邻区优先级。

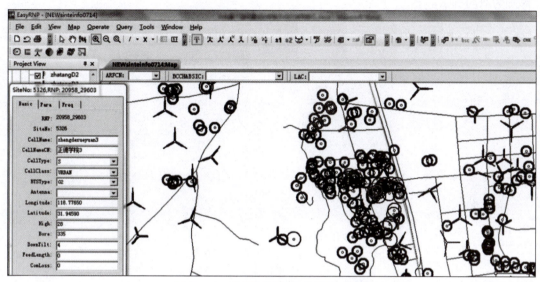

图 8 - 13　使用规划软件进行邻区规划

邻区规划的原则，可分为系统内邻区规划原则和系统间邻区规划原则两个部分，细则内容如下。

（1）系统内邻区规划原则。

1）5G 宏站。

①添加本基站的所有小区互为邻区。

②添加第一圈小区（以本基站为圆心，与圆心最近的第一圈的所有小区）为邻区。

③添加第二圈正打小区（以本基站为圆心，第二圈的方位角朝向圆心的所有小区）为邻区。

④添加邻区关系数量，要设置在上限范围内。

2）5G 室分。

①概念：一般将楼宇按照楼层层数分为低层（如地下 1 层、1 层、2 层）、中层、高层。

②添加室分低层与宏站小区互为邻区，保证覆盖的连续性。

③在室分中层、室分高层时，如果窗边的宏站信号很强，需要添加宏站小区至室分中层、室分高层的单向邻区，防止终端在窗边时信号脱网而选择至宏站后无法切回至室分，导致掉话等问题。

④添加了交叠区域的室分小区为邻区（如电梯和各层之间）。

（2）系统间邻区规划原则。

1）5G 宏站与 2G/3G/4G 宏站配置。

①5G 室分必须添加共基站的 2G/3G/4G 为邻区。

②5G 优先添加第一圈的 2G/3G/4G 为邻区。

2）5G 室分与同楼宇内的 2G/3G/4G 室分配置。

5G 室分添加同楼宇内的 2G/3G/4G 为邻区。当 5G 室分周围无 5G 宏站信号覆盖时，需要根据楼宇出入口处的 2G/3G/4G 信号强度列表 3~6 个最强的 2G/3G/4G 宏站与 5G 室分相互添加为双向邻区。

技能训练

技能点8 PCI 规划

1. 训练内容

使用 UltraRF LTE 网络优化仿真系统完成 PCI 参数的规划，具体内容如下。

（1）能够正确完成 PCI 参数规划与配置。

（2）能够正确完成 MOD3 干扰优化任务。

（3）两人一组轮换操作，完成实验报告，并总结实验心得。

借助 UltraRF LTE 网络优化仿真系统进行 PCI 参数规划的具体操作步骤如下。

步骤1：打开"LTE 移动通信网络优化仿真实训平台（UltraRF）"软件，选择"MOD3 干扰导致质差"案例，如图8-14 所示。

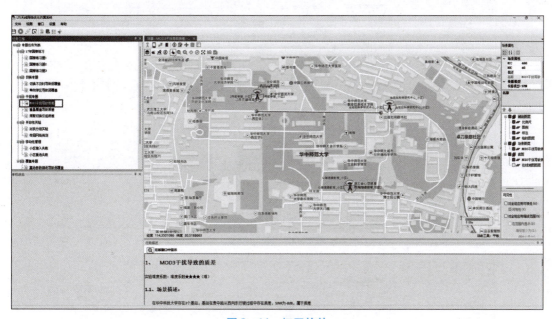

图8-14 打开软件

步骤2：单击场景中的"部署手机"按钮，在弹出的"手机属性"对话框中直接单击"确定"按钮，如图8-15 所示。

步骤3：启动仿真。在软件的工具栏中单击"启动仿真"按钮，如图8-16 所示。

步骤4：单击 LOG 按钮，进行软件测试数据的记录及分析，如图8-17 所示。

步骤5：选择"仿真手机"选项，仿真手机是 LTE 网络优化仿真软件的测试数据源，如图8-18 所示。

步骤6：进行数据记录。单击软件工具栏中的"开始记录"按钮，如图8-19 所示。

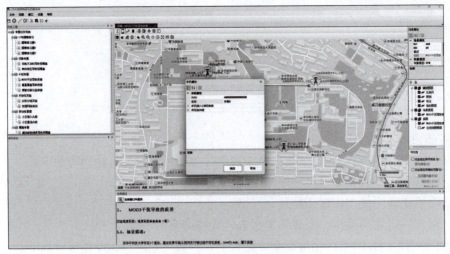

图 8 – 15　部署手机

图 8 – 16　启动仿真

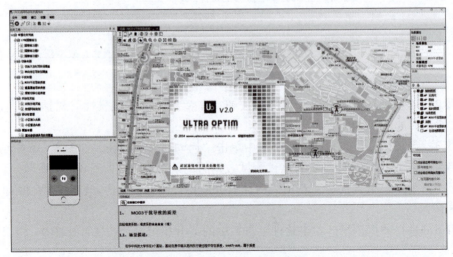

图 8 – 17　单击"LOG"按钮

图 8 - 18 选择 "仿真手机" 选项

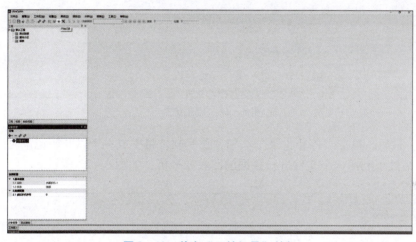

图 8 - 19 单击 "开始记录" 按钮

步骤 7：调整手机状态。该案例需要建立在连接的环境下进行一次切换测试，因此，需要将手机状态调整为连接状态，如图 8 - 20 所示。

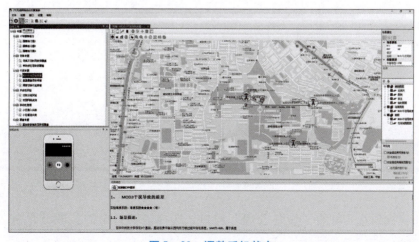

图 8 - 20 调整手机状态

步骤8：选择"开始移动"选项，仿真手机开始测试移动，待测试完成，单击"停止仿真"按钮，如图8-21所示。

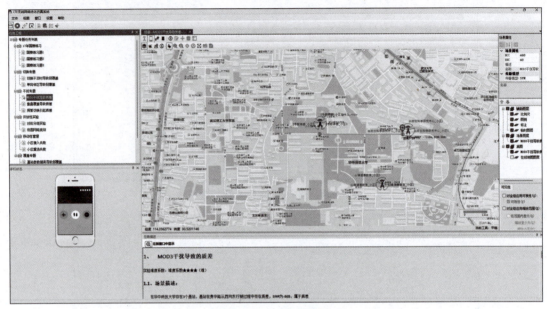

图 8-21　停止仿真

步骤9：最后，单击"停止记录"按钮，仿真软件将生成一个以开始记录时间为名称的测试文件，后续可利用这个文件进行数据的回放和分析，如图8-22所示。

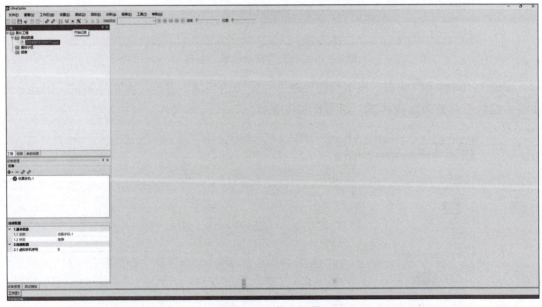

图 8-22　停止记录

步骤10：找到左下角的"设备管理"窗口，选择该窗口中的"断开设备"选项，如图8-23所示。

图 8－23　断开设备

步骤 11：找到左上角的工程窗口，在"默认工程"下面的"测试数据"中选中刚才测试生成的测试数据并右击，选择"导入"选项，如图 8－24 所示。

图 8－24　导入 LOG

步骤 12：导入"基站数据库"，路测软件每次启动之后，需要重新载入与本次路测地点相匹配的基站数据库文件，辅助路测分析。右键单击"干扰专题－重叠覆盖导致质差"选择提前制作完成"＊.csv"格式的基站数据库文件，如图 8－25 所示。

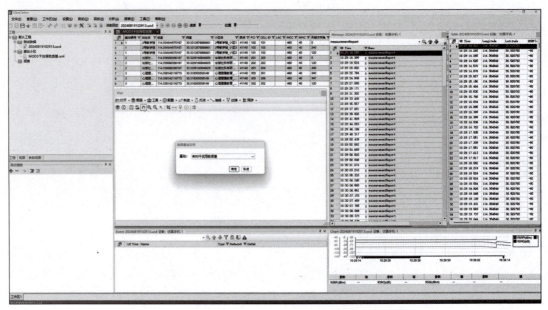

图 8 – 25　导入"基站数据库"

步骤 13：导入"地图数据库"。每次启动路测软件后，都需要重新载入与本次路测地点匹配的地图数据库文件，即左键单击 Map 窗口中的"打开"并选择导入室外地图，如图 8 – 26 所示。

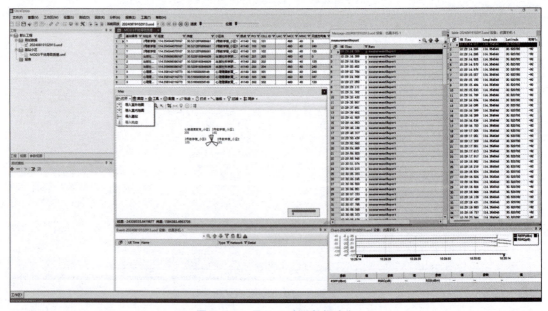

图 8 – 26　导入"地图数据库"

步骤 14：导入轨迹。在地图窗口内的菜单栏中选择"打开"选项，在下拉列表框中选择"导入轨迹"选项，如图 8 – 27 所示。

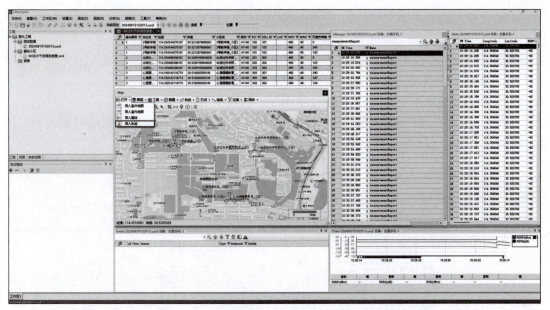

图 8 - 27　导入轨迹

步骤15：案例问题描述。华中科技大学有3个基站，测试终端在贵中路由西向东行驶过程中存在质差，SINR 为 - 8 dB，属于质差问题，如图8 - 28所示。

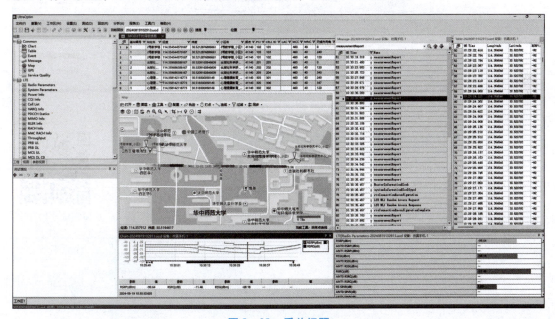

图 8 - 28　质差问题

步骤16：案例问题分析。回放测试数据，发现覆盖中存在 MOD3 干扰情况。对于 MOD3 干扰，需要调整 PCI，一般思路如下。

（1）顺时针调整 PCI。

（2）逆时针调整 PCI。

（3）互换 PCI。

综合分析周边基站 PCI，发现 2 号教学楼_小区 2（PCI = 101）、出版社科学研究中心_小区 3（PCI = 203）、心理健康教育_小区 1（PCI = 305）的 MOD3 都为 2，产生严重的 mod3 干扰。因此，建议进行以下优化调整。

（1）将 2 号教学楼_小区 2 的 PCI 值由 101 调整至 100。

（2）将心理健康教育_小区 1 的 PCI 值由 305 调整至 300。

步骤 17：完成 PCI 调整之后，按照之前的所有操作步骤进行复测。测试结果表明，该案例问题存在的得到解决，如图 8 - 29 所示。

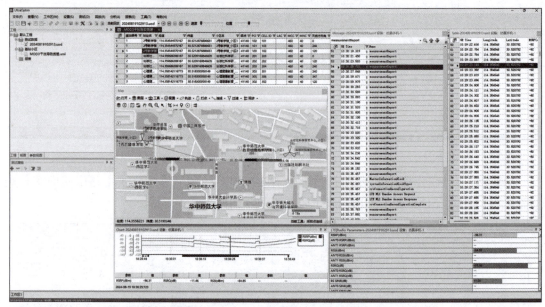

图 8 - 29　"MOD3 干扰导致质差问题"得到解决

2. 训练任务

扫描二维码，学习"MOD3 干扰实验"微课，整理 PCI 参数调整的操作步骤并填写在表 8 - 2 中。

MOD3 干扰实验

表 8 - 2　PCI 参数调整步骤表

序号	操作步骤	注意事项
1		
2		
3		
4		
5		
6		
7		
…		

任务考核

1. 知识练习

（1）（单选题）本任务涉及的无线资源参数，不包括（　　）。

A. PCI 参数　　　　　B. 邻区参数　　　　C. 方位角参数　　　D. 小区参数

（2）（多选题）邻区规划需要综合考虑各小区的（　　）。

A. 覆盖范围　　　　　B. 站间距　　　　　C. 行政区归属　　　D. 接收功率

（3）（多选题）有关 PCI 的描述中正确的是（　　）。

A. PCI = PSS + 3SSS　　　　　　　　B. PCI 共有 503 个

C. PSS 共有 168 个　　　　　　　　　D. PCI 的取值范围为 0～503

（4）（多选题）有关系统内邻区规划原则 4G 宏站的描述中正确的是（　　）。

A. 添加邻区关系要做到越多越好，没有数量限制

B. 添加本基站的所有小区互为邻区

C. 添加第一圈小区为邻区

D. 添加第二圈正打小区为邻区

（5）（多选题）有关 TA 概念的描述中错误的是（　　）。

A. LAC 代表位置区编码　　　　　　　B. RAC 代表路由区标识

C. TA 代表跟踪区　　　　　　　　　　D. TAC 代表跟踪区编码

（6）（判断题）大多数资源参数在网络运行过程中可以通过一定的人机界面进行动态调整。　　　　　　　　　　　　　　　　　　　　　　　　　　　　　　（　　）

（7）（判断题）在 PCI 的组成结构中，PSS 的取值范围为 0～167；SSS 的取值范围为 0～2。PCI 共有 504 个，取值范围为 0～503。　　　　　　　　　　　　（　　）

（8）（判断题）当同频的两个小区的 PCI 除以 3 的余数相同（即 PSS 相同），就会产生 MOD3 干扰。　　　　　　　　　　　　　　　　　　　　　　　　　　　（　　）

（9）（判断题）PCI 冲突是指在某一指定位置，手机可以同时接收到两个不同小区发射的包含相同 PCI 信息的信号，即两个互为邻区的小区使用了相同的 PCI。　（　　）

（10）（判断题）TA 规划需要满足的原则主要包括 TA 面积不宜过大，应设置在低话务区域。　　　　　　　　　　　　　　　　　　　　　　　　　　　　　　（　　）

2. 任务评价

完成任务 8 的学习后，请根据学习反馈情况完成针对任务 8 的个人自评表（表 8 - 3）、小组评价表（表 8 - 4）、教师评价表（表 8 - 5）的填写。

表 8 - 3　个人自评表

姓名：		评价日期：		
序号	评价内容	考核评价指标		评价结果
1	学习态度（10%）	（1）能够积极、主动、认真完成本任务的全部学习要求，可以获得 9 ~ 10 分； （2）能够根据要求按时完成本任务的大部分学习要求，可以获得 6 ~ 8 分； （3）能够完成本任务的小部分学习要求，可以获得 1 ~ 5 分		
2	线上课前学习任务（20%）	（1）能够完成全部课前学习任务，很好地掌握了相关基础知识，可得 17 ~ 20 分； （2）能够完成大部分课前学习任务，可以大概理解本任务的相关知识内容，可以获得 12 ~ 16 分； （3）能够完成少量课前学习任务，对与本任务相关的知识内容了解得不多，可以获得 1 ~ 11 分		
3	线下课堂活动（50%）	（1）能够积极配合教师和小组的活动安排，承担相应的职责，及时完成全部课堂学习任务，可以获得 41 ~ 50 分； （2）能够按照要求完成大部分课堂学习任务，可以获得 31 ~ 40 分； （3）能够按照要求完成部分课堂学习任务，可以获得 1 ~ 30 分		
4	课后作业（20%）	（1）能够按时、认真、高质量完成全部课后作业，可以获得 17 ~ 20 分； （2）能够依照教师要求完成大部分课后作业，可以获得 12 ~ 16 分； （3）能够完成部分课后作业，可以获得 1 ~ 11 分		
5	在本任务的学习中收获了什么？还存在哪些不足			

表 8 − 4 小组评价表

小组名称：		小组成员：		
个人姓名：		小组分工：		
序号	评价内容	考核评价指标		评价结果
1	明确任务 （10%）	（1）能够清晰、明确地知道需要承担的小组职责，可以获得 9 ~ 10 分； （2）能够大概知道需要承担的小组职责，可以获得 5 ~ 8 分； （3）能够知道少部分能够承担的小组职责，可以获得 1 ~ 4 分		
2	团队配合 （20%）	（1）能够服从小组任务分配，积极较好地完成职责要求，可以获得 17 ~ 20 分； （2）能够基本服从小组任务分配，按照要求完成职责任务，可以获得 12 ~ 16 分； （3）在小组中配合度一般，完成部分小组职责，可以获得 1 ~ 11 分		
3	合作探究 （50%）	（1）学习思路清晰，能够熟练完成 5G 参数规划任务，在团队技能训练中起到示范主导作用，可以获得 41 ~ 50 分； （2）能够在同伴帮助下，基本完成 5G 参数规划任务，可以获得 31 ~ 40 分； （3）完成部分 5G 参数规划任务，实践操作能力欠佳，可以获得 1 ~ 30 分		
4	伙伴关系 （20%）	（1）沟通能力强，能够积极为小组成员提供帮助，可以获得 17 ~ 20 分； （2）有一定的沟通能力，能够配合完成基本的团队任务，可以获得 12 ~ 16 分； （3）沟通能力不足，与团队其他成员的沟通较少，可以获得 1 ~ 11 分		
5	其他加分项			
小组组长：		评价日期：		

表 8－5 教师评价表

小组名称：	小组组长：		
序号	评价内容	考核评价指标	评价结果
1	学习态度 （10%）	（1）学习态度端正，不迟到早退，遵守课堂纪律，积极主动地完成各项任务，热心帮助他人，可以获得 9～10 分； （2）学习态度较为认真，能够按照要求配合完成学习任务，可以获得 6～8 分； （3）学习态度一般，偶尔有违反课堂纪律的现象，可以获得 1～5 分	
2	课前学习任务 （20%）	根据在线学习平台的统计数据进行计分登记	
3	小组探究学习活动 （50%）	（1）组长责任心强，能够安排小组成员在协作、互助的良好氛围下进行充分的讨论、探究，使大家可以高质量完成 5G 参数规划任务，可以获得 41～50 分； （2）组长能够安排小组任务，可以按照要求完成 5G 参数规划任务任务，可以获得 31～40 分； （3）组长能力一般，不能妥善安排任务，不能全部完成 5G 参数规划任务任务，可以获得 1～30 分	
4	课后学习任务 （20%）	（1）作业质量好，能够较好地反映出该学生对知识和技能掌握牢固，有自己的理解和看法，可以获得 17～20 分； （2）作业质量尚可，能够反映出该学生对知识和技能的掌握情况良好，可以获得 12～16 分； （3）作业质量一般，能够反映出该学生对知识和技能的掌握还存在一定的不足，需要进行补充学习，可以获得 1～11 分	
5	其他加分项		
教师姓名：	评价日期：		

模块四

5G 无线站点部署

任务 9　5G 基站勘察

在数字化浪潮席卷全球的大环境下，5G 技术的迭代升级无疑是通信行业的焦点。2024 年 1 月，中国移动通信集团内蒙古公司呼和浩特分公司（以下简称"内蒙古移动"）携手华为打造了自治区首个 5G – A 示范站点，引领通信行业进入 5G 新阶段，如图 9 – 1 所示。

图 9 – 1　内蒙古移动打造自治区首个 5G – A 示范站点

内蒙古移动成立了 5G – A 创新试点小组，制定三载波聚合（3CC）方案，经过一系列周密分析与部署工作，最终结合网络环境、技术条件等因素选取呼和浩特市玉泉区五里营小区作为示范站点，成功完成 5G – A 技术的验证工作，试点区域 5G 单用户峰值下载速率可达 4.35 Gb/s。

2024 年是 5G – A 的商用元年，内蒙古移动率先在自治区完成试点验证，论证了 5G – A 3CC 商用的可行性，标志着内蒙古移动已经正式踏上了将 5G – A 技术从愿景走向现实的征程。内蒙古移动将不断创新探索，加快内蒙古自治区大数据、云计算、物联网、人工智能等数字底层技术的迭代升级速度，培育数字经济新赛道，拓展数字经济发展新空间，赋能千行百业。

基站的开通必须经过基站勘察的环节，本任务主要介绍 5G 基站勘察的相关知识。

任务要求

知识目标
（1）了解无线网络勘察的定义、作用。
（2）熟悉并掌握基站勘察的流程。
（3）熟悉基站勘察的工具及使用方法。
（4）熟悉基站勘察报告的内容要求。

技能目标
（1）能够独立完成教学仿真平台中基站勘察的完整流程。
（2）能够根据要求获得基站勘察系统评分。

素质目标
（1）遵守基站勘察的相关标准与规范。
（2）养成自主学习的良好习惯。
（3）尊重他人，积极参与小组任务。

知识地图

5G 基站勘察知识地图如图 9 – 2 所示。

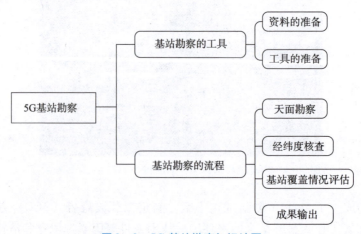

图 9 – 2　5G 基站勘察知识地图

知识积累

无线网络勘察是指对实际的无线传播环境进行实地勘测和观察,并进行相应数据采集、记录和确认工作。无线网络勘察的主要目的是获得无线传播环境情况、天线安装环境情况以及其他共站系统情况。同时,基站勘察也具有对当前数据信息进行复核校对的作用。

接下来,我们将重点介绍基站勘察的工具和基站勘察的流程等相关内容。

知识点 9.1 基站勘察的工具

基站勘察的整体流程是为了规范基站勘察工作,避免出现因勘察步骤的不完善导致部分资料缺失的情况,从而实现基站勘察的完整性、准确性。图9-3所示为基站勘察的整体流程。

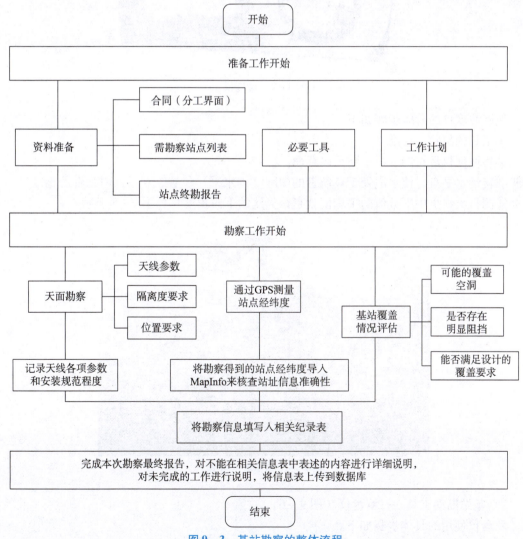

图9-3 基站勘察的整体流程

知识点 9.1.1　资料的准备

资料的准备主要包括合同（分工界面）、需勘察站点列表、站点终勘报告。通过准备好的资料，能够全面了解工程站点的概况，包括工程情况、建设规模、现有机房平面图、网络拓扑图、设备面板图、机房内设备的信息（设备尺寸、设备质量、电源要求、设备面板等），以及相关人员（甲方项目负责人、运维人员、机房联系人等）的联系方式。

5G 站点勘察

知识点 9.1.2　工具的准备

1）基站勘察工具——坡度仪（图9-4）。

图9-4　坡度仪

使用坡度仪的具体步骤如下。

①工具的检验、校准。

②将坡度仪最长的一边平贴天线背面。

③转动水平盘，使水泡处于玻璃管的中间（即水平）位置，记录此时指针的刻度。

④测得天线上中下数值的平均值就是该天线的下倾角度，如图9-5所示。

图9-5　坡度仪的使用

2）基站勘察工具——罗盘仪（图9-6）。

罗盘仪使用的具体步骤如下。

①工具的检验、校准。

②当镜子的一侧对着用户时，使有刻度的一侧指向天线，覆盖正前方，必须将天线套入反射镜，使其底面的水平线与反射镜的垂直线呈现垂直交叉状态，观察白针的方位，如图 9 - 7 所示。

图 9 - 6　罗盘仪

图 9 - 7　罗盘仪的使用

③指针保持 30 s，待摆动完全停下便可以开始读取数据。

3）基站勘察工具——手持式 GPS（图 9 - 8）。

在开机之后，按面板上的功能操作即可。

手持式 GPS 使用注意事项：仪表的测量精度容易受到各种外界因素的影响，偶尔出现误差属于正常现象。一般来说，大面积测量时精度高，而小面积测量时有一定误差。为了提高测量精度，在小面积测量的情况下，建议用户多次测量并取其平均值作为最终的测量数据。

4）基站勘察工具——手持式激光测距仪。

手持式激光测距仪是新型的测距工具，操作简单，可代替传统卷尺，如图 9 - 9 所示。其主要功能为直线距离测量、面积和体积测量。

图 9 - 8　手持式 GPS

图 9 - 9　激光测距仪

激光测距仪使用的具体步骤如下。

①正确安装电池并开机。

②直线距离测量：按"测量"键后读取测量数据，如图9-10所示。

③面积测量：按"测量"键，先测得两个边长，再求其面积。

④体积测量：按"测量"键，先测得长、高、宽，再求其体积。

图9-10　激光测距仪的使用

5）基站工参表。

在进行基站勘察之前，需要全面了解基站的相关信息，如基站编号、基站名称、基站经纬度、基站配置、基站位置等。基站工参表如表9-1所示。

表9-1　基站工参表

站名	小区名	经度	纬度	站型	广播控制信道	基站识别码	跳频序列号	天线类型	挂高	角度	下倾角
沙巴沟	沙巴沟-1	106.102 778	37.716 44	sll	116	10	1	HTDB096517	54	10	3
沙巴沟	沙巴沟-2	106.102 778	37.716 44	sll	112	10	1	HTDB096517	54	190	3
孙家滩	孙家滩-1	106.258 57	37.682 58	sll	110	16	2	HTDB096517	54	5	3
孙家滩	孙家滩-2	106.258 57	37.682 58	sll	124	16	2	HTDB096517	54	180	3
1236	1236-1	105.883 36	37.401 45	01	112	17	3	A09009	50	0	0
长山头农扬	长山头农扬-1	105.695 78	37.257 36	s111	113	10	4	CTSD09-06516-ODM	50	90	3
长山头农扬	长山头农扬-2	105.695 78	37.257 36	s111	117	10	4	CTSD09-06516-ODM	50	185	3
长山头农扬	长山头农扬-3	105.695 78	37.257 36	s111	120	10	4	CTSD09-06516-ODM	50	320	3

续表

站名	小区名	经度	纬度	站型	广播控制信道	基站识别码	跳频序列号	天线类型	挂高	角度	下倾角
红寺堡	红寺堡-1	106.060 27	37.415 52	s332	123	11	5	HTDB096517	50	10	3
红寺堡	红寺堡-2	106.060 27	37.415 52	s332	113	11	5	HTDB096517	50	150	3
红寺堡	红寺堡-3	106.060 27	37.415 52	s332	121	11	5	HTDB096517	50	250	3
长山头乡	长山头乡-1	105.605 3	37.353 11	s21	116	12	6	AP906514	45	10	3
长山头乡	长山头乡-2	105.605 3	37.353 11	s21	124	12	6	AP906514	45	150	3
上滚泉	上滚泉-1	106.079 44	37.620 48	s111	122	17	7	AP906516	50	30	3
上滚泉	上滚泉-2	106.079 44	37.620 48	s111	118	17	7	AP906516	50	170	3
上滚泉	上滚泉-3	106.079 44	37.620 48	s111	114	17	8	AP906516	50	250	3
下流水	下流水-1	105.445 4	37.071 9	s21	116	16	8	HTDB099016	47	0	3
下流水	下流水-2	105.445 4	37.071 9	s21	120	16	8	HTDB099016	47	0	3
喊叫水	喊叫水-1	105.614 27	37.077 68	s111	113	14	9	HTDB096517	52	70	3
喊叫水	喊叫水-2	105.614 27	37.077 68	s111	116	14	9	HTDB096517	52	140	3
喊叫水	喊叫水-3	105.614 27	37.077 68	s111	123	14	10	HTDB096517	52	260	3
甘塘	甘塘-1	104.521 5	37.451 14	s11	113	13	10	AP906514	55	100	3
甘塘	甘塘-2	104.521 5	37.451 14	s11	124	13	10	AP906514	55	270	3
沙坡头	沙坡头-1	105.004 8	37.465 48	s121	111	12	11	AP906516	25	70	3
沙坡头	沙坡头-2	105.004 8	37.465 48	s121	118	12	11	AP906516	25	160	3
沙坡头	沙坡头-3	105.004 8	37.465 48	s121	121	12	12	AP906516	25	270	3
红泉	红泉-1	105.216 67	37.236 67	01	114	16	12	A09009	30	0	0
新庄集	新庄集-0	106.231 38	37.263 56	02	124	11	13	全向	50	0	0

6）基站勘察记录单。

基站勘察人员在勘察过程中需要边勘察边记录数据，最终完成并存档基站勘察记录单。图9-11所示为华为5G基站勘察记录单。

华为 HUAWEI	5G项目基站勘察表		
勘察人员			
勘察工程师	电话	Email	
勘察工程师	电话	Email	
勘察工程师	电话	Email	
勘察工程师	电话	Email	
勘察日期（年/月/日）	备注		
勘察–室外部分			

基站编号		基站名		站址	

天面	东经		海拔	_____米	气象状况	□正常　□冰冻　□沙尘　□台风
	北纬		地形	□闹市区　□普通市区　□城乡结合处　□郊区　□交通干线　□风景点		
	长		宽		是否有女儿墙	□是　□否

天线	扇区	编号	天线类型	挂高	方位角	下倾角	塔型	备注（新建/利旧/共址）

备注：
塔型：1.落地塔；2.楼顶拉线塔；3.落地拉线塔；4.楼顶铁塔；5.桅杆；6.单管塔；7.三管塔

主要覆盖情况描述（覆盖区地形、地势、建筑分布、现网信号强度，其他通信局站（如雷达站、微波站）、其他运营商基站等特别说明）

备注：

　　　　　　　　　　　　　　　　　　　　　　　　　　　规划设计院代表：

图9-11　华为5G基站勘察记录单

　　工作计划的内容主要是依据基站勘察的难易度、基站勘察路程的远近、距离上一次勘察的时间跨度等因素，而只有列出基站勘察的优先级，才能制成科学、合理的勘察计划表。

知识点9.2　基站勘察的流程

　　基站勘察的流程主要包括如下内容。

知识点 9.2.1　天面勘察

天面勘察的内容主要包括天线参数、隔离度要求、位置要求，记录天线各项参数和安装规范程度。可以将天面勘察获得的数据绘制在图纸中。天面勘察草图如图 9－12 所示。

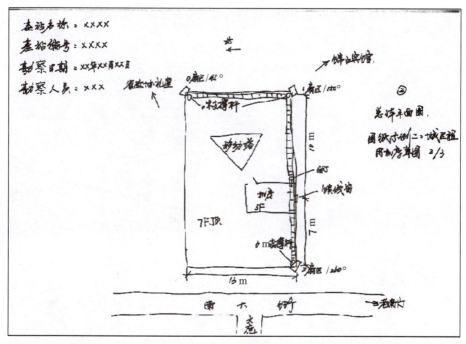

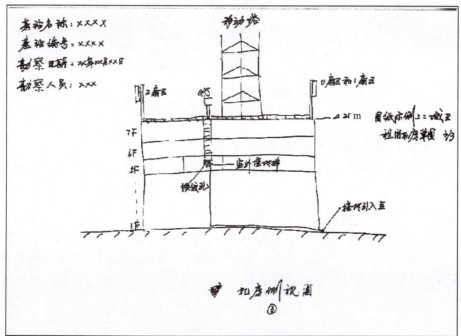

图 9－12　天面勘察草图

知识点 9.2.2　经纬度核查

了解 GPS 测量站点经纬度后，将勘察得到的站点经纬度导入 MapInfo 来核查站址信息准确性，如图 9 – 13 所示。

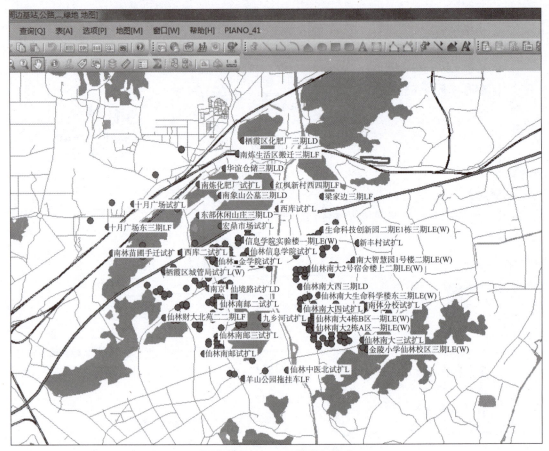

图 9 – 13　MapInfo 核查经纬度

知识点 9.2.3　基站覆盖情况评估

基站覆盖情况评估的内容主要包括可能的覆盖空洞、是否存在明显阻挡、能否满足设计的覆盖要求。

知识点 9.2.4　成果输出

将勘察信息填入相关记录表，完成本次勘察最终报告，对不能在相关记录表中表述的内容进行详细说明，对未完成的工作也需要进行详细说明，将记录表上传到数据库。图 9 – 14 是实际工程项目中使用的一份基站勘察报告。

基站初步勘察报告

集团标准化办公室：[VV986T-J682P28-JP266L8-68PNN]

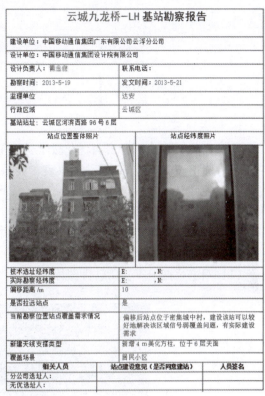

云城九龙桥-LH 基站勘察报告		
建设单位：中国移动通信集团广东有限公司云浮分公司		
设计单位：中国移动通信集团设计院有限公司		
设计负责人：	联系电话：	
勘察时间：2013-5-19	发文时间：2013-5-21	
监理单位	达安	
行政区域	云城区	
基站站址：云城区河滨西路 96 号 6 层		
站点位置整体照片	站点经纬度照片	
技术选址经纬度	E：　　　，N：	
实际勘察经纬度	E：　　　，N：	
偏移距离 /m	10	
是否拉远站点	是	
当前勘察位置站点覆盖需求情况	偏移后站点位于密集城中村，建设该站可以较好地解决该区域信号弱覆盖问题，有实际建设需求	
新建天线支撑类型	新增 4 m 美化方柱，位于 6 层天面	
覆盖场景	居民小区	
相关人员	站点建设意见（是否同意建站）	人员签名
分公司选址人：		
无优选址人：		

图 9 - 14　基站勘察报告

技能训练

技能点9　基站勘察

1. 训练内容

基于 IUV – 5G 全网部署与优化教学仿真平台，完成基站勘察任务，具体内容如下。

（1）能够正确完成 5G 基站勘察表、线缆选型。

（2）遵照基站勘察规范完成基站勘察任务。

（3）排查常见的基站勘察设计故障。

（4）两人一组轮换操作，完成实验报告并总结实验心得。

采用 IUV – 5G 全网部署与优化教学仿真平台进行基站勘察，需要先完成以下操作。

（1）双击桌面 IUV_5G 软件图标，选择"5G 站点工程模块"选项，如图 9 – 15 所示。

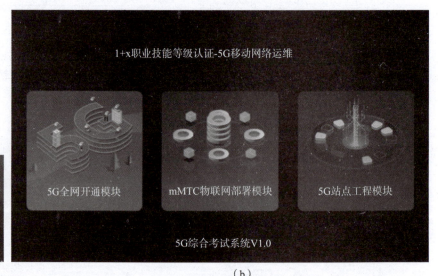

（a）　　　　　　　　　　　　　　　　　　　　（b）

图 9 – 15　IUV_5G 图标及模块选择窗口

（a）IUV_5G 图标；（b）模块选择窗口

（2）打开仿真软件，输入账号、密码，如图 9 – 16 所示。

（3）进入工程文件管理窗口，选择"新建工程"选项，根据需求输入"新建工程"名称和说明，如图 9 – 17 所示。

（4）进入工程规划选择窗口，可以选择"密集区域""一般区域"和"偏远区域"选项。下面将以选择"密集区域"选项的工程规划为例进行基站勘察。选择"密集区域"选项，选择"默认"选项，规划参数，单击"确定"按钮，如图 9 – 18 所示。

（5）进入"站点选址"窗口，选择"密集城区"选项，快速选择"商业广场为建站地址"选项，单击"确定"按钮，如图 9 – 19 所示。

图 9 – 16　IUV – 5G 站点工程模块登录窗口

（a）

（b）

图 9 – 17　工程文件管理窗口以及输入"新建工程"名称和说明窗口

（a）工程文件管理窗口；（b）输入"新建工程"名称和说明窗口

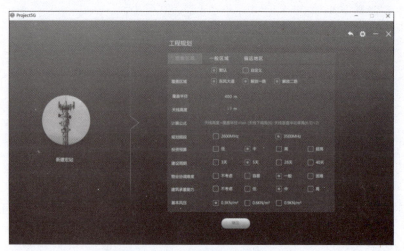

图 9-18　工程规划选择窗口

（a）

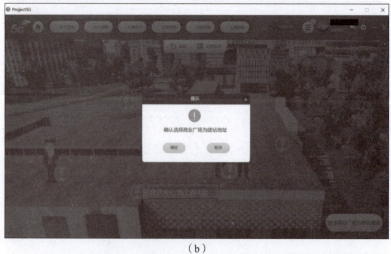

（b）

图 9-19　"站点选址"窗口和选择"商业广场为建站地址"窗口
（a）"站点选址"窗口；（b）选择"商业广场为建站地址"窗口

（6）进入"站点勘察"窗口，选择"工程规划"选项，查看勘察的站点信息，如图9-20所示。

（a）

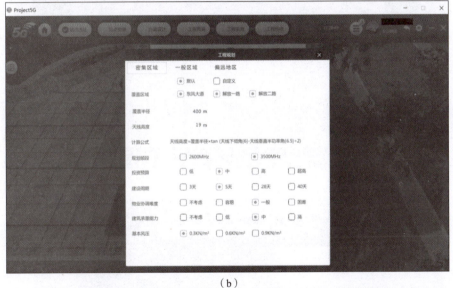

（b）

图9-20 "站点勘察"窗口和选择"工程规划"查看站点信息窗口
（a）"站点勘察"窗口；（b）选择"工程规划"查看站点信息窗口

（7）在"站点勘察"窗口中，选择"工具箱"选项，查看基站勘察的工具，包括GPS、指南针、照相机、卷尺、激光测距仪等设备，如图9-21所示。

（8）在"站点勘察"窗口中，选择"记录表"选项，弹出"无线基站勘察报告"对话框，可以将"无线基站勘察报告"作为整个基站站点勘察全过程的记录表。为了方便操作，现将该记录表缩小放置在窗口左侧，如图9-22所示。

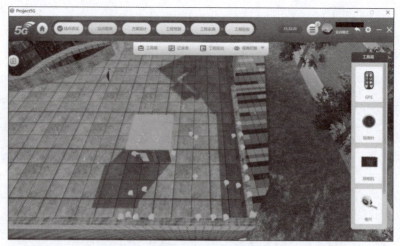

图 9 - 21　基站勘察的工具

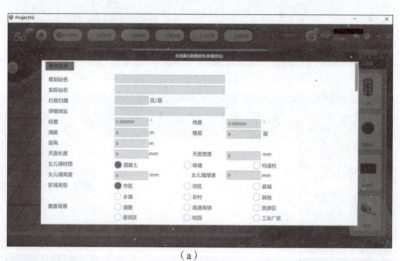

（a）

（b）

图 9 - 22　"无线基站勘察报告"

（a）"无线基站勘察报告"全屏窗口；（b）"无线基站勘察报告"窗口缩小放置

接下来进入站点勘察的具体环节。

步骤 1：填写站点的基本信息。单击"站点勘察"窗口中间的标注点，获取站点的基本信息，包括规划站名、实际站名、行政归属、详细地址等，如图 9 - 23 所示。

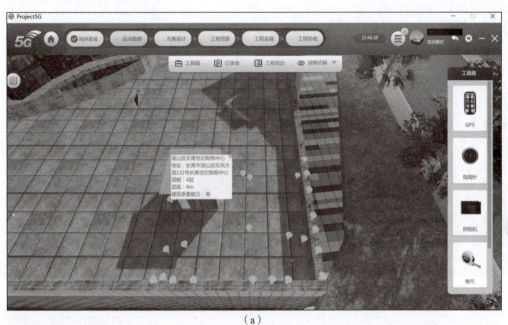

（a）

（b）

图 9 - 23 填写站点的基本信息

步骤 2：填写站点的经纬度信息。选择 GPS 选项，拖动该选项至窗口中的指定标注点，获取站点的经纬度信息，包括经度、纬度、海拔等，如图 9 - 24 所示。

（a）

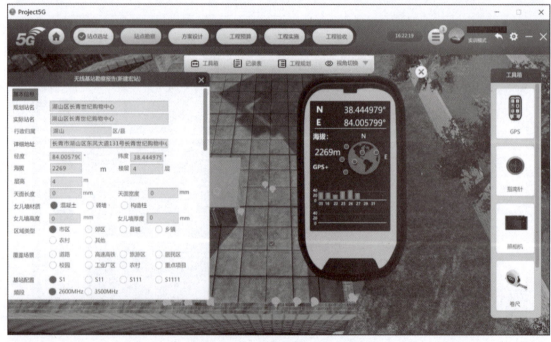

（b）

图 9 - 24　填写站点的经纬度信息

步骤 3：填写站点的天面信息。选择"激光测距仪"选项，拖动该选项至窗口中的指定标注点，获取站点的天面信息，包括天面长度、天面宽度等，如图 9 - 25 所示。

（a）

（b）

图 9 - 25　填写站点的天面信息

步骤 4：填写站点的女儿墙信息。选择"卷尺"选项，拖动该选项至窗口中的指定标注点，获取站点的女儿墙信息，包括女儿墙高度、女儿墙厚度等，如图 9 - 26 所示。

（a）

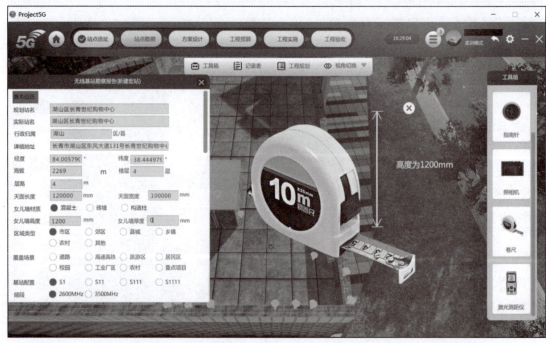

（b）

图9-26　填写站点的女儿墙信息

步骤5：填写站点的其他信息。选择"工程规划"选项，获取站点的其他基本信息，包括区域类型、覆盖场景、基站配置、频段等，如图9-27所示。

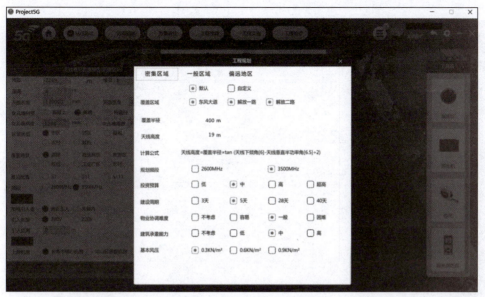

图 9 - 27　填写站点的其他信息

步骤6：填写站点的电源系统信息。单击窗口中间的蓝色标注点，获取站点的电源系统信息，包括市电引入点、引入类型、引入距离、上游机房、传输引入距离等，如图 9 - 28所示。

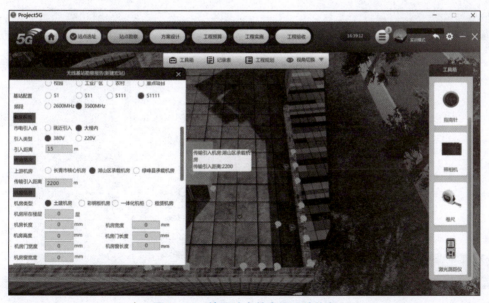

图 9 - 28　填写站点的电源系统信息

步骤7：填写站点的机房信息。选择"视角切换"→"室内全景视角"→"激光测距仪"选项，获取站点的机房信息，包括机房长度、机房宽度、机房高度、机房门长度、机房门宽度、机房窗长度、机房窗宽度等，如图 9 - 29 所示。

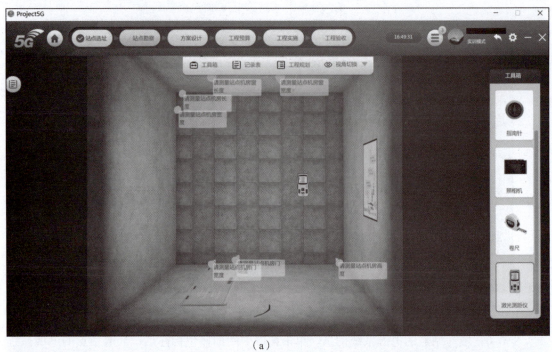

（a）

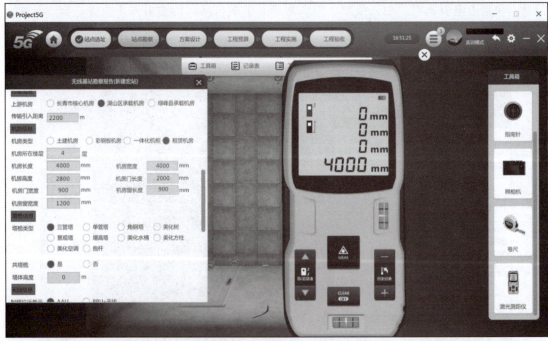

（b）

图 9-29　填写站点的机房信息

　　步骤8：填写站点的天线信息。选项"视角切换"→"室外全景视角"→"工程规划"→"指南针"选项获取站点的天线信息，包括射频拉远单元、天线类型、天线挂高、天线数量、天线方向角 S1/S2/S3/S4、天线下倾角 S1/S2/S3/S4 等，如图 9-30 所示。

（a）

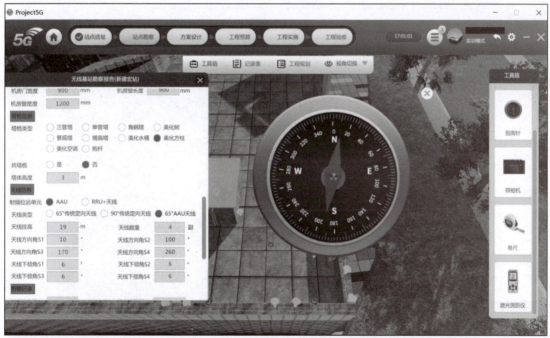

（b）

图 9 - 30　填写站点的天线信息

步骤 9：完成站点的拍摄记录。选择"照相机"选项完成站点的拍摄记录，包括站址信息照、机房位置照、机房内部照、S1/S2/S3/S4 覆盖区域照、环境照等，如图 9 - 31 所示。

（a）

（b）

图 9-31　完成站点的拍摄记录

步骤10：完成站点的勘察验收。选择"工程验收"→"系统评分"选项，查看系统评分，包括基础信息、电源信息、传输情况、机房信息、塔桅信息、天线信息、拍摄记录等，当所有评分都为100%时，则表示工程站点勘察已全部准确完成，如图 9-32 所示。

（a）

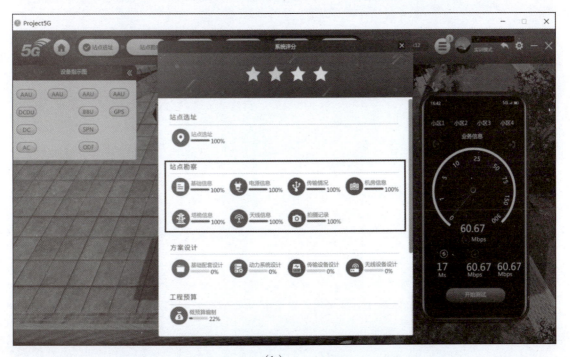

（b）

图 9 – 32 完成站点的勘察验收

2. 训练任务

扫描二维码，在线学习基站勘察的相关微课视频，整理基站勘察的操作步骤并将其填写在表 9 – 2 中。

5G 站点勘察操作实践

表 9 – 2　基站勘察操作步骤表

序号	操作步骤	注意事项
1		
2		
3		
4		
5		
6		
7		
...		

任务考核

1. 知识练习

（1）（单选题）关于天面勘察的内容中描述错误的是（　　　）。

A. 天线参数　　　　B. 基站 PCI 参数　　C. 位置要求　　　　D. 隔离度要求

（2）（多选题）基站覆盖情况评估的内容包括（　　　）。

A. 可能的覆盖空洞　　　　　　　　B. 基站的 GPS 信息

C. 是否存在明显阻挡　　　　　　　D. 能否满足设计的覆盖要求

（3）（多选题）在基站勘察软件实操过程中，关于工程规划类型的选项中不包括（　　　）。

A. 密集区域　　　　B. 核心区域　　　　C. 一般区域　　　　D. 偏远区域

（4）（单选题）下面关于基站工参表的内容，描述错误的是（　　　）。

A. 基站编号　　　　B. 基站经纬度　　　C. 基站配置　　　　D. 基站女儿墙信息

（5）（单选题）在基站勘察软件实操过程中，站点勘察工具箱中的物品不包括（　　　）。

A. 指北针　　　　　B. GPS　　　　　　C. 照相机　　　　　D. 卷尺

（6）（判断题）一般来说，手持式 GPS 进行大面积测量时精度高，而进行小面积测量时有一定误差。为了提高测量精度，在小面积测量的情况下，建议用户多次测量并取其平均值作为最终的测量数据。　　　　　　　　　　　　　　　　　　　　　　（　　　）

（7）（判断题）手持式激光测距仪是新型的测距工具，操作简单，可代替传统卷尺。其主要功能为直线距离测量、面积和体积测量。　　　　　　　　　　　　　　　（　　　）

（8）（判断题）资料的准备工作主要包括合同（分工界面）、需要勘察的站点列表、站点终勘报告。　　　　　　　　　　　　　　　　　　　　　　　　　　　　　（　　　）

（9）（判断题）将勘察信息填入相关记录表，完成该次勘察最终报告，对于不能在相关记录表中表述的内容，可以不用说明，将记录表上传到数据库。　　　　　　　　（　　　）

（10）（判断题）无线网络勘察的主要目的就是为了获得无线传播环境情况、天线安装环境情况及其他共站系统情况。　　　　　　　　　　　　　　　　　　　（　　　）

2. 任务评价

完成任务 9 的学习后，请根据学习反馈情况完成针对任务 9 的个人自评表（表 9 - 3）、小组评价表（表 9 - 4）、教师评价表（表 9 - 5）的填写。

表 9 - 3　个人自评表

姓名：		评价日期：		
序号	评价内容	考核评价指标		评价结果
1	学习态度（10%）	（1）能够积极、主动、认真完成本任务的全部学习要求，可以获得 9 ~ 10 分； （2）能够根据要求按时完成本任务的大部分学习要求，可以获得 6 ~ 8 分； （3）能够完成本任务的小部分学习要求，可以获得 1 ~ 5 分		
2	线上课前学习任务（20%）	（1）能够完成全部课前学习任务，很好地掌握相关基础知识，可得 17 ~ 20 分； （2）能够完成大部分课前学习任务，可以大概理解本任务的相关知识内容，可以获得 12 ~ 16 分； （3）能够完成少量课前学习任务，对与本任务相关的知识内容了解得不多，可以获得 1 ~ 11 分		
3	线下课堂活动（50%）	（1）能够积极配合教师和小组的活动安排，承担相应的职责，及时完成全部课堂学习任务，可以获得 41 ~ 50 分； （2）能够按照要求完成大部分课堂学习任务，可以获得 31 ~ 40 分； （3）能够按照要求完成部分课堂学习任务，可以获得 1 ~ 30 分		
4	课后作业（20%）	（1）能够按时、认真、高质量完成全部课后作业，可以获得 17 ~ 20 分； （2）能够依照教师要求完成大部分课后作业，可以获得 12 ~ 16 分； （3）能够完成部分课后作业，可以获得 1 ~ 11 分		
5	在本任务的学习中收获了什么？还存在哪些不足			

表9-4　小组评价表

小组名称：		小组成员：		
个人姓名：		小组分工：		
序号	评价内容	考核评价指标		评价结果
1	明确任务 （10%）	（1）能够清晰、明确地知道需要承担的小组职责，可以获得9～10分； （2）能够大概知道需要承担的小组职责，可以获得5～8分； （3）能够知道少部分能够承担的小组职责，可以获得1～4分		
2	团队配合 （20%）	（1）能够服从小组任务分配，积极较好地完成职责要求，可以获得17～20分； （2）能够基本服从小组任务分配，按照要求完成职责任务，可以获得12～16分； （3）在小组中配合度一般，完成部分小组职责，可以获得1～11分		
3	合作探究 （50%）	（1）学习思路清晰，能够熟练完成5G基站勘察任务，在团队技能训练中起到示范主导作用，可以获得41～50分； （2）能够在同伴帮助下，基本完成5G基站勘察任务，可以获得31～40分； （3）完成部分5G基站勘察任务，实践操作能力欠佳，可以获得1～30分		
4	伙伴关系 （20%）	（1）沟通能力强，能够积极为小组成员提供帮助，可以获得17～20分； （2）有一定的沟通能力，能够配合完成基本的团队任务，可以获得12～16分； （3）沟通能力不足，与团队其他成员的沟通较少，可以获得1～11分		
5	其他加分项			
小组组长：		评价日期：		

表 9 – 5　教师评价表

小组名称：		小组组长：	
序号	评价内容	考核评价指标	评价结果
1	学习态度 （10%）	（1）学习态度端正，不迟到早退，遵守课堂纪律，积极主动地完成各项任务，热心帮助他人，可以获得 9～10 分； （2）学习态度较为认真，能够按照要求配合完成学习任务，可以获得 6～8 分； （3）学习态度一般，偶尔有违反课堂纪律的现象，可以获得 1～5 分	
2	课前学习任务 （20%）	根据在线学习平台的统计数据进行计分登记	
3	小组探究学习活动 （50%）	（1）组长责任心强，能够安排小组成员在协作、互助的良好氛围下进行充分的讨论、探究，使大家可以高质量完成 5G 基站勘察任务，可以获得 41～50 分； （2）组长能够安排小组任务，可以按照要求完成 5G 基站勘察任务，可以获得 31～40 分； （3）组长能力一般，不能妥善安排任务，不能全部完成 5G 基站勘察任务，可以获得 1～30 分	
4	课后学习任务 （20%）	（1）作业质量好，能够较好地反映出该学生对知识和技能掌握牢固，有自己的理解和看法，可以获得 17～20 分； （2）作业质量尚可，能够反映出该学生对知识和技能的掌握情况良好，可以获得 12～16 分； （3）作业质量一般，能够反映出该学生对知识和技能的掌握还存在一定的不足，需要进行补充学习，可以获得 1～11 分	
5	其他加分项		
教师姓名：		评价日期：	

任务10　5G基站设备安装

情境引入

通过手机实现移动办公、线上购物、视频会议、网络直播、在线教育等应用已经成为人们日常生活中的一部分，无论多么精彩的应用功能都需要性能优、效率高、可靠性强的移动网络作为支撑，而影响移动网络性能优劣的关键在于基站的建设。

2020年4月30日，中国移动联合华为在珠穆朗玛峰（简称珠峰）前进营地（海拔6 500 m）成功完成全球海拔最高5G基站的建设及开通工作，成功实现在珠峰峰顶完成5G覆盖任务，如图10-1所示。另外，5G千兆光纤网络也同步开通。从此，中国移动的双千兆网络覆盖了珠峰。

图10-1　珠穆朗玛峰6 500 m基站成功开通

在珠峰建设5G基站面临着诸多技术挑战，包括高海拔、低氧、极端温差、物资运输困难等。然而，中国移动与华为公司凭借先进的技术实力和丰富的项目经验，成功克服了这些难题。其选用了集成度高、体积小的华为5G AAU，具有集成度高、易搬运易安装等特点，在珠峰极端场景下，亦能满足运营商5G网络部署的要求；采用SA+NSA的组网形式在海拔5 300 m珠峰大本营、5 800 m过渡营地和6 500 m前进营地建设了5个5G基站；大带宽、多通道是实现5G高速率、大容量的最关键技术，Massive MIMO窄波束增益高，覆盖效果好；同时，三维立体波束灵活度高，可以更好地匹配珠峰这种复杂的高山场景；通过牦牛驮运等方式将设备运输至指定位置，并在高寒区域铺设了光缆，从而确保了基站与核心网之间的稳定连接。此外，还采用了太阳能光伏发电和油机发电相结合的方式，解决了珠峰地区的电力供应问题。这些基站不仅覆盖了珠峰的主要活动区域，还为人们提供了千兆宽带和专线接入服务，满足了登山队、指挥部以及媒体等企业级办公和视频直播需求。

在全球范围内，能够在如此恶劣的环境下成功部署5G基站证明了中国的通信实力。该基站的开通为珠峰区域的旅游、登山、科考等活动提供了强大的网络支持。此后，游客可以通过5G网络进行高清直播、拨打视频电话、观看高清视频；景区工作人员能够实时上传监测数据，高效开展野生动植物保护研究；登山爱好者者则能够得到可靠的紧急救援通信保障。此外，该基站的建设还为珠峰区域的日常巡检和异常情况实时监测提供了技术支持，极大地提升了工作效率和安全性。

珠峰5G基站的建设离不开一批高素质的工程人员。他们不仅需要具备扎实的通信技术和基站建设技能，还需要具备良好的身体素质和适应能力，以应对高海拔、低氧等恶劣环境。同时，他们还需要具备团队协作精神和环保意识，确保在施工过程中严格遵守环保规定，保护珠峰自然环境。在整个建设过程中，工程人员克服重重困难，展现了不畏艰险、勇于攀登的精神风貌，为中国乃至全球的5G建设树立了典范。作为其中一名基站工程师，你在接到室外基站设备的安装及调试任务后应该如何做呢？接下来，就让我们共同完成这个任务。

任务要求

知识目标
（1）了解BBU设备、RRU设备的功能。
（2）能够说出BBU设备、RRU设备的结构。
（3）能够解释BBU设备、RRU设备的安装流程。

技能目标
（1）能够根据实际需要进行BBU设备的单板选配。
（2）能够按照安装流程熟练安装BBU设备和RRU设备。
（3）能够处理基站设备安装中出现的各种问题。

素质目标
（1）遵守基站安装的工程规范。
（2）养成自主学习的良好习惯。
（3）具有吃苦耐劳、爱岗敬业、精益求精的工匠精神。
（4）尊重他人，积极参与小组任务。

知识地图

5G 基站设备安装知识地图如图 10-2 所示。

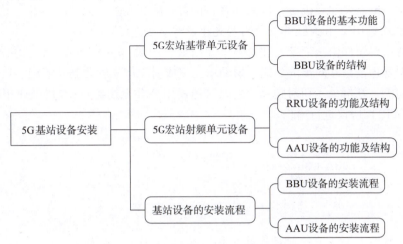

图 10-2　5G 基站设备安装知识地图

知识积累

基站的无线站点主要包括室外宏站和室内分布式基站两大类，本任务主要以室外宏站设备的安装为例介绍 5G 无线站点的安装、调试方法及流程。

室外宏站的组成结构如图 10-3 所示。

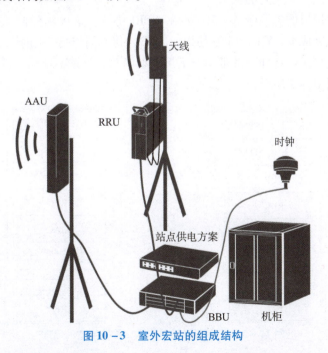

图 10-3　室外宏站的组成结构

主设备包括 BBU、RRU 或 AAU，具体使用 AAU 还是 RRU，需要根据实际场景需要和运营商策略决定。

配套设备包括站点供电设备（直流或交流）、机柜（安装 BBU 或供电设备，以及其他配套设备）、时钟（GPS 天线）、天线（射频单元采用 RRU 时）及相关线缆等。

室外宏站一般需要建设机房，以便部署主设备和配套设备，无机房场景需要部署室外型机柜，因为 AAU、RRU 和天线的安装需要先建设铁塔或抱杆。

基站设备主要硬件由基带单元和射频单元组成，如图 10－4 所示。基带单元完成上行/下行基带数据处理、信号同步等功能，射频单元完成射频信号的调制和解调、功率放大、滤波、双工等功能。基带单元和射频单元之间采用通用公共无线接口/增强型通用公共无线接口（CPRI/eCPRI）协议进行通信。

图 10－4　基站硬件组成结构

在分布式基站中，基站的射频模块采用可拉远的 RRU，BBU 和 RRU 之间采用光纤连接，光纤可以拉至较远的距离，BBU 和 RRU 设备之间采用 CPRI 或 eCPRI 协议进行通信。CPRI 是一种数字协议，用于基站的基带单元和射频单元之间的串行高速数据传输，该协议规定了电接口和光接口标准，但在实际应用时，基带单元和射频单元之间的物理连接大多数都是通过光纤实现。5G 小区频谱带宽很大（Sub6G 小区最大频谱带宽为 100 MHz，为 4G 小区最大频谱带宽的 5 倍）、同时与 Massive MIMO 阶数最高可达到 64T/64R，比传统 MIMO 高很多。采用传统 CPRI 协议时，完成物理层处理之后的基带数据量非常大，这给基站前传接口的传输带宽能力提出了很高的要求。

为了降低前传接口的传输带宽，5G 支持 eCPRI 协议，这大幅降低了前传接口的传输带宽需求和光模块部署成本。采用 eCPRI 协议后，NR 小区在前传接口上的带宽需求低于 25 Gb/s，该接口协议实际上是通过将部分基带功能下沉到射频单元处理，从而降低了前传接口的传输带宽，其原理如图 10－5 所示。

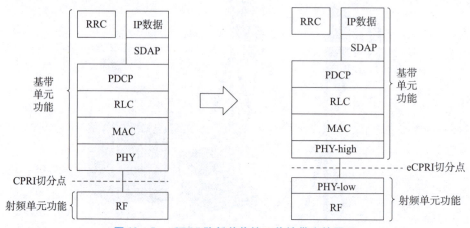

图 10－5　eCPRI 降低前传接口传输带宽的原理

接下来，重点学习 BBU 和 RRU 设备的结构，以及其安装和调试流程。

知识点 10.1　5G 宏站基带单元设备

5G 基站 BBU 结构

不同生产厂家的 BBU 设备型号和结构存在一定差别，本任务中主要以华为系列基站为例展示 BBU 设备的基本结构、工作原理及安装流程。华为支持 5G 的基站设备主要包括 BBU3900 系列和 BBU5900 系列，这里主要介绍 BBU5900 基站设备。

知识点 10.1.1　BBU 设备的基本功能

BBU 是基带处理单元，主要负责集中控制、管理整个基站系统。BBU 的具体功能如下。

（1）集中管理整个基站系统，包括资源管理、软件管理、操作维护、信令处理和系统时钟。

（2）完成上行/下行数据基带处理功能并提供与射频模块通信的接口。

（3）提供基站与传输网络的物理接口，完成信息交互和远端维护。

（4）提供 USB 接口，实现近端维护。

（5）提供环境监控设备的通信接口，接收和转发来自环境监控设备的信号。

BBU 通常包括盒式 BBU 和一体化 BBU，BBU5900 设备属于盒式 BBU，其外观如图 10 – 6 所示，其规格为高 88 mm、宽 446 mm、深 310 mm，质量在满配时应小于 18 kg。

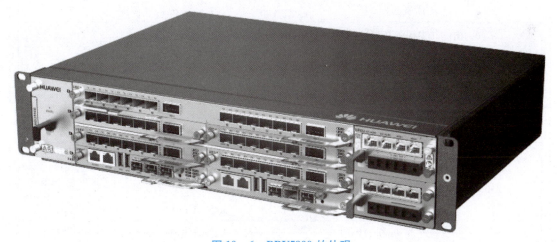

图 10 – 6　BBU5900 的外观

知识点 10.1.2　BBU 设备的结构

BBU5900 的逻辑框图，如图 10 – 7 所示。

BBU5900 采用直流供电，盒体上共有 11 个槽位，各类型单板在 BBU 槽位中的分布如图 10 – 8 所示。

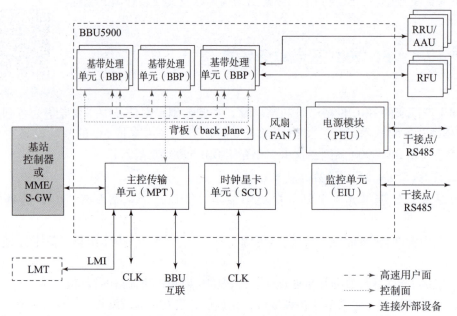

图 10 – 7 BBU5900 的逻辑框图

参数	BBU5900
规格	446 mm × 310 mm × 88 mm
质量	≤18 kg（满配）
槽位（主控 + 基带）	2 + 6
槽位排布	横向
散热能力	2 100 W
满配典型功耗	< 1 150 W
同步模式	GPS/北斗等

slot16 FAN	slot0 UBBP	slot1 UBBP	slot18 UPEU/UEIU
	slot2 UBBP	slot3 UBBP	
	slot4 UBBP	slot5 UBBP	slot19 UPEU
	slot6 UMPT	slot7 UMPT	

图 10 – 8 BBU5900 相关参数和槽位分布

可以在 slot0 ~ slot5 槽位配置通用基带处理单元（universal baseband processing unit，UBBP）单板；slot6、slot7 槽位可以配置通用主处理传输单元（universal main processing and transmission unit，UMPT）单板；slot16 槽位配置风扇（FAN）单板；slot18 槽位可以配置通用电源环境接口单元（universal power and environment interface unit，UPEU）单板或通用环境接口单元（universal environment interface unit，UEIU）单板；slot19 槽位配置 UPEU 单板。

（1）UMPT 单板。

UMPT 单板的主要功能如下。

1）完成基站的配置管理、设备管理、性能监视、信令处理等功能。

2）为 BBU 内其他单板提供信令处理和资源管理功能。

3）提供 USB 接口、传输接口、维护接口，完成信号传输、软件自动升级、在 LMT 或 MAE 上维护 BBU 的功能。

BBU5900 最大可容纳 2 块 UMPT 单板，安装在 slot 6 槽位和 slot 7 槽位上；如果只安装 1 块 UMPT 单板，优先安装在 slot 7 槽位上。UMPT 单板的实物如图 10 – 9 所示，面板上有电传输接口、光传输接口、GNSS 射频接口以及连接本地调试系统的 USB 接口等。

5G 基站的主控单板有 UMPTe、UMPTg 两种类型，UMPTe 型号的主控单板最大支持 RRC 连接用户数为 3 600，UMPTg 型号的主控单板支持的 RRC 连接用户数最高为 7 200。其接口如图 10 – 10 所示。两者的主要区别是光接口的速率不同，在表 10 – 1 中进行了详细描述。

图 10 – 9　UMPT 单板实物

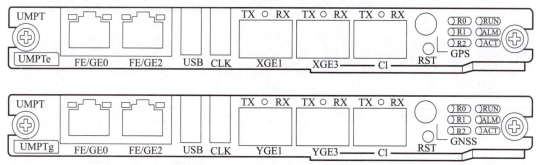

图 10 – 10　UMPTe 和 UMPTg 单板接口

表 10 – 1　UMPT 单板接口说明

面板标识	连接器类型	说明
FE/GE0 FE/GE2	RJ45 连接器	FE/GE 电信号传输接口，UMPTe/UMPTg 的 FE/GE 电接口具备防雷功能，在室外机柜采用以太网电传输的场景下，无须配置防雷盒
XGE1/XGE3	SFP 母型连接器	UMPTe 的标识，FE/GE/10GE 光信号传输接口，10GE 光信号传输接口最大传输速率为 10 000 Mb/s
YGE1/YGE3	SFP 母型连接器	UMPTg 的标识，25GE 光信号传输接口，最大传输速率为 25 Gb/s

续表

面板标识	连接器类型	说明
GPS/GNSS	SMA 连接器	用于将天线接收的射频信息传输给 GPS 星卡
USB	USB 连接器	可以插 U 盘对基站进行软件升级，并与调试网口复用
CLK	USB 连接器	接收 TOD 信号；时钟测试接口，用于输出时钟信号
CI	SFP 母型连接器	用于 BBU 互联
RST	—	复位开关

（2）UBBP 单板。

UBBP 单板主要提供与射频模块 RRU 或 AAU 通信的 CPRI 或 eCPRI 接口；完成上下行数据的基带处理功能；支持制式间基带资源重用，实现多制式的并发。在 BBU5900 中最大可容纳 6 块 UBBPg 单板，可安装在 slot 0 ~ slot 5 槽位上。UBBP 单板实物如图 10 − 11 所示。

图 10 − 11　UBBP 单板实物

UBBPg 单板的接口如图 10 − 12 所示，其接口说明在表 10 − 2 中给出。

图 10 − 12　UBBPg 单板接口

表 10 − 2　UBBPg 单板接口说明

面板标识	连接器类型	接口数量	说明
CPRI0 ~ CPRI5	SFP 母型连接器	6	BBU 与射频模块互联的数据传输接口，支持光、电传输信号的输入和输出
HEI	QSFP 连接器	1	基带互联或与 USU 互联，实现基带之间或者基带与 USU 之间的数据通信

（3）FAN 单板。

BBU5900 支持的风扇板类型为 FANf。FAN 单板为 BBU 机框内的其他单板提供散热功能；控制风扇转速和监控风扇温度并向主控板上报风扇状态、风扇温度值和风扇在位信号。

风扇模块支持电子标签的读写功能。FAN 单板安装在 BBU 的 slot16 槽位上，支持安装 1 块单板。FANf 单板实物如图 10 - 13 所示。

（4）UPEU 单板。

BBU5900 中支持的电源板为 UPEUe 单板。UPEU 单板用于将 -48 V 直流输入电源转换为 12 V 直流电源；提供 2 路 RS485 信号接口和 8 路开关量信号接口，开关量输入只支持干接点和集电极开路（open collector，OC）输入。BBU5900 最大可容纳 2 块 UPEUe 单板，安装在 slot18 槽位和 slot19 槽位上；如果只安装 1 块 UPEUe 单板，则优先将其安装在 Slot19 槽位上。

UPEUe 单板实物如图 10 - 14 所示。UPEUe 单板的电源输入是双输入，5G 之前的电源板都是单路输入。UPEUe 的输出功率：若安装 1 块单板，则输出功率为 1 100 W；若安装 2 块单板，则均流模式下输出功率为 2 000 W，1 + 1 冗余备份模式下输出功率为 1 100 W。

图 10 - 13　FANf 单板实物

图 10 - 14　UPEUe 单板实物

如图 10 - 15 所示，UPEUe 单板可以提供 1 路电源输入接口、2 路 RS485 信号接口和 8 路开关量信号接口。

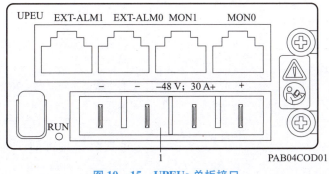

图 10 - 15　UPEUe 单板接口

（5）单板指示灯。

在 UMPT、UBBP、FAN 和 UPEU 单板上分布着各种指示灯，以指示当前单板的运行状态、单板上的接口链路状态或单板的工作制式等。接下来，我们将按照状态指示灯、接口指示灯和制式指示灯三类分别介绍。

1）状态指示灯。

状态指示灯用于指示 BBU 单板的运行状态。BBU 单板上的状态指示灯位置如图 10 – 15 所示，状态指示灯的说明如表 10 – 3 所示。图 10 – 16（a）包括 UMPT 单板和 UBBP 单板，图 10 – 16（b）是 UPEU 单板，图 10 – 16（c）是 FAN 单板。

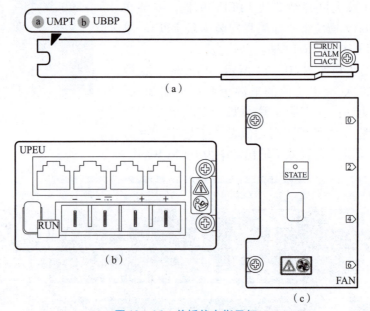

图 10 – 16　单板状态指示灯
（a）UMPT 单板和 UBBP 单板；（b）UPEU 单板；（c）FAN 单板

表 10 – 3　单板状态指示灯说明

图例	面板标识	颜色	状态	说明
图 10 – 16（a）	RUN	绿色	常亮	有电源输入，单板存在故障
			常灭	无电源输入或单板处于故障状态
			闪烁（1 s 亮，1 s 灭）	单板正常运行
			闪烁（0.125 s 亮，0.125 s 灭）	单板正在加载软件或数据配置；单板未开工
	ALM	红色	常亮	有告警，需要更换单板
			常灭	无故障
			闪烁（1 s 亮，1 s 灭）	有告警，不能确定是否需要更换单板

续表

图例	面板标识	颜色	状态	说明
图 10－16（a）	ACT	绿色	常亮	主控板：主用状态； 非主控板：单板处于激活状态，正在提供服务
			常灭	主控板：非主用状态； 非主控板：单板没有激活或单板没有提供服务
			闪烁（0.125 s 亮，0.125 s 灭）	主控板：操作维护链路（operation and maintenance link，OML）断链； 非主控板：不涉及
			闪烁（1 s 亮，1 s 灭）	支持 UMTS 单模的 UMPT、含 UMTS 制式的多模共主控 UMPT：测试状态； 其他单板：不涉及
			闪烁（以 4 s 为周期，前 2 s 内，0.125 s 亮，0.125 s 灭，重复 8 次后常灭 2 s）	支持 LTE 单模的 UMPT、含 LTE 制式的多模共主控 UMPT：未激活该单板所在框配置的所有小区；S1 链路异常； 其他单板：不涉及
图 10－16（b）	RUN	绿色	常亮	正常工作
			常灭	无电源输入或单板故障
图 10－16（c）	STATE	红绿双色	绿灯闪烁（0.125 s 亮，0.125 s 灭）	模块尚未注册，无告警
			绿灯闪烁（1 s 亮，1 s 灭）	模块正常运行
			红灯闪烁（1 s 亮，1 s 灭）	模块有告警
			常灭	无电源输入

2）接口指示灯。

接口指示灯用于指示 BBU 单板接口链路状态。接口指示灯主要有 FE/GE 接口指示灯、CPRI 接口指示灯和互联接口指示灯等。

FE/GE 接口指示灯位于主控板上，分布在 FE/GE 电口或 FE/GE 光口的两侧或接口上方。LINK 和 ACT 指示灯在面板上无丝印标识，TX/RX 指示灯在面板上有丝印标识，如图 10－17 所示。FE/GE 接口链路指示灯说明如表 10－4 所示。

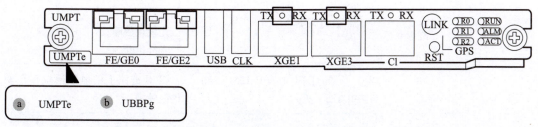

图 10－17　FE/GE 接口指示灯的位置

表 10 – 4　FE/GE 接口指示灯说明

灯名称	颜色	状态	含义
LINK	绿色	常亮	连接成功
		常灭	没有连接
ACT	橙色	闪烁	有数据收发
		常灭	无数据收发
TX/RX	红绿双色	绿灯常亮	以太网链路正常
		红灯常亮	光模块收发异常
		红灯闪烁（1 s 亮，1 s 灭）	以太网协商异常
		常灭	SFP 模块不在位或者光模块电源下电

CPRI 接口指示灯位于 UBBP 单板上，UBBPg 单板的接口指示灯位于 CPRI 接口的下方，如图 10 – 18 所示。UBBPg 单板的 CPRI 接口下方有两个指示灯。当 UBBPg 单板使用双通道小型可插拔光模块（dual small – factor pluggable，DSFP）时，两个指示灯分别用于指示左右两个通道的 CPRI 传输状态，每个指示灯的状态和含义如表 10 – 4 所示。当 UBBPg 单板使用小型可插拔光模块（small form – factor puggable，SFP）时，左侧指示灯用于指示 CPRI 传输状态，指示灯说明如表 10 – 5 所示，右侧指示灯常灭。

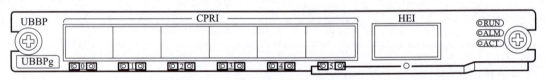

图 10 – 18　UBBPg 单板接口指示灯的位置

表 10 – 5　UBBPg 单板接口指示灯说明

面板丝印	颜色	状态	含义
TX/RX	红绿双色	绿灯常亮	CPRI 链路正常
		红灯常亮	光模块收发异常，可能原因如下：光模块故障；光纤折断
		红灯闪烁（0.125 s 亮，0.125 s 灭）	CPRI 链路上的射频模块存在硬件故障

面板丝印	颜色	状态	含义
TX/RX	红绿双色	红灯闪烁（1 s 亮，1 s 灭）	CPRI 失锁，可能原因如下： 双模时钟互锁失败； CPRI 接口速率不匹配
		常灭	光模块不在位； CPRI 电缆未连接

互联接口指示灯用于指示互联接口的连接状态，位于互联接口上方或下方，如图 10 - 19 所示，互联接口指示灯的说明如表 10 - 6 所示。图 10 - 19（a）标注了 UBBP 单板的 HEI 互联接口，图 10 - 19（b）标注了 UMPT 单板的 CI 接口。

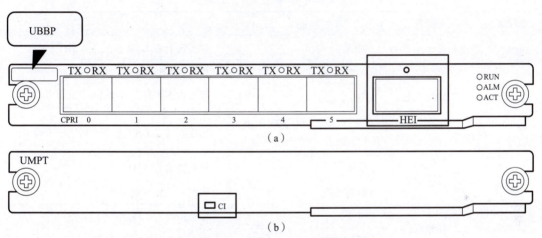

图 10 - 19　互联接口指示灯的位置

（a）UBBP 单板的 HEI 互联接口；（b）UMPT 单板的 CI 接口

表 10 - 6　互联接口指示灯说明

图例	面板标识	颜色	状态	含义
图 10 - 19（a）	HEI	红绿双色	绿灯常亮	互联链路正常
			红灯常亮	光模块收发异常，可能原因如下： 光模块故障； 光纤折断
			红灯闪烁（1 s 亮，1 s 灭）	互联链路失锁，可能原因如下： 互联的两个 BBU 之间时钟互锁失败； QSFP 接口速率不匹配
			常灭	光模块不在位
图 10 - 19（b）	CI	红绿双色	绿灯常亮	互联链路正常

3）制式指示灯

制式指示灯用于指示 BBU 单板工作的制式。只有 UMPT 单板上有制式指示灯，其位置如图 10－20 所示，制式指示灯说明如表 10－7 所示。

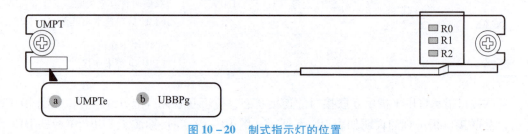

图 10－20　制式指示灯的位置

表 10－7　制式指示灯说明

面板标识	颜色	状态	含义
R0	红绿双色	常灭	单板没有在 GSM 制式下工作
		绿灯常亮	单板在 GSM 制式下工作
		绿灯闪烁（1 s 亮，1 s 灭）	单板在 NR 制式下工作
		绿灯闪烁（0.125 s 亮，0.125 s 灭）	单板同时在 GSM 和 NR 制式下工作
R1	红绿双色	常灭	单板没有在 UMTS 制式下工作
		绿灯常亮	单板在 UMTS 制式下工作
R2	红绿双色	常灭	单板没有在 LTE 制式下工作
		绿灯常亮	单板在 LTE 制式下工作

在介绍了 BBU 模块的外观、结构和槽位分布情况，并针对 BBU 机框中必配的 UMPT 单板、UBBP 单板、FAN 单板、UPEU 单板的功能、槽位、外观、接口，以及各单板的指示灯等内容做了详细的说明后，接下来，将要介绍射频模块的设备情况。

知识点 10.2　5G 宏站射频单元设备

宏站的射频单元设备主要包括 RRU、AAU、GPS 天线等。

5G 基站射频单元结构

知识点 10.2.1　RRU 设备的功能及结构

RRU 主要应用于分布式基站和室外宏基站。RRU 可以完成接收 BBU 发送的下行基带数据，并向 BBU 发送上行基带数据，实现与 BBU 的通信功能，以及射频信号的调制解调、数据处理、功率放大等功能。

目前常用的 RRU 有支持 8T8R 的 RRU5258、RRU5818；支持 4T4R 的 RRU5836E、RRU5266E、RRU5904、RRU3971。此处以 RRU5258 为例介绍 RRU 硬件设备的接口和指示灯。

在 RRU5258 的底部有 8 个射频信号接口 ANT1～ANT8，1 个电调接口，1 个校正接口；

在配线腔中有连接BBU的2个光口和1个电源输入接口，如图10-21所示。

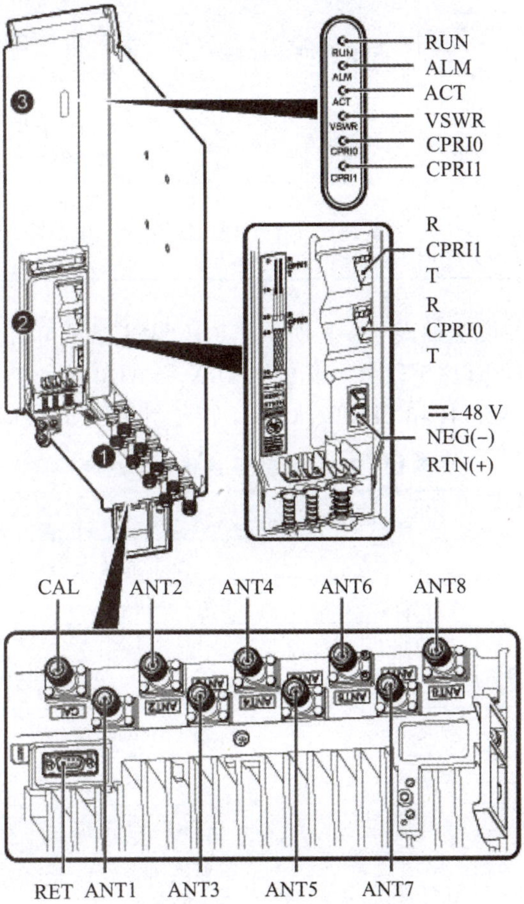

图10-21 RRU5258的外观

RRU5258工作在3 400~3 600 MHz频段，适用于室外宏站，支持8通道，输出功率为8×40 W。

RRU5258模块有配线腔接口、底部接口和指示灯。RRU5258的接口说明如表10-8所示。

表10-8 RRU5258的接口说明

项目	接口标识	连接器类型	说明
底部面板	ANT1~ANT8	N母型连接器或4.3-10母型连接器	发送/接收射频信号接口
	RET	DB9母型连接器	电调接口，支持传输电调天线控制信号（RS485信号）
	CAL	N母型连接器或4.3-10母型连接器	校正接口，支持射频信号和电调天线控制信号（OOK信号）

续表

项目	接口标识	连接器类型	说明
配线腔面板	CPRI0	SFP 母型连接器	光纤接口，用于连接 BBU 或上级 RRU
	CPRI1	SFP 母型连接器	光纤接口，用于连接下级 RRU 或 BBU
	RTN（+）	快速安装型公型连接器	电源输入接口
	NEG（-）		

RRU5258 的指示灯的说明如表 10-9 所示。RRU5258 指示灯分为有 RUN、ALM、ACT、VSWR（电压驻波比）、CPRI0、CPRI1。其中，RUN 和 ALM 指示灯说明可参考表 10-3 的指示灯状态说明，ACT、VSWR 和 CPRI0、CPRI1 指示灯说明如表 10-9 所示。

表 10-9　RRU5258 的指示灯说明

指示灯	颜色	状态	含义
ACT	绿色	常亮	工作正常（发射通道打开或软件在未开工状态下进行加载）
		慢闪（1 s 亮，1 s 灭）	单板运行（发射通道关闭）
VSWR	红色	常灭	无 VSWR 告警
		常亮	有 VSWR 告警
CPRI0 CPRI1	红绿双色	绿灯常亮	CPRI 链路正常
		红灯常亮	光模块收发异常（可能原因：光模块故障、光纤折断等）
		红灯慢闪（1 s 亮，1 s 灭）	CPRI 失锁（可能原因：双模时钟互锁问题、CPRI 接口速率不匹配等）
		常灭	光模块不在位或者光模块电源下电

知识点 10.2.2　AAU 设备的功能及结构

AAU 是天线和射频单元的集成，主要包括无线单元（antenna unit，AU）、射频单元（radio unit，RU）、电源模块和物理层（L1）处理单元。AAU5258 的 AU 完成无线电波的发射与接收；RU 完成射频信号处理和上下行射频通道相位校正；电源模块用于向 AAU 提供工作电压；L1 处理单元提供 eCPRI 接口，实现 eCPRI 信号的汇聚与分发，完成 5G NR 协议物理层上下行处理，完成下行通道 I/Q 调制、映射和数字加权。

常见的 AAU 类型有支持 64T64R 的 AAU5613、AAU5619、AAU5636、AAU5636w、AAU5639；支持 32T32R 的 AAU5319、AAU5336、AAU5831。此处以 AAU5639 为例介绍 AAU 的相关接口和指示灯的内容。

AAU5639 的外观如图 10-22 所示，供电电压为 -48 V，支持 4 900 MHz 频段，64 通道，输出功率为 200 W，适用于室外宏站。

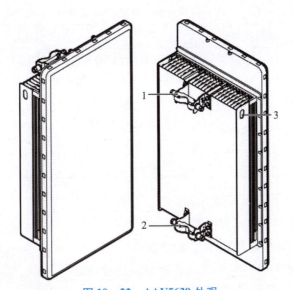

图 10 − 22 AAU5639 外观

1—安装件：上把手；2—安装件：下把手；3—防掉落安全加固孔

AAU5639 的物理接口与指示灯如图 10 − 23 所示。

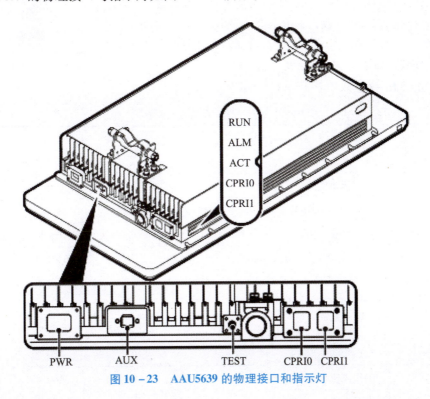

图 10 − 23 AAU5639 的物理接口和指示灯

AAU5639 接口说明如表 10 − 10 所示。

表 10 – 10　AAU5639 接口说明

接口标识	连接器类型	说明
CPRI0 CPRI1	DLC 连接器	光接口 0/1，速率为 10.312 5 Gb/s 或 25.781 25 Gb/s。安装光纤时需要在光接口上插入光模块
PWR	室外快锁电源连接器	–48 V 直流电源接口
AUX	DB15 公型连接器	天线信息感知单元（antenna information sensor unit, AISU）模块接口，承载 AISG 信号
TEST	N/A	预留接口，不可用

AAU5639 比 RRU 少了 1 个 VSWR 指示灯，其他的指示灯说明可以参照 RRU5258 的指示灯说明（表 10 – 9）。

知识点 10.2.3　GPS 设备功能及关键参数

基站通过 GPS 天线接收 GPS 信号，提取定时信息和位置信息。定时信息和位置信息通过 CPRI 接口上报 BBU。GPS 天馈系统包括 GPS 天线、安装支架、馈线、防雷器、信号放大器、功分器等器件。

北斗系统与 GPS 天馈系统的拓扑结构保持一致，接口共用，同时拉远方案也一致，只是接收频率不一样，GPS 的接收频率为 1 575.42 MHz，北斗的接收频率为 1 561.098 MHz，如图 10 – 24 所示。

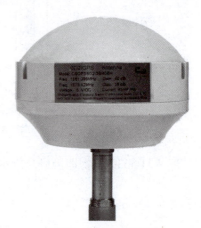

图 10 – 24　GPS 天线

GPS 天线的主要参数如表 10 – 11 所示。

表 10 – 11　GPS 天线的主要参数

频率范围/MHz	1 575.42 ± 5
增益/dBi	38 ± 2（含低噪声放大器）
直流供电压/V	4 ~ 6
供电电流/mA	≤45
天线接口方式	N(female)
天线尺寸（直径 × 高）/mm × mm	96 × 112
天线质量/kg	0.2
工作温度/℃	–40 ~ 85
储蓄温度/℃	–55 ~ 85
工作湿度（%）	95
工作风速/km · h⁻¹	140
极限风速/km · h⁻¹	200

若采用高灵敏度星卡 GPS，馈线的配置就与 GPS 馈线的长度有关了，而且在有分路器和无分路器两种不同的情况下，配置也不同。

知识点 10.3　基站设备的安装流程

知识点 10.3.1　BBU 设备的安装流程

在工程现场，BBU5900 设备的安装流程如下。

（1）BBU 挂耳调整安装。根据情况需求，调整 BBU 挂耳，拧紧螺钉，固定挂耳，如图 10 – 25 所示。

图 10 – 25　调整 BBU 挂耳

（2）BBU 接地线安装。制作接地线，连接至 BBU 接地点，如图 10 – 26 所示。

图 10 – 26　BBU 接地线安装

　（3）BBU 的安装。将 BBU5900 与安装孔位对齐，沿着滑道推入机架并拧紧 4 颗 M6 紧固螺钉，如图 10 – 27 所示。

　（4）连接 BBU 接地线。将 BBU 接地线连接至机柜接地排，如图 10 – 28 所示。

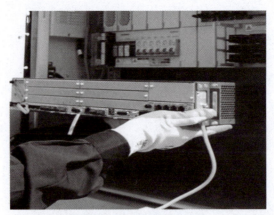

图 10-27　BBU 的安装

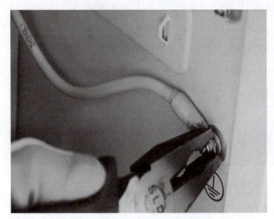

图 10-28　连接 BBU 接地线

知识点 10.3.2　AAU 设备的安装流程

一般来说，工程现场 AAU 设备的安装遵循图 10-29 所示的流程。

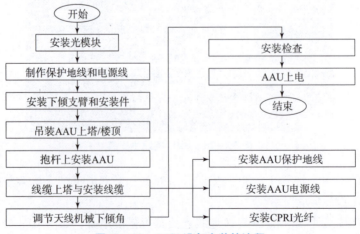

图 10-29　AAU 设备安装的流程

AAU设备安装的具体流程如下。

（1）安装光模块。在AAU的CPRIO接口插入光模块，保证光模块安装方向正确，沿水平方向将光模块轻轻推入插槽，直至光模块与插槽紧密接触且连接器已经完全插入，此时的连接器不会松动，如图10-30所示。关闭维护腔盖板，拧紧盖板螺丝，如图10-31所示。

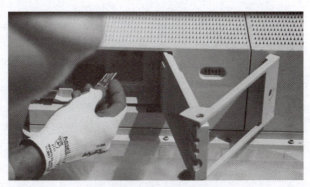

图10-30　安装光模块

图10-31　关闭并锁紧维护腔

（2）制作保护地线和电源线。

（3）安装下倾支臂和安装件。

首先，安装下倾支臂到上把手。拆卸AAU上把手或下把手外侧的螺栓，将下倾支臂的长臂端放置在AAU把手上，使其与待安装孔位对齐，然后将螺栓放入安装孔位并使用力矩扳手紧固，如图10-32所示。

图10-32　安装下倾支臂到上把手

接着，安装下主扣件至下把手。将下主扣件放置于 AAU 下把手处，使下把手与下主扣件的槽位对齐，然后将下主扣件的螺栓向下扣入孔位并紧固，如图 10-33 所示。

图 10-33　安装下主扣件至下把手

（4）AAU 上塔/楼顶。

吊装 AAU 上塔/楼顶分为使用卷扬机和不使用卷扬机两种情况，如图 10-34 所示。使用卷扬机吊装时安装人员 C 操作卷扬机，同时安装人员 B 控制牵引绳，以防 AAU 和铁塔发生磕碰；不使用卷扬机吊装时，安装人员 B、C、D 向下拉吊装绳；同时，安装人员 E 控制牵引绳，以防止 AAU 和铁塔发生磕碰。

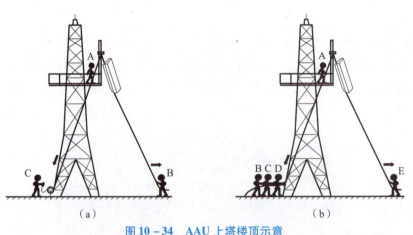

（a）　　　　　　　　　　　　　（b）

图 10-34　AAU 上塔楼顶示意
（a）使用卷扬机；（b）不使用卷扬机

（5）安装 AAU。将 AAU 挂入上主扣件卡槽中，紧固上主扣件与 AAU，紧固下主扣件与辅扣件，如图 10-35 所示。

图 10 – 35　安装 AAU

（6）线缆上塔与安装线缆。将光纤和电源线分别绑扎后，采用吊装形式上塔。依次安装 AAU 保护地线、AAU 电源线、CPRI 光纤。首先，因跳光纤和电源线。5G AAU 天线通常采用 1 卡 6 固定夹的方式固定光纤和电源线，线缆固定夹默认标准安装距离为 2 m 一个固定夹。然后，给电源线或者信号线安装线缆接地夹。通常的操作方法是剥去线缆外皮，安装接地夹铜片并绑扎，在接地夹处缠绕三层防水胶带和三层绝缘胶带，胶带应该先由下往上逐层缠绕，然后再从上往下逐层缠绕，最后又从下往上逐层缠绕。逐层缠绕胶带时，上一层覆盖下一层约 1/2。接地夹接地线与电缆夹角不大于 15°，在电缆垂直布放时，接地线的走向应该以上往下。

（7）调节天线机械下倾角。紧固上下主扣件后，拧松下倾支臂，转接组件螺栓，将倾角仪放置在 AAU 上，然后调整 AAU 的角度，直到倾角仪上显示的角度是需要的角度。角度调整完毕后，使用力矩扳手紧固转接组件螺栓。

（8）安装检查。检查 AAU 设备及线缆的安装是否符合规范要求。

（9）AAU 上电。AAU 上电前，先用万用表电阻挡测量外部接入电源和地间的电阻值，确保无短路现象，按照先给 BBU 上电，待 BBU 启动正常后，再给 AAU 上电的顺序进行上电操作。

技能训练

技能点 10　5G 基站设备安装调测

1. 训练内容

基于 IUV–5G 全网部署与优化教学仿真平台，完成 SA 组网模式下 5G 基站硬件设备的选型及安装，具体内容如下。

（1）5G 基站 BBU 设备及其单板的选型及安装。

（2）5G 基站 AAU 设备的选型及安装。

（3）5G 基站传输设备的选型及安装。

（4）5G 基站设备连接线缆的选型及安装。

2. 训练任务

扫描二维码，在线学习 5G 基站硬件设备安装的微课视频，整理操作步骤并填写在表 10–12 中。

5G SA 部署模式的基站硬件设备安装（IUV 仿真系统）

表 10–12　5G 基站硬件设备安装操作步骤表

序号	操作步骤	注意事项
1		
2		
3		
4		
5		
6		
7		
...		

任务考核

1. 知识练习

（1）（单选题）AAU 天线连接至 BBU 设备采用的线缆是（　　）。

A. 网线　　　　　　B. 光纤　　　　　　C. 同轴电缆　　　　D. 电源线

（2）（单选题）如果 UBBP 板的 ALM 指示灯为红色慢闪，则表示（　　）。

A. 有告警，需要更换单板

B. 无故障

C. 有告警，不能确定是否需要更换单板

D. 有告警，且发生光纤接口故障

（3）（多选题）BBU 设备包含哪些单板？（　　）

A. 基带处理板　　　B. 风扇板　　　　　C. 电源板　　　　　D. 控制板

（4）（多选题）BBU 和 RRU 设备之间采用（　　）协议进行通信。

A. CPRI　　　　　　B. eCPRI　　　　　C. GTP - U　　　　D. TCP/IP

（5）（多选题）AAU 设备需要安装的线缆包括（　　）。

A. 保护地线　　　　B. CPRI 光纤　　　C. 电源线　　　　　D. 网线

（6）（判断题）基站设备组成结构中不需要 GPS 天线。　　　　　　　　（　　）

（7）（判断题）BBU 具有上行/下行数据基带处理功能，并提供与射频模块通信的接口。

（　　）

（8）（简答题）简述 eCPRI 接口降低前传带宽的基本原理。

（9）（简答题）简述 BBU 的基本功能。

（10）（简答题）简述 BBU 设备安装的基本流程及注意事项。

（11）（简答题）简述 AAU 设备安装的基本流程及注意事项。

2. 任务评价

完成任务 10 的学习后，请根据学习反馈情况完成针对任务 10 的个人自评表（表 10 - 13）、小组评价表（表 10 - 14）、教师评价表（表 10 - 15）的填写。

表 10 - 13　个人自评表

姓名：		评价日期：		
序号	评价内容	考核评价指标		评价结果
1	学习态度（10%）	（1）能够积极、主动、认真完成本任务的全部学习要求，可以获得 9～10 分； （2）能够根据要求按时完成本任务的大部分学习要求，可以获得 6～8 分； （3）能够完成本任务的小部分学习要求，可以获得 1～5 分		
2	线上课前学习任务（20%）	（1）能够完成全部课前学习任务，很好地掌握相关基础知识，可得 17～20 分； （2）能够完成大部分课前学习任务，可以大概理解本任务的相关知识内容，可以获得 12～16 分； （3）能够完成少量课前学习任务，对与本任务相关的知识内容了解得不多，可以获得 1～11 分		
3	线下课堂活动（50%）	（1）能够积极配合教师和小组的活动安排，承担相应的职责，及时完成全部课堂学习任务，可以获得 41～50 分； （2）能够按照要求完成大部分课堂学习任务，可以获得 31～40 分； （3）能够按照要求完成部分课堂学习任务，可以获得 1～30 分		
4	课后作业（20%）	（1）能够按时、认真、高质量完成全部课后作业，可以获得 17～20 分； （2）能够依照教师要求完成大部分课后作业，可以获得 12～16 分； （3）能够完成部分课后作业，可以获得 1～11 分		
5	在本任务的学习中收获了什么？还存在哪些不足			

表 10 − 14　小组评价表

小组名称：		小组成员：	
个人姓名：		小组分工：	
序号	评价内容	考核评价指标	评价结果
1	明确任务（10%）	（1）能够清晰、明确地知道需要承担的小组职责，可以获得 9 ~ 10 分； （2）能够大概知道需要承担的小组职责，可以获得 5 ~ 8 分； （3）能够知道少部分能够承担的小组职责，可以获得 1 ~ 4 分	
2	团队配合（20%）	（1）能够服从小组任务分配，积极较好地完成职责要求，可以获得 17 ~ 20 分； （2）能够基本服从小组任务分配，按照要求完成职责任务，可以获得 12 ~ 16 分； （3）在小组中配合度一般，完成部分小组职责，可以获得 1 ~ 11 分	
3	合作探究（50%）	（1）学习思路清晰，能够熟练完成基站设备的安装任务，在团队技能训练中起到示范主导作用，可以获得 41 ~ 50 分； （2）能够在同伴帮助下，基本完成基站设备安装任务，可以获得 31 ~ 40 分； （3）完成部分基站设备安装任务，实践操作能力欠佳，可以获得 1 ~ 30 分	
4	伙伴关系（20%）	（1）沟通能力强，能够积极为小组成员提供帮助，可以获得 17 ~ 20 分； （2）有一定的沟通能力，能够配合完成基本的团队任务，可以获得 12 ~ 16 分； （3）沟通能力不足，与团队其他成员的沟通较少，可以获得 1 ~ 11 分	
5	其他加分项		
小组组长：		评价日期：	

表 10－15　教师评价表

小组名称：		小组组长：		
序号	评价内容	考核评价指标		评价结果
1	学习态度 （10%）	（1）学习态度端正，不迟到早退，遵守课堂纪律，积极主动地完成各项任务，热心帮助他人，可以获得 9～10 分； （2）学习态度较为认真，能够按照要求配合完成学习任务，可以获得 6～8 分； （3）学习态度一般，偶尔有违反课堂纪律的现象，可以获得 1～5 分		
2	课前学习任务 （20%）	根据在线学习平台的统计数据进行计分登记		
3	小组探究学习活动 （50%）	（1）组长责任心强，能够安排小组成员在协作、互助的良好氛围下进行充分的讨论、探究，使大家可以高质量完成基站设备的安装训练，可以获得 41～50 分； （2）组长能够安排小组任务，可以按照要求完成基站设备安装的基本任务，可以获得 31～40 分； （3）组长能力一般，不能妥善安排任务，不能全部完成基站设备安装任务，可以获得 1～30 分		
4	课后学习任务 （20%）	（1）作业质量好，能够较好地反映出该学生对知识和技能掌握牢固，有自己的理解和看法，可以获得 17～20 分； （2）作业质量尚可，能够反映出该学生对知识和技能的掌握情况良好，可以获得 12～16 分； （3）作业质量一般，能够反映出该学生对知识和技能的掌握还存在一定的不足，需要进行补充学习，可以获得 1～11 分		
5	其他加分项			
教师姓名：		评价日期：		

模块五

5G 无线站点调试

任务 11　5G 基站数据配置

情境引入

2023 年是《5G 应用"扬帆"行动计划（2021—2023 年）》的收官之年。工业和信息化部计划在"十四五"期间建设超过 1 万个 5G 工厂，持续拓展工业、矿业、电力、港口等先导领域应用规模，深入挖掘医疗、教育、文旅等试点领域典型应用场景，打造"5G + 工业互联网"升级版。

现在，5G 应用已广泛融入 97 个国民经济大类中的 67 个，已成为千行百业数字化转型的创新引擎，助力服务更深层次经济社会高质量发展。

中国移动携手中国平煤神马集团、中兴通信股份有限公司等打造全国首个超千米"5G + 煤炭绿色安全开发"项目，如图 11 - 1 所示。该项目落地 5G 井下采煤掘进、5G 井上

图 11 - 1　中国平煤神马集团"5G + 煤炭绿色安全开发"项目

选煤、5G 虚拟实训等应用，全面提升了矿山数字化生产水平。该项目的基站为矿山行业量体裁衣，其中使用的设备不用准备防爆箱，无火花风险，可以大幅降低施工难度与安全风险，打造本质安全、轻量灵活、融合可控的 5G 底座；千米深井掘进机可以进行可视化遥控作业和常态运行，使一线煤炭工人能够远离高地温、高地压、高瓦斯的工作面。

5G 的应用离不开基站的建设。本章主要介绍基站工程师对 5G 基站进行数据配置的过程。

🌀 任务要求

知识目标

（1）知道核心网、无线网、承载网数据配置和业务调试的方法。

（2）能够说出并解释核心网、无线网、承载网数据配置和业务调试的流程和关键步骤。

技能目标

（1）能够根据实际情况进行核心网、无线网、承载网数据配置和业务调试。

（2）能够处理核心网、无线网、承载网数据配置和业务调试中出现的各种问题。

素质目标

（1）遵守基站数据配置和业务调试的工程规范。

（2）养成自主学习的良好习惯。

（3）培养吃苦耐劳、爱岗敬业、精益求精的职业精神。

（4）尊重他人、积极参与小组任务。

🌀 知识地图

5G 基站数据配置知识地图如图 11 - 2 所示。

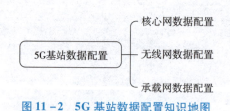

图 11 - 2　5G 基站数据配置知识地图

🌀 知识积累

知识点 11　基站数据配置流程

基站数据配置流程分为核心网数据配置、无线网数据配置、承载网数据配置三个步骤。

核心网数据配置包含对核心网重要网元的数据配置。此处以 Option3x 的部署方式为例展开介绍。在 Option3x 的部署方式中，核心网采用的是 EPC。EPC 的网元包含 MME、SGW、PGW、归属用户服务器（home subscriber server，HSS）等，而核心网数据配置就是对这些重要网元的数据配置，如图 11-3 所示。

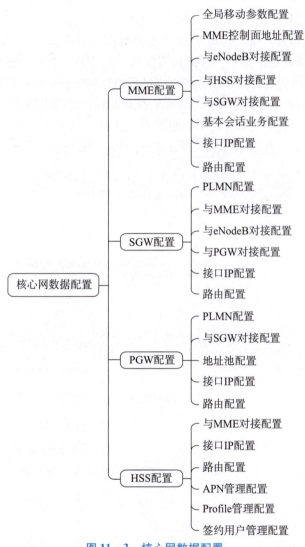

图 11-3 核心网数据配置

MME 配置包含全局移动参数配置、MME 控制面地址配置、与 eNodeB 对接配置、与 HSS 对接配置、与 SGW 对接配置、基本会话业务配置、接口 IP 配置和路由配置。在 Option3x 部署方式中，MME 网元和 4G 基站 eNodeB、HSS 网元、SGW 网元都存在交互，所以都要进行相应的对接配置。因为 MME 网元要负责网络的移动性管理和会话管理，所以需要对其进行 MME 控制面地址配置和基本会话业务配置。

SGW 配置包含 PLMN 配置、与 MME 对接配置、与 eNodeB 对接配置、与分组数据网络网关（packet data net work gateway，PGW）对接配置、接口 IP 配置和路由配置。在 Option3x 部署方式中，SGW 网元和 4G 基站 eNodeB、MME 网元、PGW 网元都存在交互，所以都要进行相应的对接配置。

PGW 配置包含 PLMN 配置、与 SGW 对接配置、地址池配置、接口 IP 配置和路由配置。在 Option3x 部署方式中，PGW 网元只和 SGW 网元存在交互，所以只需要进行与 SGW 的对接配置。

HSS 配置包含与 MME 对接配置、接口 IP 配置、路由配置、接入点名称（access point name，APN）管理配置、Profile 管理配置和签约用户管理配置。在 Option3x 部署方式中，HSS 网元只和 MME 网元存在交互，所以只需要进行与 MME 的对接配置。HSS 网元存储网络中用户所有与业务相关的签约数据，可以提供用户签约信息管理和用户位置管理，所以这里需要对 HSS 网元进行 APN 管理配置、Profile 管理配置和签约用户管理配置。

无线网数据配置包含对 BBU 和 AAU 的配置。这里以 Option3x 部署方式为例进行介绍。在 Option3x 部署方式中，4G 基站和 5G 基站共存，所以需要对 4G BBU 和 5G BBU 分别进行配置，如图 11 - 4 所示。

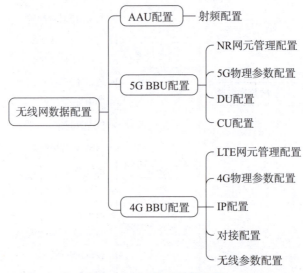

图 11 - 4　无线网数据配置

AAU 的配置就是对射频单元的配置。4G BBU 的配置包含 LTE 网元管理配置、4G 物理参数配置、IP 配置、对接配置和无线参数配置。

5G BBU 集成了 CU 和 DU，CU、DU 为基带设备，共同完成 5G 基带协议处理的全部功能。其中 CU 负责高层基带协议处理并提供与核心网之间的回传接口；DU 完成底层基带协议处理并提供与 5G AAU 之间的前传接口。CU 与 DU 之间通过 F1 接口交互，所以 5G BBU 的配置除了包含 NR 网元管理配置和 5G 物理参数配置，还包含 DU 配置和 CU 配置。

在配置 5G BBU 的时候，由于没有配置回传网关，承载网数据配置需要对 SPN 进行一些接口的配置，具体包括物理接口配置、逻辑接口配置和开放最短通路优先协议（open shortest path first，OSPF）路由配置，如图 11 - 5 所示。OSPF 是一种链路状态路由协议，在网络中使用 OSPF 后，大部分路由将由 OSPF 自行计算和生成，不用网络管理员手动配置，当网络拓扑结构发生变化时，协议可以自动计算、更正路由，极大地方便了网络管理。

图 11 - 5 承载网数据配置

技能训练

技能点 11.1 核心网数据配置

1. 训练内容

基于 IUV – 5G 全网部署与优化教学仿真平台，完成 5G 核心网数据配置，具体内容如下。

（1）能够正确完成核心网数据配置。

（2）能够排查常见的数据配置故障。

（3）两人一组轮换操作，完成实验报告并总结实验心得。

5G 基站数据配置的前提是要已经完成 5G 基站的硬件设备安装工作。该部分内容在任务 10 中的 5G 基站设备安装调测技能点中已经进行了讲解，具体步骤可参考该技能点中的内容，这里不再赘述。下面将逐步讲解核心网数据配置的具体流程。

步骤 1：打开软件后先选择窗口下端的"网络配置"选项，再选择"数据配置"选项，如图 11 – 6 所示。

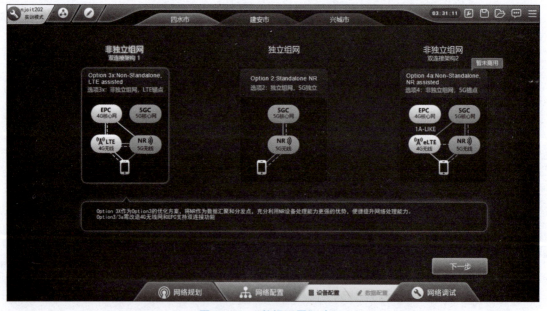

图 11 – 6 "数据配置"窗口

步骤 2：进入"数据配置"窗口后，先在窗口上端网络的下拉列表框中选择"核心网"选项，然后从机房的下拉列表框中选择"建安市核心网机房"选项，如图 11 – 7 所示。

图 11-7　核心网机房选择

　　进入"建安市核心网机房"窗口后，可以看到左上方的"网元配置"选项组里已经有了相应的设备，这些设备都是在之前进行基站硬件设备安装时配置好的，而核心网数据配置就是对这些核心网的设备进行数据配置。

　　在实训模式下，交换机是不需要进行配置的，所以不需要配置 SWITCH1 和 SWITCH2。

　　步骤3：首先进行 MME 的配置。选择 MME 选项，窗口左侧就会展示相应的参数，如图11-8 所示。

图 11-8　MME 配置参数展示

步骤 3-1：选择 MME 选项组下的"全局移动参数"选项，进行"全局移动参数"的配置，如图 11-9 所示。"全局移动参数"包括"MCC 移动国家码""MNC 移动网号""CC 国家号""NDC 国家目的码"等。如果有多个 MME，则可以组成群组，每个群组都有自己的编号，这个编号就是"MME 群组 ID"。另外，每个群组里也会有若干个 MME，每个 MME 都有自己的编码，这个编码就是"MME 代码"。如果只有一个 MME，那么这两个参数都填写 1。这些参数的配置需要根据实际的规划数据进行填写。注意，将数据填写完成后，一定要单击"确定"按钮，否则配置便无法生效。

图 11-9 "全局移动参数"的配置

步骤 3-2：选择 MME 选项组下的"MME 控制面地址"选项，进行"MME 控制面地址"的配置，如图 11-10 所示。"MME 控制面地址"只包括一个参数，即"设置 MME 控制面地址"。

图 11-10 "MME 控制面地址"的配置

步骤3－3：选择 MME 选项组下的"与 eNodeB 对接配置"选项，该选项下面会出现两个子选项，首先选择"eNodeB 偶联配置"选项。可以单击窗口上方的"＋"按钮进行新建操作，需要几个偶联配置就新建几个。"eNodeB 偶联配置"参数包括 SCTP ID、"本地偶联IP"、"本地偶联端口号"等，如图 11－11 所示。

图 11－11　"eNodeB 偶联配置"参数

接下来，选择 MME 选项组下的"TA 配置"选项。可以单击窗口上方的"＋"按钮进行新建操作，需要几个 TA 就新建几个。"TA 配置"参数包括 TAID、MCC、MNC、TAC 等，如图 11－12 所示。

图 11－12　"TA 配置"参数

步骤3-4：选择 MME 选项组下的"与 HSS 对接配置"选项，该选项下面会出现两个子选项，首先选择"增加 diameter 连接"选项。可以单击窗口上方的"＋"按钮进行新建操作，需要几个 diameter 连接就新建几个。"增加 diameter 连接"参数包括"连接 ID""偶联本端 IP""偶联本端端口号"等，如图 11-13 所示。

图 11-13 "增加 diameter 连接"参数

接下来，选择"号码分析配置"选项。可以单击窗口上方的"＋"按钮进行新建操作，需要几个号码分析就新建几个。"号码分析配置"参数包括"分析号码"和"连接 ID"，如图 11-14 所示。

图 11-14 "号码分析配置"参数

步骤3-5：选择 MME 选项组下的"与 SGW 对接配置"选项，其参数包括"MME 控制面地址"和"SGW 管理的跟踪区 TAID"，如图 11-15 所示。

图 11-15　"与 SGW 对接配置"参数

步骤 3-6：选择 MME 选项组下的"基本会话业务配置"选项，该选项下面会出现 4 个子选项。由于这里没有对 MME 进行组 POOL，因此，只需要对前两个子选项进行配置。首先选择"APN 解析配置"选项。由于 MME 和 PGW 没有直接进行通信，因此，需要通过 APN 来解析 PGW 的控制面地址。可以单击窗口上方的"＋"按钮进行新建操作，需要几个 APN 解析就新建几个。"APN 解析配置"参数包括 APN、"解析地址""业务类型""协议类型"等，如图 11-16 所示。注意，APN 这个参数有范本，只要把光标移动到该参数下，就会出现范本。

图 11-16　"APN 解析配置"参数

接下来，选择"EPC 地址解析配置"选项。可以单击窗口上方的"＋"按钮进行新建操作，需要几个就新建几个。"EPC 地址解析配置"参数包括"名称""解析地址""业务类型"等，如图 11－17 所示。注意，"名称"这个参数有范本，只要把光标移动到该参数下，范本就会出现。

图 11－17 "EPC 地址解析配置"参数

步骤 3－7：选择 MME→"基本会话业务配置"→"接口 IP 配置"选项，可以单击窗口上方的"＋"按钮进行新建操作，需要几个就新建几个。"接口 IP 配置"参数包括"接口ID""槽位""端口""IP 地址"等，如图 11－18 所示。

图 11－18 "接口 IP 配置"参数

步骤 3 - 8：选择 MME→"基本会话业务配置"→"路由配置"选项，可以单击窗口上方的"＋"按钮进行新建操作，需要几个就新建几个。路由配置有两种方式：默认路由配置和具体路由配置。这里可以采用比较简单的默认路由配置方式。"路由配置"参数包括"路由 ID""目的地址""掩码""下一跳"等，如图 11 - 19 所示。在默认路由配置方式中，需要将"下一跳"参数配置成交换机的路由地址。

图 11 - 19　"路由配置"参数

至此，MME 的数据配置就结束了。下面对 SGW 进行数据配置。

步骤 4：选择 SGW 选项后，窗口左侧就会展示相应的参数，如图 11 - 20 所示。

图 11 - 20　SGW 数据配置

步骤4-1：选择 SGW 选项组下的"PLMN 配置"选项，其参数包括 MCC 和 MNC。这两个参数在 MME 的数据配置中已经配置过，这里要和此前的配置保持一致。

步骤4-2：选择 SGW 选项组下的"与 MME 对接配置"选项，其参数为 s11-gtp-ip-address，如图 11-21 所示。

图 11-21 "与 MME 对接配置"参数

步骤4-3：选择 SGW 选项组下的"与 eNodeB 对接配置"选项，参数为 s1u-gtp-ip-address，如图 11-22 所示。

图 11-22 "与 eNodeB 对接配置"参数

步骤4-4：选择SGW选项组下的"与PGW对接配置"选项，参数为s5s8-gtpc-ip-address和s5s8-gtpu-ip-address，如图11-23所示。与PGW对接的接口分为控制面接口和用户面接口两种，这里的gtpc对应控制面接口，gtpu对应用户面接口。

图11-23 "与PGW对接配置"参数

步骤4-5：选择SGW选项组下的"接口IP配置"选项，可以单击窗口上方的"+"按钮进行新建操作，需要几个就新建几个。"接口IP配置"参数包括"接口ID""槽位""端口""IP地址"等，如图11-24所示。

图11-24 "接口IP配置"参数

步骤4-6：选择SGW选项组下的"路由配置"选项，可以单击窗口上方的"＋"按钮进行新建操作，需要几个就新建几个。路由配置有两种方式：默认路由配置和具体路由配置。这里依然可以采用比较简单的默认路由配置方式。"路由配置"参数包括"路由ID""目的地址""掩码""下一跳"等，如图11－25所示。在默认路由配置方式中，需要将"下一跳"参数配置成交换机的路由地址。

图11－25 "路由配置"参数

至此，SGW的数据配置就结束了。下面对PGW进行数据配置。

步骤5：选择PGW选项后，窗口左侧就会展示相应的参数，如图11－26所示。

图11－26 PGW数据配置

步骤 5 – 1：选择 PGW 选项组下的"PLMN 配置"选项，其参数包括 MCC 和 MNC，如图 11 – 27 所示。

图 11 – 27　"PLMN 配置"参数

步骤 5 – 2：选择 PGW 选项组下的"与 SGW 对接配置"选项，参数为 s5s8 – gtpc – ip – address 和 s5s8 – gtpu – ip – address，如图 11 – 28 所示。与 SGW 对接的接口分为控制面接口和用户面接口两种，这里的 gtpc 对应控制面接口，gtpu 对应用户面接口。

图 11 – 28　"与 SGW 对接配置"参数

步骤5-3：选择 PGW 选项组下的"地址池配置"选项，参数有"地址池 ID"、APN、"地址池起始地址"、"地址池终止地址"等，如图 11-29 所示。因为 PGW 有给用户分配 IP 的功能，所以 PGW 存在地址池，需要对该地址池进行配置。

图 11-29 "地址池配置"参数

步骤5-4：选择 PGW 选项组下的"接口 IP 配置"选项，可以单击窗口上方的"+"按钮进行新建操作，需要几个就新建几个。"接口 IP 配置"参数包括"接口 ID""槽位""端口""IP 地址"等，如图 11-30 所示。

图 11-30 "接口 IP 配置"参数

步骤5－5：选择PGW选项组下的"路由配置"选项，可以单击窗口上方的"＋"按钮进行新建操作，需要几个就新建几个。路由配置有两种方式：默认路由配置和具体路由配置，这里依然可以采用比较简单的默认路由配置方式。"路由配置"参数包括"路由ID""目的地址""掩码""下一跳"等，如图11－31所示。

图11－31 "路由配置"参数

至此，PGW的数据配置就结束了。下面对HSS进行数据配置。

步骤6：选择HSS选项后，窗口左侧就会展示相应的参数，如图11－32所示。

图11－32 HSS数据配置

241

步骤 6 - 1：选择 HSS 选项组下的 "与 MME 对接配置" 选项，可以单击窗口上方的 "＋" 按钮进行新建操作，需要几个就新建几个。"与 MME 对接配置" 参数包括 SCTP ID "Diameter 偶联本端 IP"、"Diameter 偶联本端端口号" 等，如图 11 - 33 所示。

图 11 - 33　"与 MME 对接配置" 参数

步骤 6 - 2：选择 HSS 选项组下的 "接口 IP 配置" 选项，可以单击窗口上方的 "＋" 按钮进行新建操作，需要几个就新建几个。"接口 IP 配置" 参数包括 "接口 ID" "槽位" "端口" "IP 地址" 等，如图 11 - 34 所示。

图 11 - 34　"接口 IP 配置" 参数

步骤 6 - 3：选择 HSS 选项组下的"路由配置"选项，可以单击窗口上方的" + "按钮进行新建操作，需要几个就新建几个。路由配置有两种方式：默认路由配置和具体路由配置。"路由配置"参数包括"路由 ID""目的地址""掩码""下一跳"等，如图 11 - 35 所示。

图 11 - 35 "路由配置"参数

步骤 6 - 4：选择 HSS 选项组下的"APN 管理"选项，可以单击窗口上方的" + "按钮进行新建操作，需要几个就新建几个。"APN 管理"参数包括 APN ID、APN - NI、"Qos 分类识别码""ARP 优先级"等，如图 11 - 36 所示。

图 11 - 36 "APN 管理"参数

步骤 6 - 5：选择 HSS 选项组下的 "Profile 管理" 选项，可以单击窗口上方的 " + " 按钮进行新建操作，需要几个就新建几个。"Profile 管理" 参数包括 Profile ID、"对应 APNID" "EPC 频率选择优先级" 等，如图 11 - 37 所示。

图 11 - 37 "Profile 管理" 参数

步骤 6 - 6：选择 HSS 选项组下的 "签约用户管理" 选项，可以单击窗口上方的 " + " 按钮进行新建操作，需要几个就新建几个。"签约用户管理" 参数包括 IMSI、MSISDN、Profile ID 等，如图 11 - 38 所示。

图 11 - 38 "签约用户管理" 参数

至此，核心网的数据配置就全部完成了。

2．训练任务

学习核心网数据配置的训练内容，整理操作步骤并填写在表 11 –1 中。

表 11 –1 核心网数据配置操作步骤

序号	操作步骤	注意事项
1		
2		
3		
4		
5		
6		
7		
8		
9		
10		
11		
12		
13		
14		
15		
16		
17		
18		
19		
…		

技能点 11.2　无线网数据配置

无线网数据配置

1．训练内容

基于 IUV –5G 全网部署与优化教学仿真平台完成 5G 无线网数据配置，具体内容如下。

（1）能够正确完成无线网数据配置。

（2）能够排查常见的数据配置故障。

（3）两人一组轮换操作，完成实验报告并总结实验心得。

5G 基站数据配置的前提是完成 5G 基站的硬件设备安装工作。该部分内容在任务 10 中的

5G 基站设备安装调测技能点中已经进行了讲解，具体步骤可参考该技能点中的内容，这里不再赘述。接下来，将介绍无线网数据配置的具体操作步骤。

步骤 1：打开软件，先选择窗口下端的"网络配置"选项，再选择"数据配置"选项，如图 11 - 39 所示。

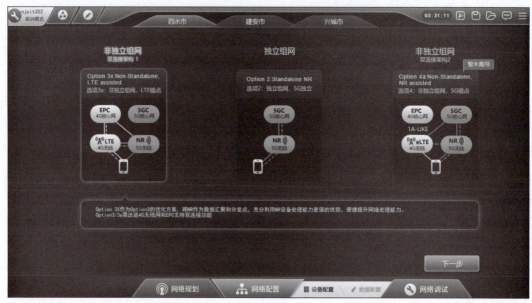

图 11 - 39 "数据配置"窗口

步骤 2：进入"数据配置"窗口后，在窗口上端网络的下拉列表框中选择"无线网"选项；同时，在机房的下拉列表框中选择"建安市 B 站点无线机房"选项，如图 11 - 40 所示。

图 11 - 40 无线网机房选择

进入"建安市 B 站点无线机房"窗口后，可以看到左上方的"网元配置"选项组里已经有了相应的设备，这些设备都是在之前进行基站硬件设备安装时配置好的，而无线网数据配置就是对这些无线网的设备进行数据配置。

这些设备中有 6 个 AAU，应先对 AAU 进行数据配置。

步骤 3：选择 AAU1 选项，窗口左侧就会展示相应的参数，如图 11 – 41 所示。

图 11 – 41　AAU1 配置参数展示

选择 AAU1 选项组下的"射频配置"选项，如图 11 – 42 所示。"射频配置"参数包括"支持频段范围"和"AAU 收发模式"。参数的配置需要根据实际的规划数据进行填写。注意，填完数据后，一定要单击"确定"按钮，否则使配置使无法生效。

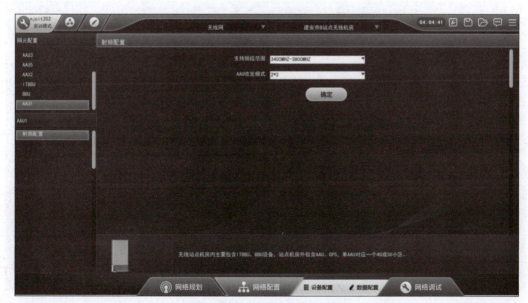

图 11 – 42　"射频配置"参数

根据规划，这 6 个 AAU 的数据配置都相同，所以对 AAU2～AAU6 重复进行上述操作即可，这里不再赘述。至此，AAU 的配置全部完成了。

下面对 BBU 进行配置。这里的 BBU 有 5G BBU（ITBBU）和 4G BBU（BBU）。由于 4G BBU 的数据要和 5G BBU 的数据进行关联，因此这里首先对 5G BBU 进行配置。

步骤 4：选择 ITBBU 选项后，窗口左侧就会展示相应的参数，如图 11－43 所示。

图 11－43　ITBBU 配置参数展示

步骤 4－1：选择 ITBBU 选项组下的"NR 网元管理"选项，如图 11－44 所示。"NR 网元管理"参数包括"网元类型""基站标识"、PLMN、"网络模式"等。

图 11－44　"NR 网元管理"参数

步骤4-2：选择ITBBU选项组下的"5G物理参数"选项，如图11-45所示。"5G物理参数"包括"AAU链路光口使能""承载链路端口"等。这里的三个"AAU链路光口使能"参数都要选择"使能"，否则AAU之间的光口就会不通。

图11-45　"5G物理参数"

步骤4-3：选择ITBBU选项组下的DU选项，该选项下会出现4个子选项，分别是"DU对接配置""DU功能配置""物理信道配置""测量与定时器开关"，如图11-46所示。

图11-46　DU数据配置

步骤4-3-1：先选择ITBBU→DU→"DU对接配置"选项，然后"DU对接配置"选项下还有"以太网接口""IP配置""SCTP配置"和"静态路由"子选项，对这4个选项分别进行配置。由于DU只和CU进行对接，它没有和BBU及核心网进行对接，"静态路由"不需要进行配置。"以太网接口""IP配置""SCTP配置"参数分别如图11-47~图11-49所示。

图11-47 "以太网接口"参数

图11-48 "IP配置"参数

图 11 - 49　"SCTP 配置"参数

步骤 4 - 3 - 2：选择 ITBBU→DU→"DU 功能配置"选项，"DU 功能配置"选项下还有"DU 管理""Qos 业务配置""RLC 配置""网络切片配置""扇区载波""DU 小区配置""接纳控制配置""BWPUL 参数""BWPDL 参数"选项。其中，"Qos 业务配置""RLC 配置""网络切片配置""扇区载波"参数不需要配置，应先进行"DU 管理"参数配置，如图 11 - 50 所示。

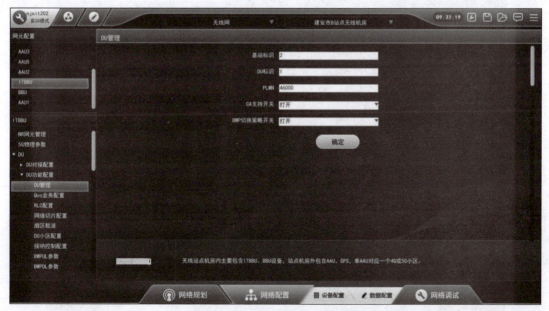

图 11 - 50　"DU 管理"参数配置

　　然后进行"DU 小区配置"。按照规划，DU 需要划分成 3 个小区，所以需要进行 3 个 DU 小区配置。可以单击窗口上方的"＋"按钮进行新建操作，需要几个就新建几个。"DU 小区 1""DU 小区 2""DU 小区 3"参数配置分别如图 11 –51 ~ 图 11 –53 所示。

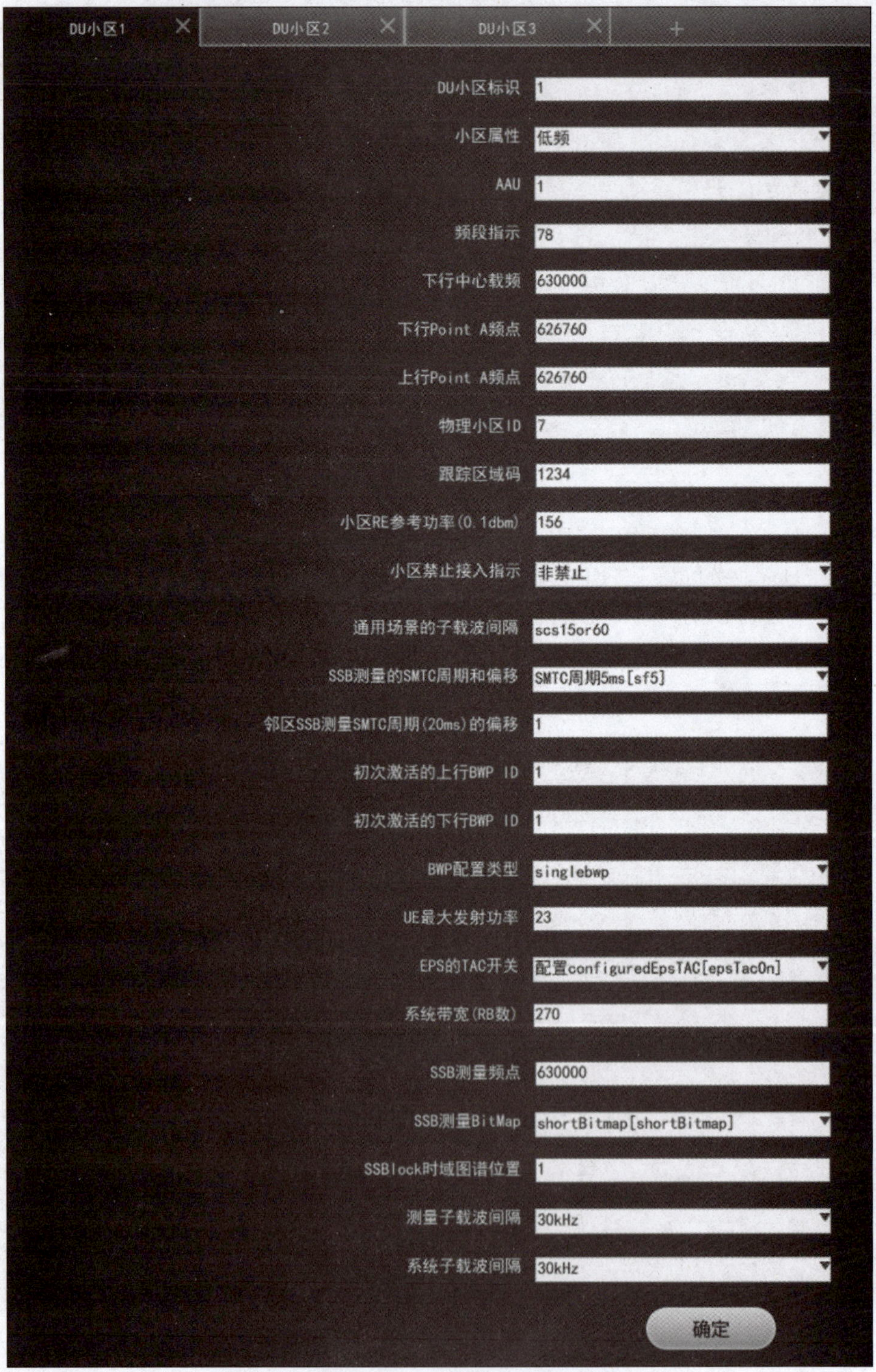

图 11 –51　"DU 小区 1"参数配置

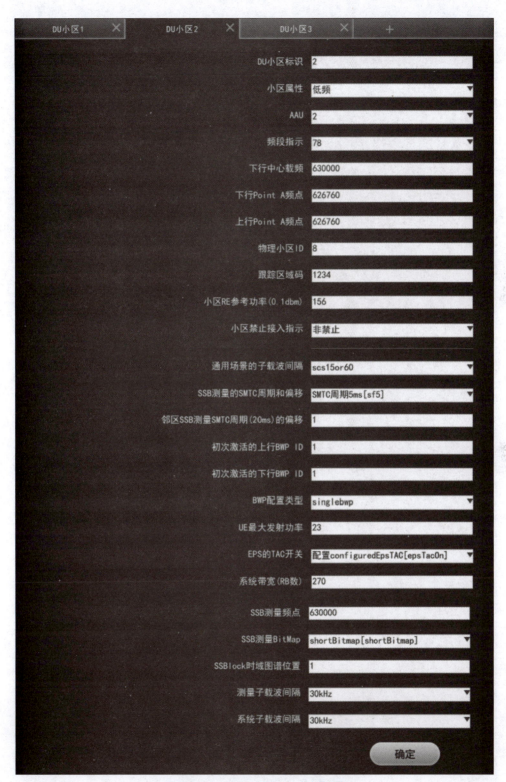

图 11－52 "DU 小区 2"参数配置

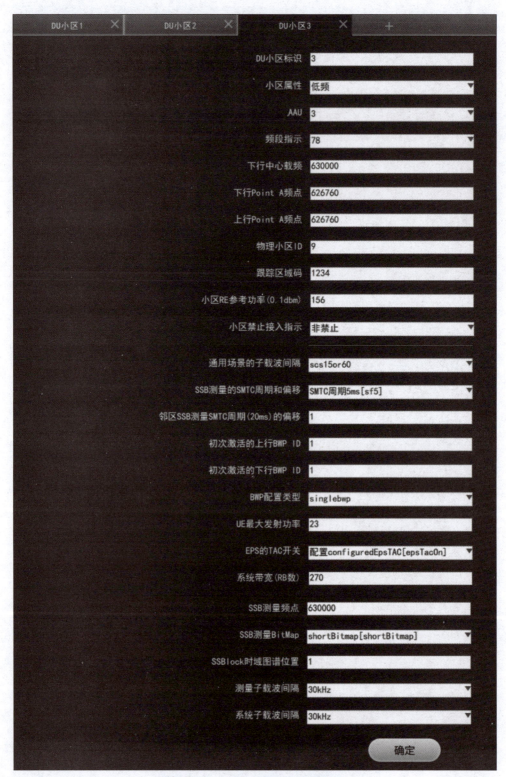

图 11-53 "DU 小区 3"参数配置

待"DU 小区配置"完成之后，再进行"接纳控制配置"。选择 ITBBU→DU→"接纳控制配置"选项，可以单击窗口上方的"＋"按钮进行新建操作，需要几个就新建几个。其参数如图 11 – 54 所示。

图 11 – 54　"接纳控制配置"参数

等"接纳控制配置"完成之后，再进行"BWPUL 参数"的配置。选择 ITBBU→DU→"DU 功能配置"→"BWPUL 参数"选项，可以单击窗口上方的"＋"按钮进行新建操作，需要几个就新建几个，这里需要新建 3 个 BWPUL。在填写"BWPUL 参数"时需要注意，"上行 BWP RB 个数"在 3 个 BWPUL 中也需要保持一致，还需要和后续的"BWPDL 参数"中的"下行 BWP RB 个数"保持一致。BWPUL1、BWPUL2、BWPUL3 参数分别如图 11 – 55 ~ 图 11 – 57 所示。

图 11 – 55　BWPUL1 参数

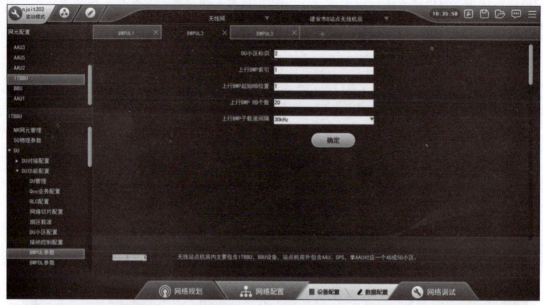

图 11 – 56　BWPUL2 参数

图 11 – 57　BWPUL3 参数

　　"BWPDL 参数"的配置类似于"BWPUL 参数"的配置，这里不再赘述。BWPDL1、BWPDL2、BWPDL3 参数分别如图 11 – 58 ~ 图 11 – 60 所示。

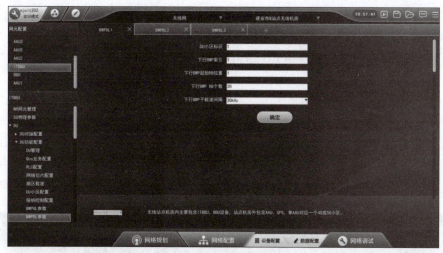

图 11－58　BWPDL1 参数

图 11－59　BWPDL2 参数

图 11－60　BWPDL3 参数

步骤 4 – 3 – 3：选择 ITBBU→DU→"物理信道配置"选项，"物理信道配置"选项下还有"PUCCH 信道配置""PUSCH 信道配置""PRACH 信道配置""SRS 公用参数""PDCCH 信道配置""PDSCH 信道配置""PBCCH 信道配置"选项，根据规划，只需要配置"PRACH 信道配置"和"SRS 公用参数"。

选择 ITBBU→DU→"物理信道配置"→"PRACH 信道配置"选项，可以单击窗口上方的"＋"按钮进行新建操作，需要几个就新建几个，这里需要新建 3 个。该配置参数比较多，配置时需要细心。在众多参数中，"起始逻辑根序列索引"这个参数要确保不能重复，3 个小区可以分别定义为 1，2，3。其他参数的配置根据实际的规划数据进行填写，或者填写默认数据。PRACH1、PRACH2、PRACH3 参数分别如图 11 – 61 ~ 图 11 – 63 所示。

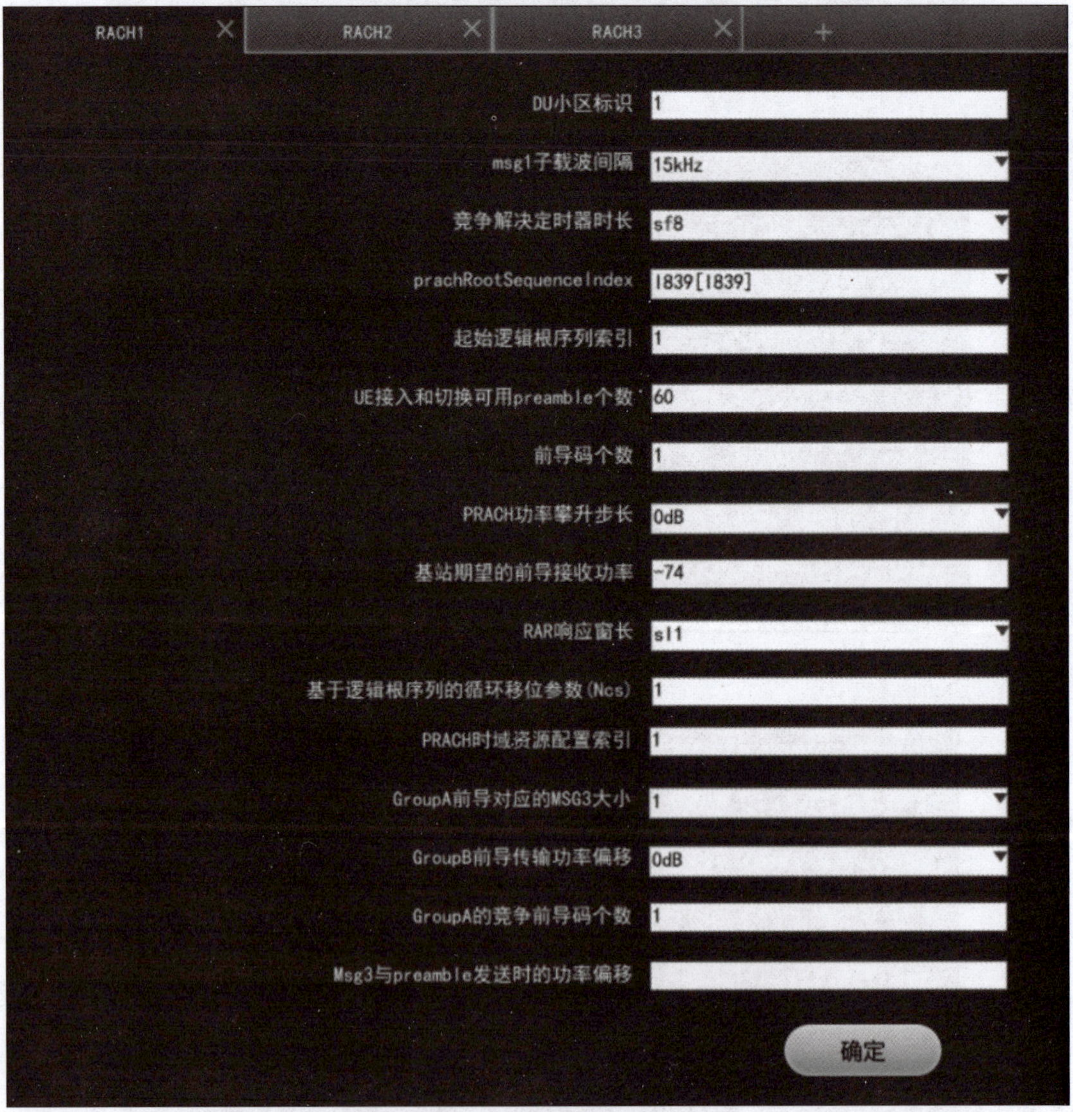

图 11 – 61　PRACH1 参数

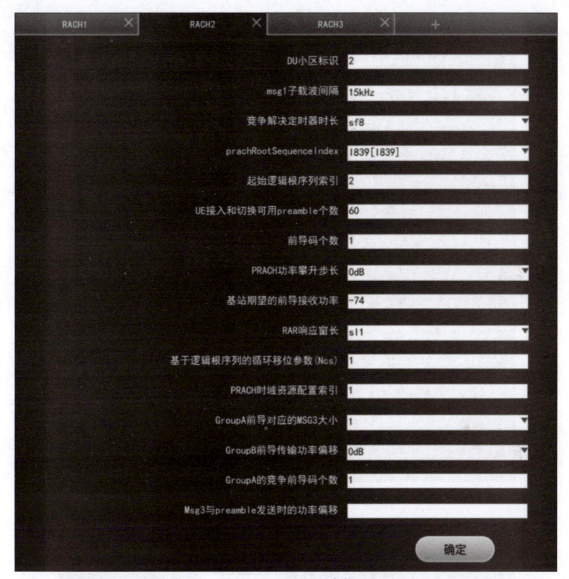

图 11 - 62　PRACH2 参数

　　等 "PRACH 信道配置" 完成后再进行 "SRS 公用参数" 的配置。选择 ITBBU→DU→ "物理信道配置" → "SRS 公用参数" 选项，可以单击窗口上方的 " + " 按钮进行新建操作，需要几个就新建几个，如这里需要新建 3 个 SRS。SRS1、SRS2、SRS3 分别如图 11 - 64 ~ 图 11 - 66 所示。在填写 "SRS 公用参数" 时需要注意 "SRS 的 slot 序号"，选择 "测量与定时开关" → "小区业务参数配置" → "帧结构第一个周期的帧类型" 选项，其参数与 "SRS 的 slot 序号" 相关。该参数为 11120，标识 0 在第 4 位，因此，"SRS 的 slot 序号" 填 4。在 "帧结构第一个周期的帧类型" 参数中，以 11120 为例，1 表示上行，2 表示下行，0 表示特殊。

图 11－63　PRACH3 参数

图 11－64　SRS1 参数

图 11 - 65　SRS2 参数

图 11 - 66　SRS3 参数

步骤 4 - 3 - 4：选择 ITBBU→DU→"测量与定时器开关"选项，"测量与定时器开关"选项下还有"RSRP 测量配置""小区业务参数配置""UE 定时器配置"选项。由于"RSRP 测量配置"和"UE 定时器配置"涉及比较复杂的业务验证，这里只进行简单的单小区的验证，只需要配置"小区业务参数配置"。

选择 ITBBU→DU→"测量与定时器开关"→"小区业务参数配置"选项，可以单击窗口上方的"＋"按钮进行新建操作，需要几个就新建几个，这里需要新建 3 个。该配置参数比较多，配置时需要细心。参数的配置根据实际的规划数据进行填写。在"帧结构第一个周期的帧类型"中，1 表示上行时隙，2 表示下行时隙，0 表示特殊时隙。因为在之前的参数设定中，子载波间隔为 30 kHz，帧结构 1 个周期内有 5 个时隙，这里输入 11120，表示前 3 个为上行时隙，第 4 个为下行时隙，最后 1 个是特殊时隙。特殊时隙的下标为 4，正好对应着 "SRS 公用参数" 中的 "SRS 的 slot 序号" 这个参数。注意，"第 1 个周期 S slot 上的 GP 符号数" "第 1 个周期 S slot 上的上行符号数" "第一个周期 S slot 上的下行符号数" 这 3 个参数的和必须为 14，因为 1 个选项卡有 14 个符号。"小区业务参数配置 1" 选项卡、"小区业务参数配置 2" 选项卡、"小区业务参数配置 3" 分别如图 11 –67 ~ 图 11 –69 所示。

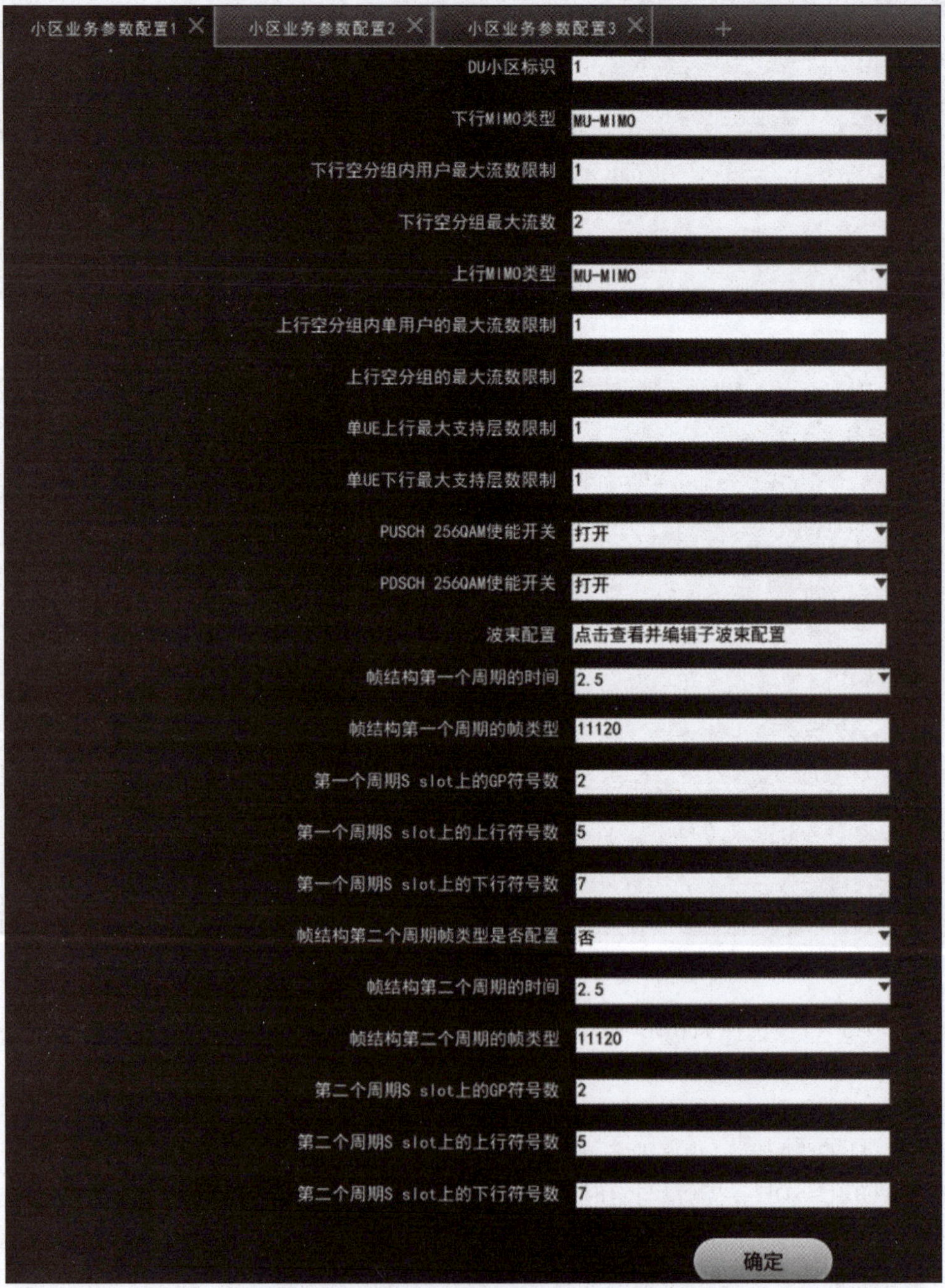

图 11 –67 "小区业务参数配置 1" 选项卡

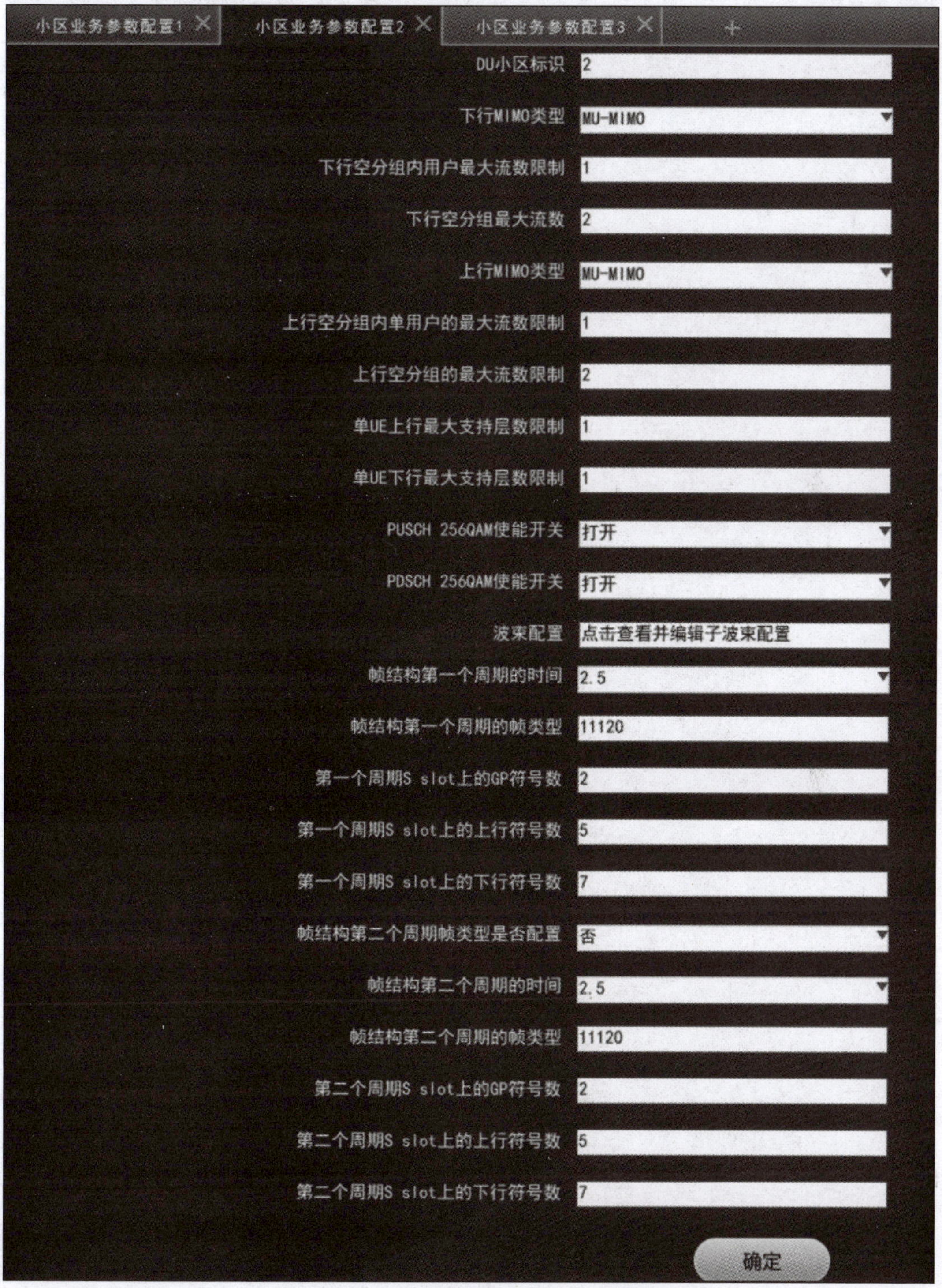

| 小区业务参数配置1 ✕ | 小区业务参数配置2 ✕ | 小区业务参数配置3 ✕ | ＋ |

DU小区标识	2
下行MIMO类型	MU-MIMO ▼
下行空分组内用户最大流数限制	1
下行空分组最大流数	2
上行MIMO类型	MU-MIMO ▼
上行空分组内单用户的最大流数限制	1
上行空分组的最大流数限制	2
单UE上行最大支持层数限制	1
单UE下行最大支持层数限制	1
PUSCH 256QAM使能开关	打开 ▼
PDSCH 256QAM使能开关	打开 ▼
波束配置	点击查看并编辑子波束配置
帧结构第一个周期的时间	2.5 ▼
帧结构第一个周期的帧类型	11120
第一个周期S slot上的GP符号数	2
第一个周期S slot上的上行符号数	5
第一个周期S slot上的下行符号数	7
帧结构第二个周期帧类型是否配置	否 ▼
帧结构第二个周期的时间	2.5 ▼
帧结构第二个周期的帧类型	11120
第二个周期S slot上的GP符号数	2
第二个周期S slot上的上行符号数	5
第二个周期S slot上的下行符号数	7

确定

图 11-68　"小区业务参数配置 2"选项卡

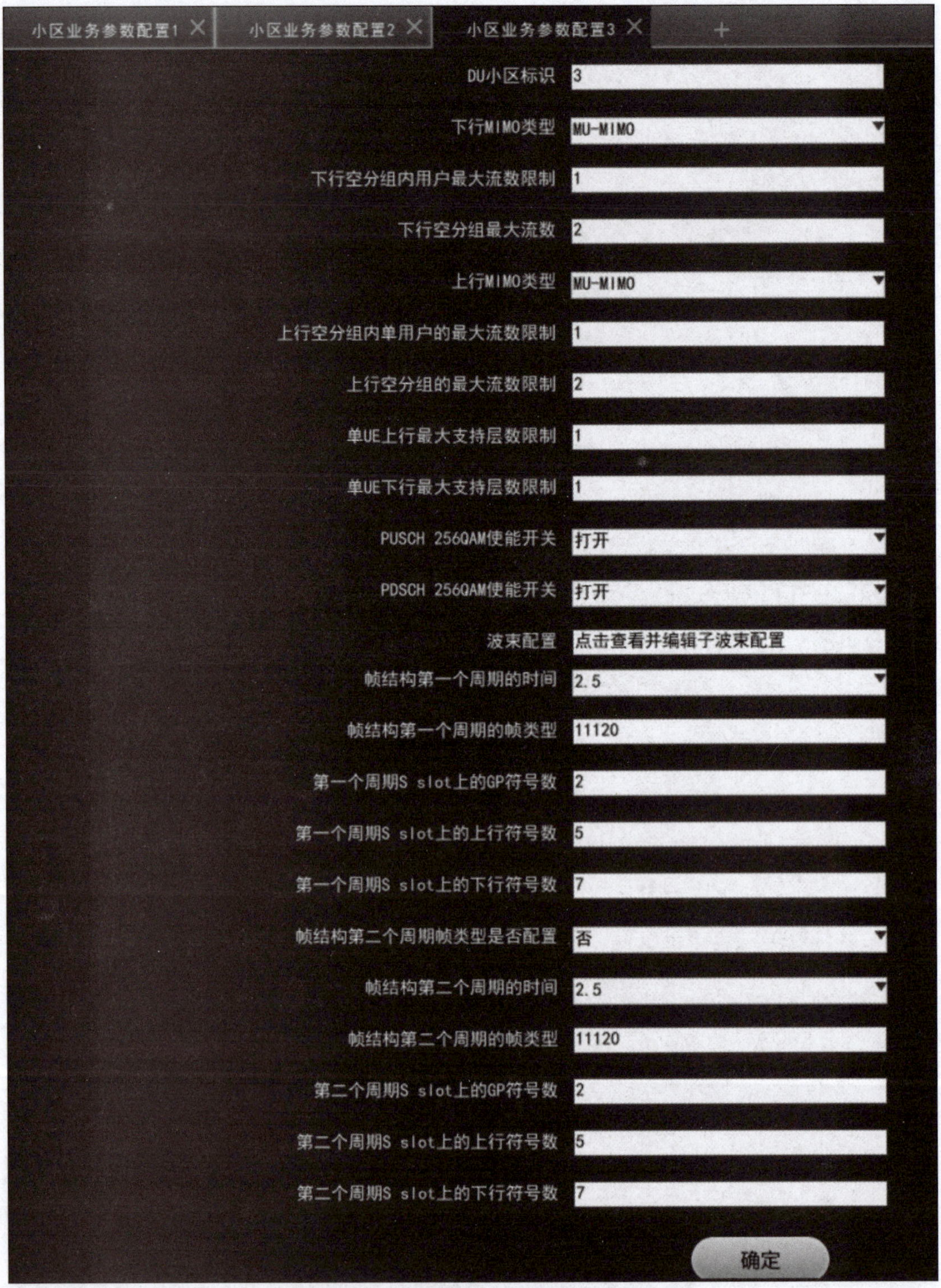

图 11-69 "小区业务参数配置 3"选项卡

步骤 4-4：选择 ITBBU 选项组下的 CU 选项后，该选项下面会出现两个子选项，分别是"gNBCUCP 功能""gNBCUUP 功能"，如图 11-70 所示。

图 11 - 70　CU 选项的子选项

步骤 4 - 4 - 1：选择 ITBBU→CU→"gNBCUCP 功能"选项，而"gNBCUCP 功能"选项下还有"CU 管理""IP 配置""SCTP 配置""静态路由""PDCP 参数""CU 小区配置""NR 重选""覆盖切换""负荷均衡配置""CA 测量配置""MIMO 配置""邻区配置""邻接关系配置""增强双连接功能""非连续接收配置参数""inactive 参数"选项。这里只需要配置"CU 管理""IP 配置""SCTP 配置""静态路由"和"CU 小区配置"。

选择 ITBBU→CU→"gNBCUCP 功能"→"CU 管理"选项，该参数的配置需要根据规划进行填写，如图 11 - 71 所示。CU 和 DU 一样，都是通过光口回传的，这里的"CU 承载链路端口"选择"光口"选项。

图 11 - 71　"CU 管理"参数

选择 ITBBU→CU→"gNBCUCP 功能"→"IP 配置"选项，该参数的配置需要根据规划填写，如图 11–72 所示。

图 11–72 "IP 配置"参数

选择 ITBBU→CU→"gNBCUCP 功能"→"SCTP 配置"选项，可以单击窗口上方的"+"按钮进行新建操作，需要几个就新建几个，这里需要新建 3 个。根据规划，集中式单元与用户面协议（centralized unit – user plane protocol，CUCP）需要配置和 BBU 之间的 XN 偶联，和 DU 之间需要配置 1 个 F1 偶联，还需要和 CUUP 之间配置 1 个 E1 偶联。SCTP1、SCTP2、SCTP3 参数分别如图 11–73 ~ 图 11–75 所示。

图 11–73 SCTP1 参数

图 11 – 74　SCTP2 参数

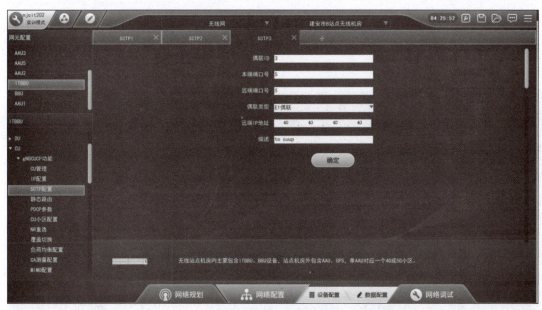

图 11 – 75　SCTP3 参数

　　选择 ITBBU→CU→"gNBCUCP 功能"→"静态路由"选项,可以单击窗口上方的"+"按钮进行新建操作,需要几个就新建几个,这里只需要新建 1 个。CUCP 和 BBU 有对接且在 IP 配置里没有网关配置,因此,这里需要配置静态路由。"静态路由"参数如图 11 –76 所示。

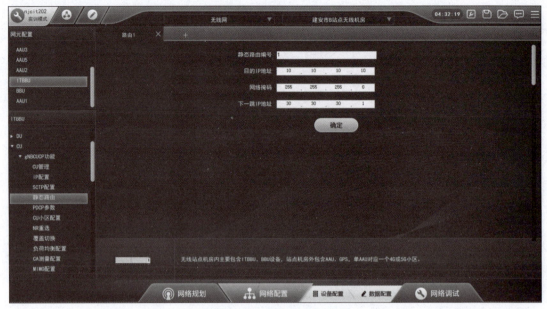

图 11-76 "静态路由"参数

选择 ITBBU→CU→"gNBCUCP 功能"→"CU 小区配置"选项，可以单击窗口上方的"+"按钮进行新建操作，需要几个就新建几个，这里需要新建 3 个。3 个 CU 小区配置分别如图 11-77 ~ 图 11-79 所示。

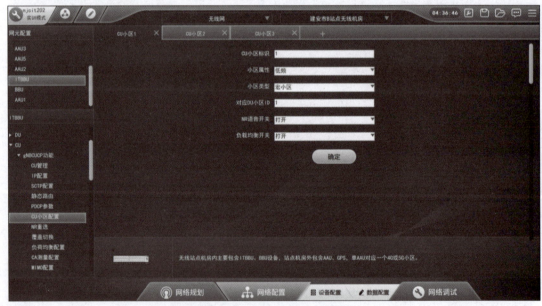

图 11-77 "CU 小区 1"选项卡

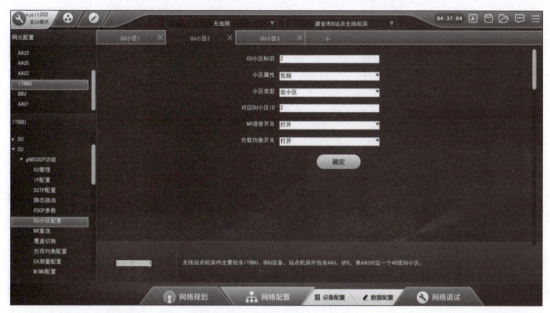

图 11-78　"CU 小区 2"选项卡

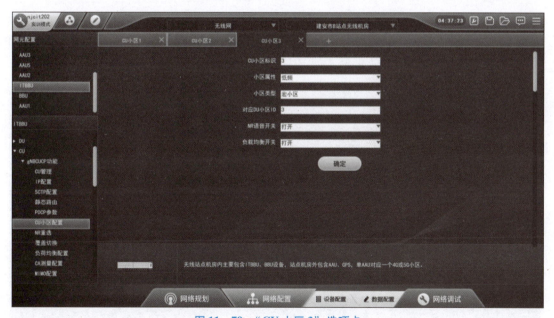

图 11-79　"CU 小区 3"选项卡

步骤 4-4-2：选择 ITBBU→CU→"gNBCUUP 功能"选项，"gNBCUUP 功能"选项下还有"IP 配置""SCTP 配置""静态路由""加密完保安全能力""网络切片"选项，这里只需要对"IP 配置""SCTP 配置"和"静态路由"进行配置。

选择 ITBBU→CU→"gNBCUUP 功能"→"IP 配置"选项，该参数的配置需要根据规划填写，如图 11-80 所示。

图 11-80 "IP 配置"参数

选择 ITBBU→CU→"gNBCUUP 功能"→"SCTP 配置"选项，可以单击窗口上方的"+"按钮进行新建操作，需要几个就新建几个，这里只需要新建 1 个。根据规划，CUUP 只需要配置和 CUCP 之间的 E1 偶联，如图 11-81 所示。

图 11-81 "SCTP 配置"参数

选择 ITBBU→CU→"gNBCUUP 功能"→"静态路由"选项，可以单击窗口上方的"+"按钮进行新建操作，需要几个就新建几个，这里只需要新建 1 个。CUUP 和核心网的

SGW有对接，因此，这里需要配置一个静态路由。"静态路由"参数如图11-82所示。

图11-82 "静态路由"参数

至此，ITBBU的数据配置全部结束。下面将对BBU的数据进行配置。

步骤5：选择BBU选项后，窗口左侧会展示相应的参数，如图11-83所示。

图11-83 BBU配置参数展示

步骤5-1：选择BBU选项组下的"网元管理"选项，如图11-84所示。"网元管理"

参数包括"基站标识""无线制式"等。参数的配置需要根据实际的规划数据进行填写。注意，这里的"NSA 共框标识"这个参数要与 ITBBU 中的"NR 网元管理"中的"NSA 共框标识"保持一致。

图 11 –84 "网元管理"参数

步骤 5 – 2：选择 BBU 选项组下的"4G 物理参数"选项，如图 11 – 85 所示。"4G 物理参数"包括"AAU 链路光口使能""承载链路端口"等。这里的三个"AAU 链路光口使能"参数都要选择"使能"，否则与 AAU 之间就会不通。

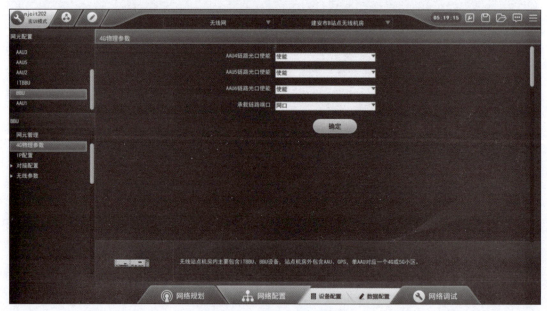

图 11 –85 "4G 物理参数"

步骤5-3：选择BBU选项组下的"IP配置"选项，其中参数的配置需要根据规划填写，如图11-86所示。

图11-86　"IP配置"参数

步骤5-4：选择BBU选项组下的"对接配置"选项，该选项下面会出现两个子选项，分别是"SCTP配置"和"静态路由"，如图11-87所示。

图11-87　"对接配置"选项的子选项

步骤5-4-1：选择BBU→"对接配置"→"SCTP配置"选项，可以单击窗口上方的

"+"按钮进行新建操作，需要几个就新建几个。根据规划，4G BBU 与核心网的 MME 网元之间有 1 个 NG 偶联，与 CUCP 之间有 1 个 XN 偶联，因此，这里需要新建 2 个 SCTP 配置，配置参数分别如图 11-88~图 11-89 所示。

图 11-88　SCTP1 配置

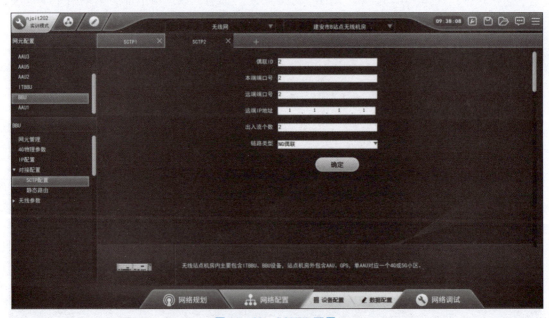

图 11-89　SCTP2 配置

步骤 5-4-2：选择 BBU→"对接配置"→"静态路由"选项，可以单击窗口上方的"+"按钮进行新建操作，需要几个就新建几个，这里只需要新建 1 个。4G BBU 和核心网的 SGW 网元有对接，因此，这里需要配置静态路由。配置参数如图 11-90 所示。

图 11-90 "静态路由"参数

步骤 5-5：选择 BBU 选项组下的"无线参数"选项，该选项下面会出现 7 个子选项，分别是"eNodeB 配置""FDD 小区配置""TDD 小区配置""FDD 邻接小区配置""TDD 邻接小区配置""NR 邻接小区配置""邻接关系表配置"，如图 11-91 所示。

图 11-91 "无线参数"选项的子选项

步骤 5-5-1：选择 BBU→"无线参数"→"eNodeB 配置"选项，配置参数如图 11-92 所示。

图 11 - 92 "eNodeB 配置"参数

步骤 5 - 5 - 2：选择 BBU→"无线参数"→"TDD 小区配置"选项，可以单击窗口上方的"＋"按钮进行新建操作，需要几个就新建几个，这里需要新建 3 个，参数的配置根据实际的规划数据填写。注意，AAU 的光口选择和小区必须一一对应。各小区的选项卡分别如图 11 - 93 ~ 图 11 - 95 所示。

图 11 - 93 "TDD 小区 1"选项卡

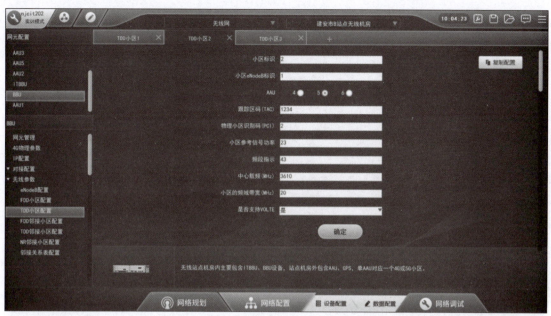

图 11 –94 "TDD 小区 2"选项卡

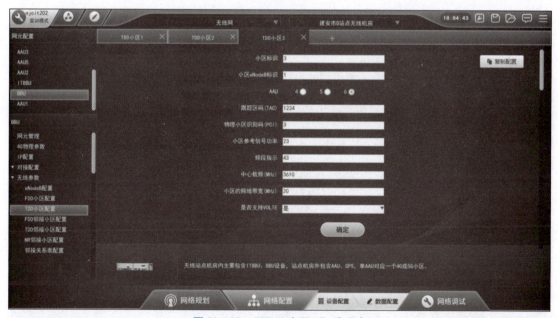

图 11 –95 "TDD 小区 3"选项卡

步骤 5 – 5 – 3：选择 BBU→"无线参数"→"NR 邻接小区配置"选项，单击窗口上方的"+"按钮进行新建操作，需要几个就新建几个，这里需要新建 3 个。各小区的选项卡分别如图 11 –96 ~ 图 11 –98 所示。

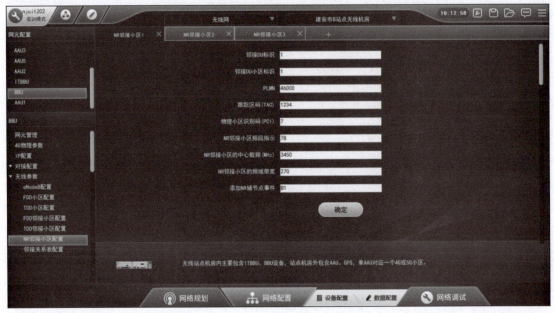

图 11 – 96 "NR 邻接小区 1"选项卡

图 11 – 97 "NR 邻接小区 2"选项卡

图 11-98　"NR 邻接小区 3"选项卡

步骤 5-5-4：选择 BBU→"无线参数"→"邻接关系表配置"选项，单击窗口上方的"+"按钮进行新建操作，需要几个就新建几个，这里需要新建 3 个。将 4G 小区与 5G 小区对接。各小区的选项卡分别如图 11-99～图 11-101 所示。

图 11-99　"关系表 1"选项卡

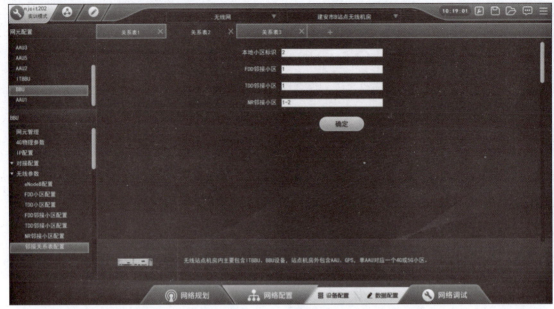

图 11－100　"关系表 2"选项卡

图 11－101　"关系表 3"选项卡

至此，无线网的数据配置全部完成。

2. 训练任务

学习无线网数据配置的训练内容，整理操作步骤并填写在表 11－2 中。

表 11 – 2　无线网数据配置操作步骤

序号	操作步骤	注意事项
1		
2		
3		
4		
5		
6		
7		
...		

技能点 11.3　承载网数据配置

承载网数据配置

1. 训练内容

基于 IUV – 5G 全网部署与优化教学仿真平台完成 5G 承载网数据配置，具体内容如下。

（1）能够正确完成承载网数据配置。

（2）能够排查常见的数据配置故障。

（3）两人一组轮换操作，完成实验报告并总结实验心得。

5G 基站数据配置的前提是要已经完成 5G 基站的硬件设备安装工作。该部分内容在任务 10 中的 5G 基站设备安装调测技能点中已经进行了讲解，具体步骤可参考该技能点中的内容，这里不再赘述。接下来介绍承载网数据配置的具体操作步骤。

由于在配置 ITBBU 时没有配置回传网关，因此需要对 SPN 进行一些接口配置。

步骤 1：在窗口上端的网络下拉列表框中选择"承载网"选项，并在机房下拉列表框中选择"建安市 B 站点机房"选项，如图 11 – 102 所示。

进入"建安市 B 站点机房"窗口后，可以看到窗口左上方的"网元配置"选项组里已经有了设备 SPN1，该设备是在之前进行基站硬件设备安装时就已经配置好的。此时，需要对 SPN1 进行接口配置。

步骤 2：选择 SPN1 选项后，窗口左侧就会展示相应的参数，如图 11 – 103 所示。

步骤 2 – 1：选择 SPN1 选项组下的"物理接口配置"选项。对接口 1/1 和 1/2 采用光口，分别对接 ITBBU 和建安 3 汇聚机房，不需要 IP 地址和子网掩码。由于接口 10/1 采用电口，对接 4G BBU，需要配置 IP 地址和子网掩码，如图 11 – 104 所示。

图 11－102　承载网机房选择

图 11－103　SPN 参数展示

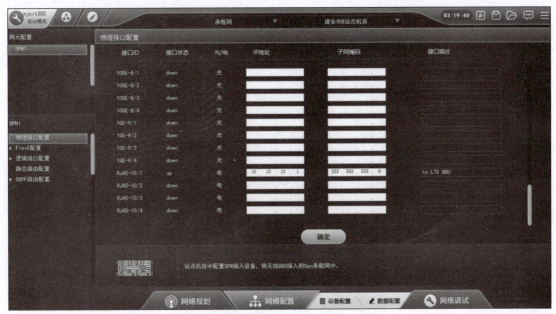

图 11 – 104　"物理接口配置"选项卡

步骤 2 – 2：选择 SPN1→"逻辑接口配置"→"配置子接口"选项，如图 11 – 105 所示。把连接 CU、DU 的接口都配置成 1/1 的子接口的形式。

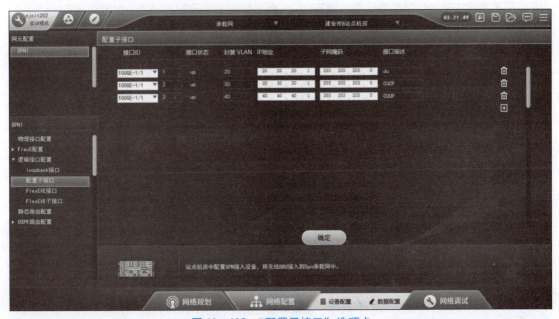

图 11 – 105　"配置子接口"选项卡

步骤 2 – 3：选择 SPN1→"OSPF 路由配置"→"OSPF 全局配置"选项，如图 11 – 106 所示。把全局 OSPF 打开。

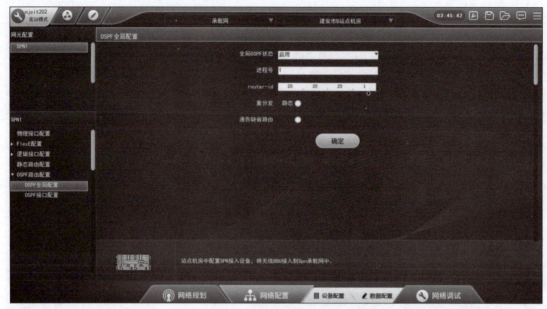

图 11－106 "OSPF 全局配置"选项卡

步骤 2－4：选择 SPN1→"OSPF 路由配置"→"OSPF 接口配置"选项，如图 11－107 所示。接下来，把全部 OSPF 接口打开。

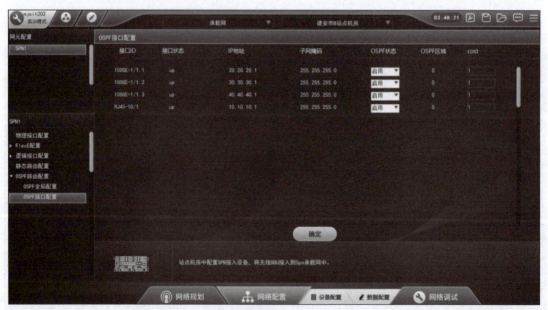

图 11－107 "OSPF 接口配置"选项卡

至此，承载网数据配置全部完成。数据配置涉及核心网的数据配置、无线网的数据配置及少量承载网的数据配置。

2. 训练任务

学习承载网数据配置的训练内容，整理操作步骤并填写在表 11 – 3 中。

表 11 – 3　承载网数据配置操作步骤

序号	操作步骤	注意事项
1		
2		
3		
4		
5		
6		
7		
8		
9		
10		
11		
12		
13		
…		

技能点 11. 4　业务调试

业务调试

1. 训练内容

基于 IUV – 5G 全网部署与优化教学仿真平台完成业务调试，具体内容如下。

（1）能够独立进行业务调试。

（2）能够排查常见的配置故障。

（3）两人一组轮换操作，完成实验报告并总结实验心得。

业务调试的前提是已经完成了 5G 基站的硬件设备安装和 5G 基站数据配置工作。两部分内容在之前的技能点中已经进行了讲解，此处不再赘述。下面介绍业务调试的具体步骤。

步骤 1：打开软件，先选择窗口下端的"网络调试"选项，再选择"业务调试"选项，如图 11 – 108 所示。

窗口左上方可以进行模式选择，分为"工程"模式和"实验"模式两种，这里选择"实验"模式。窗口上方也有"核心网 & 无线网""承载网"选项，在"实验"模式下，只需要选择"核心网 & 无线网"选项。

此前的 5G 硬件设备配置和 5G 数据配置都是针对建安市 B 站点，因此，从理论上来说，如果配置无误，把页面左上角的"移动终端"移动到建安市 B 站点小区内（图中的 JAB1、

JAB2、JAB3区域），应该就会有信号覆盖，拖动到其他区域就不会有信号覆盖。下面开始验证。

图11-108　业务调试

步骤2：选择"移动终端"选项并按住左键不放，拖动到建安市C站点的小区3中（JAC3区域），此时发现右侧的小区信息为空，这说明此小区没有进行任何配置，如图11-109所示。

图11-109　建安市C站点小区3

拖动到其他没有配置的区域，如兴城市或者四水市，都会是同样的效果。下面把"移动终端"拖动到建安市B站点的小区调试一下，看看结果。

步骤 3：选择"移动终端"选项，将其拖动到建安市 B 站点的小区 1 中（JAB1 区域），这时发现右侧的小区信息显示数值了，正好和之前对这个小区的数据配置相吻合，如图 11－110 所示。

图 11－110　建安市 B 站点小区 1

如果拖动到建安市 B 站点的其他小区，如 JAB2 或 JAB3，可以发现小区信息都会发生相应的改变，并且和之前对这个小区的数据配置完全一致。下面以建安市 B 站点小区 1 为例来，继续后面的业务验证。

步骤 4：单击窗口右下角的执行按钮，可以看到按钮上方手机信号的图片，如图 11－111 所示。

图 11－111　建安市 B 站点小区 1 测试

步骤5：如果数据配置错误，或者没有配置，手机信号将会变成灰色。例如，把"移动终端"选项放到兴城市，测试之后就会发现没有信号覆盖，如图11-112所示。

图11-112　兴城市B站点小区3测试

如果在业务调试时发现信号没有覆盖，可以单击窗口左侧的"告警"按钮，进入"告警"窗口，分析告警信息来定位配置问题。接下来，修改配置，重新进行业务调试，直至信号能够正确覆盖相应的区域。

2. 训练任务

学习业务调试的训练内容，整理操作步骤并填写在表11-4中。

表11-4　业务调试操作步骤表

序号	操作步骤	注意事项
1		
2		
3		
4		
5		
6		
7		
…		

任务考核

1. 知识练习

（1）（单选题）在对 MME 进行默认路由配置方式中，参数"下一跳"应该配置为（　　）的地址。

　A. SGW　　　　　　B. PGW　　　　　　C. HSS　　　　　　D. 交换机

（2）（单选题）在对 ITBBU 进行物理信道配置时，小区业务参数配置中，"第 1 个周期 S slot 上的 GP 符号数""第 1 个周期 S slot 上的上行符号数""第 1 个周期 S slot 上的下行符号数"这 3 个参数的和必须是（　　）。

　A. 12　　　　　　　B. 13　　　　　　　C. 14　　　　　　　D. 15

（3）（单选题）由于 ITBBU 没有配置回传网关，需要对（　　）的网元进行接口配置。

　A. SPN　　　　　　B. BBU　　　　　　C. 交换机　　　　　D. AAU

（4）（单选题）在对 ITBBU 进行物理信道配置时，小区业务参数配置"帧结构第 1 个周期的帧类型"中，0 表示（　　）。

　A. 上行时隙　　　　B. 下行时隙　　　　C. 特殊时隙　　　　D. 保护间隔

（5）（判断题）在完成 5G 基站硬件配置之前可以先进行 5G 基站数据配置。（　　）

（6）（判断题）实训模式下，核心网数据配置不需要对配置交换机。（　　）

（7）（判断题）CUCP 进行数据配置时，不需要配置默认路由。（　　）

（8）（判断题）在对 BBU 进行 4G 物理参数配置时，承载链路端口参数应该选择网口。
（　　）

（9）（判断题）核心网中的网元之间可以直接进行互联。（　　）

2. 任务评价

完成任务 11 的学习后，请根据学习反馈情况完成针对任务 11 的个人自评表（表 11 -5）、小组评价表（表 11 -6）、教师评价表（表 11 -7）的填写。

表 11 -5　个人自评表

姓名：		评价日期：	
序号	评价内容	考核评价指标	评价结果
1	学习态度（10%）	（1）能够积极、主动、认真完成本任务的全部学习要求，可以获得 9 ~ 10 分； （2）能够根据要求按时完成本任务的大部分学习要求，可以获得 6 ~ 8 分； （3）能够完成本任务的小部分学习要求，可以获得 1 ~ 5 分	
2	线上课前学习任务（20%）	（1）能够完成全部课前学习任务，很好地掌握相关基础知识，可得 17 ~ 20 分； （2）能够完成大部分课前学习任务，可以大概理解本任务的相关知识内容，可以获得 12 ~ 16 分； （3）能够完成少量课前学习任务，对与本任务相关的知识内容了解得不多，可以获得 1 ~ 11 分	
3	线下课堂活动（50%）	（1）能够积极配合教师和小组的活动安排，承担相应的职责，及时完成全部课堂学习任务，可以获得 41 ~ 50 分； （2）能够按照要求完成大部分课堂学习任务，可以获得 31 ~ 40 分； （3）能够按照要求完成部分课堂学习任务，可以获得 1 ~ 30 分	
4	课后作业（20%）	（1）能够按时、认真、高质量完成全部课后作业，可以获得 17 ~ 20 分； （2）能够依照教师要求完成大部分课后作业，可以获得 12 ~ 16 分； （3）能够完成部分课后作业，可以获得 1 ~ 11 分	
5	在本任务的学习中收获了什么？还存在哪些不足		

表 11 – 6 小组评价表

小组名称：				
小组成员：				
个人姓名：		小组分工：		
序号	评价内容	考核评价指标		评价结果
1	明确任务（10%）	（1）能够清晰、明确地知道需要承担的小组职责，可以获得 9 ~ 10 分； （2）能够大概知道需要承担的小组职责，可以获得 5 ~ 8 分； （3）能够知道少部分能够承担的小组职责，可以获得 1 ~ 4 分		
2	团队配合（20%）	（1）能够服从小组任务分配，积极较好地完成职责要求，可以获得 17 ~ 20 分； （2）能够基本服从小组任务分配，按照要求完成职责任务，可以获得 12 ~ 16 分； （3）在小组中配合度一般，完成部分小组职责，可以获得 1 ~ 11 分		
3	合作探究（50%）	（1）学习思路清晰，能够熟练完成 5G 基站数据配置的任务，在团队技能训练中起到示范主导作用，可以获得 41 ~ 50 分； （2）能够在同伴帮助下，基本完成 5G 基站数据配置的任务，可以获得 31 ~ 40 分； （3）完成部分 5G 基站数据配置的任务，实践操作能力欠佳，可以获得 1 ~ 30 分		
4	伙伴关系（20%）	（1）沟通能力强，能够积极为小组成员提供帮助，可以获得 17 ~ 20 分； （2）有一定的沟通能力，能够配合完成基本的团队任务，可以获得 12 ~ 16 分； （3）沟通能力不足，与团队其他成员的沟通较少，可以获得 1 ~ 11 分		
5	其他加分项			
小组组长：		评价日期：		

表 11 - 7　教师评价表

序号	评价内容	考核评价指标	评价结果
1	学习态度（10%）	（1）学习态度端正，不迟到早退，遵守课堂纪律，积极主动地完成各项任务，热心帮助他人，可以获得 9 ~ 10 分； （2）学习态度较为认真，能够按照要求配合完成学习，可以获得 6 ~ 8 分； （3）学习态度一般，偶尔有违反课堂纪律的现象，可以获得 1 ~ 5 分	
2	课前学习任务（20%）	根据在线学习平台的统计数据进行计分登记	
3	小组探究学习活动（50%）	（1）组长责任心强，能够安排小组成员在协作、互助的良好氛围下进行充分的讨论、探究，使大家可以高质量完成 5G 基站数据配置的训练，可以获得 41 ~ 50 分； （2）组长能够安排小组任务，可以按照要求完成 5G 基站数据配置的基本任务，可以获得 31 ~ 40 分； （3）组长能力一般，不能妥善安排任务，不能全部完成 5G 基站数据配置的任务，可以获得 1 ~ 30 分	
4	课后学习任务（20%）	（1）作业质量好，能够较好地反映出该学生对知识和技能掌握牢固，有自己的理解和看法，可以获得 17 ~ 20 分； （2）作业质量尚可，能够反映出该学生对知识和技能的掌握情况良好，可以获得 12 ~ 16 分； （3）作业质量一般，能够反映出该学生对知识和技能的掌握还存在一定的不足，需要进行补充学习，可以获得 1 ~ 11 分	
5	其他加分项		

小组名称：　　　　　　　　　　　　　　小组组长：

教师姓名：　　　　　　　　　　评价日期：

任务 12　5G 基站故障排查

情境引入

2023 年 7 月，京津冀地区发生历史罕见特大暴雨，造成北京门头沟区等地区出现特大山洪和城市内涝灾害。极端强降雨过后，房山、门头沟、昌平等地区通信基础设施遭到损毁。北京市通信管理局组织各基础电信运营企业和中国铁塔股份有限公司成立通信基础设施灾后复建工作组，各通信企业组建"复建专班""攻坚小组"，清理管道淤泥，布设线路，建设铁塔，维修基站，实现了 10 天完成受灾区域全部行政村点亮的任务，如图 12-1 所示。

图 12-1　抢修 5G 基站并保证受灾群众及时通信

基站是无线通信的重要设备，出现故障时应该及时抢修，这样才能保证人民群众的通信需求。在我国，不论何时何地，只要通信网络出现故障，通信人都会第一时间进行抢修，这充分体现了通信人不怕吃苦受累、坚守岗位、服务一线的特点。本章介绍的是基站运维工程师对基站故障进行排查修复的过程。

任务要求

知识目标

（1）知道 5G 基站故障的分类和排查思路。

（2）能够说出 5G 基站故障排查的流程。

技能目标

（1）能够根据不同的故障类型进行故障排查并解决故障点。

（2）能够处理基站排障过程中存在的各种问题。

素质目标

（1）遵守5G基站数据故障排查的工程规范。

（2）养成自主学习的良好习惯。

（3）培养吃苦耐劳、爱岗敬业、精益求精的职业精神。

（4）尊重他人，积极参与小组任务。

知识地图

5G基站故障排查知识地图如图12-2所示。

图12-2　5G基站故障排查知识地图

知识积累

知识点 12.1　基站故障分类及排查思路

在完成基站硬件配置和数据配置后，如果业务调试窗口手机信号正常，那么表示基站配置成功。但是很多时候，配置完成后可能会出现手机没有信号的情况，那么就表明基站存在故障。一般来说，基站故障分为两大类，分别为硬件故障和数据故障。

对于硬件故障，一般可能出现的情况有硬件设备缺失或者型号错误，设备间连线缺失或者连线种类错误，设备间端口速率不匹配。硬件故障的一般排查思路如下。

（1）查看告警，初步判断是否为硬件故障。

（2）如果是硬件故障，检查是否有设备缺失。如果有设备缺失，则加上对应型号的设备；如果设备没有缺失，那么检查设备型号，看看是否满足要求，如果不能满足，就应更换设备。

（3）如果设备没有问题，检查设备间的连线是否缺失。如果缺失，则加上对应的设备间连线；如果连线没有缺失，检查设备间的连线类型是否正确，如果不正确，则更换设备间连线。

（4）如果设备间连线也没有问题，检查设备间连线两端的端口速率是否匹配。如果不匹配，就修改端口，使连线两端的端口速率相匹配。

（5）查看告警，看看相应的告警是否消失。如果消失，表明硬件故障排除；如果没有消失，则要进一步分析是否存在数据配置错误。

数据故障总体上分为无线网数据故障、核心网数据故障、承载网数据故障。

数据故障中出现待最频繁的一种类型就是链路故障，这就要求工作人员对各个网元之间的接口非常熟悉，Option3x 模式下各个网元之间的接口如图 12 – 3 所示。当告警中出现诸如 X2 链路故障时，则根据链路判断是 BBU 和 CUCP 之间的链路出现了故障，然后根据任务 12 – 3 中讲解的内容时，检查 4G BBU 和 5G BBU 中 CU 的配置，如果发现错误，则要修改。

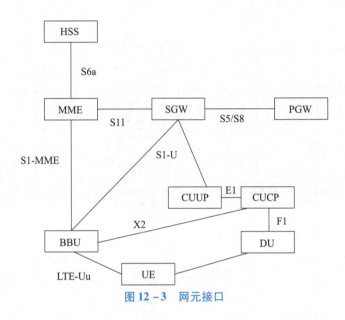

图 12 – 3　网元接口

在数据故障中，还有其他各式各样的错误，这也需要工作人员对各个网元的功能有所了解。例如，如果出现了用户签约失败、用户鉴权失败等错误信息，就要根据网元功能，判断 HSS 网元可能出现了配置错误，则需要去检查 HSS 的配置；如出现无线公共参数错误、网络模式错误等，那么就要根据数据配置的内容，判断 BBU 可能出现了配置错误，则需要去检查 BBU 的配置。如果发现错误，则要修改。排障是一个需要大量积累的工作，只有在日常学习和工作中经常处理相关问题并及时总结，才能在遇到故障后快速、准确地定位故障并解决故障。

知识点 12.2　基站故障排查流程

基站故障排查的流程

硬件故障排查相对容易，数据故障排查相对复杂，因此，基站故障排查的流程可以先易后难，即先排查硬件故障，再排查数据故障，流程如图 12 – 4 所示。

首先查看业务调试窗口，看看手机是否有信号。如果手机有信号，则表明没有故障。如果手机没有信号，则表明有故障，需要进行排查。

打开告警窗口后，查看告警信息，通过分析告警信息判断是否存在硬件告警。如果存在硬件告警，就对其进行排查和分析，看看是否为存在硬件设备缺失或者型号不对等问题，是否存在设备间的连线缺失或者连线类型不对等问题，是否为设备间的端口速率不匹配等问题。如果是，则应进行相应的修改。待修改结束后，可以再返回业务调试窗口看看手机是否有信号。如果手机有信号，则表明基站故障只有硬件故障，并且刚刚的修改已经把故障全部修复，整个排查流程也就结束了。

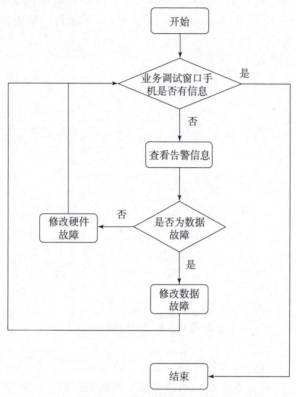

图 12 – 4　基站故障排查流程

如果业务调试窗口手机仍然没有信号，那么就继续查看告警窗口，看看是否仍然存在硬件告警，如果仍然存在硬件告警，就继续修复硬件故障，直至所有硬件故障都修复完。如果硬件故障已经修复完了，但是手机仍然没有信号，说明还存在数据故障，应查看故障窗口，根据故障分析是否为数据故障，如果是数据故障，那么针对不同的故障进行分析，判断是链路故障、网元配置故障等，并针对性地进行修改。修改结束后，可以再返回业务调试窗口，看看手机是否有信号。如果有信号，则表明数据故障也已经修复，那么整个排障流程就结束了。如果业务调试窗口手机仍然没有信号，那么就继续查看告警窗口，检查是否仍然存在数据告警，如果仍然存在数据告警，就继续修复数据故障，直至所有数据故障都修复完，手机有信号，那么排障流程就结束了。

技能训练

技能点 12.1　基站硬件故障排查

基站硬件故障排查

1. 训练内容

基于 IUV-5G 全网部署与优化教学仿真平台，完成基站硬件故障的排查，具体任务如下。

（1）能够根据告警信息分析排查相关硬件故障。

（2）能够正确修改硬件故障并进行验证。

（3）两人一组轮换操作，完成实验报告，并总结实验心得。

在前面的业务调试知识点中已经讲到，如果业务调试的过程中出现错误，则可以根据告警信息中展示的错误，分析在配置中可能出现的问题，再回到配置窗口对配置进行检查。发现错误后修改配置，再重新进行业务调试。重复上述步骤，直至业务调试成功。配置错误可能是硬件配置错误，也可能是软件配置错误。

当业务调试正确时，打开告警可以看到，告警窗口并不为空，也会有很多条告警，如图 12-5 所示。但是仔细看可以发现，这些告警都不是建安市 B 站点的告警，都是其他没有进行配置的区域的告警。因此，在查看告警窗口时，重点关注那些已配置区域的告警，即建安市 B 站点的告警信息，这些新的告警往往出现在最下面，而其他的告警信息可以忽略不计。

图 12-5　调试成功时的告警窗口

（1）案例 1：核心网机房 SWITCH 和 ODF 链路断开。

进行业务调试时，如果发现没有信号，则打开告警窗口，看到的告警信息如图 12-6

所示。

图 12 - 6　核心网机房 SWITCH 和 ODF 链路断开时的告警窗口

在这些告警信息中，最后一条告警信息是"建安市核心网机房 - 核心网信令链路故障"。这个告警信息直接指向了核心网的机房，因此首先应该检查核心网机房中设备连线是否有问题。进入建安市核心网机房查看设备指示图，如图 12 - 7 所示。

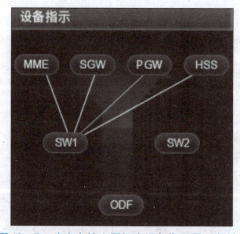

图 12 - 7　建安市核心网机房设备指示图（断链）

从图 12 - 7 中可以看到，核心网的 4 个网元都和交换机 SWITCH1 建立了连接。在讲解 5G 基站硬件配置时曾讲到，在实训模式下，SWITCH 和 ODF 之间也要连接，使核心网的 4 个网元和 ODF 都建立连接，所以单击 SW1 按钮，然后选择缆线池中第三个"成对 LC - FC 光纤"选项，将其一头插在 18 端口，如图 12 - 8 所示。

接下来，单击图 12 - 7 中 ODF 按钮，再将"成对 LC - FC 光纤"的另一端插在"本端 1 - 对端 2"的插口中，如图 12 - 9 所示。

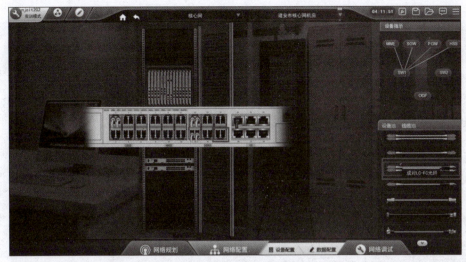

图 12 – 8　SW1 插口图

图 12 – 9　ODF 插口图

待插好后，再看设备指示图，可知 SW1 和 ODF 之间已经建立了连接，如图 12 – 10 所示。

把 SW1 和 ODF 链路连好之后，再进入"业务调试"窗口重新调试，可以看到信号正常，这表示调试成功。此时再去检查告警窗口便会发现该告警信息也消失了。

（2）案例 2：ITBBU 和 AAU 连接端口速率不匹配。

进行业务调试时，如果发现没有信号，打开告警窗口后会看到告警信息如图 12 – 11 所示。

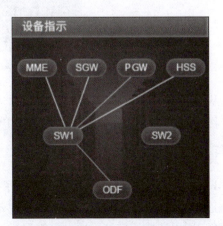

图 12 – 10　建安市核心网机房设备指示图（正常）

图 12 – 11　ITBBU 和 AAU 连接端口速率不匹配时的告警窗口

在这些告警信息中，最后一条告警信息是"建安市 B 站点机房 – itbbu – 无 5G 信号"。这个告警信息直接指向了建安市 B 站点无线机房的 ITBBU。ITBBU 的 5G 信号来自 AAU，因此首先检查 ITBBU 和 AAU 是否断链。接下来，进入建安市 B 站点无线机房查看设备指示图，如图 12 – 12 所示。

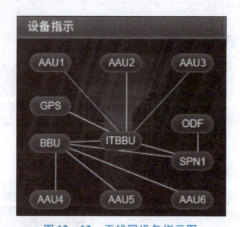

图 12 – 12　无线网设备指示图

从图 12 – 12 中可以看到，ITBBU 和 AAU1、AAU2、AAU3 都有链接，没有断链。接下来，检查连接的端口是否有误。单击 ITBBU 按钮，发现 ITBBU 和 3 个 AAU 相连采用的是 25GE 的端口，如图 12 – 13 所示。

然后单击图 12 – 12 中的 AAU1、AAU2、AAU3 按钮，发现 AAU 侧连接的端口是 100GE，如图 12 – 14 所示。这里就发现了问题：虽然 AAU 和 ITBBU 用"成对 LC – LC 光纤线"连接起来了，但是两端的端口速率却不一致，即 ITBBU 侧是 25GE，而 AAU 侧却是 100GE，所以造成了信号不通，最终报错没有 5G 信号。

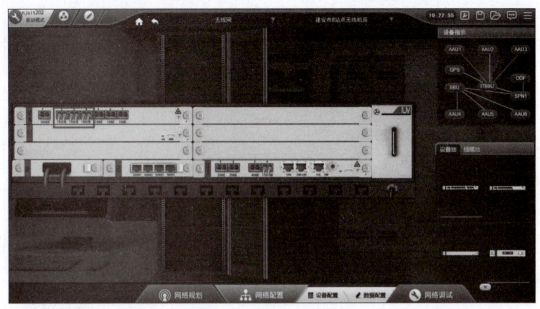

图 12 – 13　ITBBU 侧连接端口图

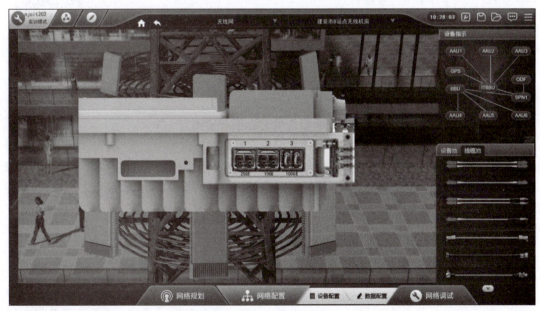

图 12 – 14　AAU 侧连接端口图

把 ITBBU 和 AAU1、AAU2、AAU3 的连接线删除后再重新连接，两端都选择 25GE 的端口。连接完成后再进入"业务调试"窗口重新调试，可以看到信号正常，这表示调试成功。此时再去检查告警窗口就会发现该告警信息也消失了。

2. 训练任务

学习基站硬件故障排查的训练内容，整理操作步骤并填写在表 12 – 1 中。

表 12 – 1　基站硬件故障排查操作步骤表

序号	操作步骤	注意事项
1		
2		
3		
4		
5		
6		
7		
…		

基站数据故障排查

技能点 12.2　基站数据故障排查

1. 训练内容

基于 IUV – 5G 全网部署与优化教学仿真平台完成基站数据故障的排查，具体任务如下。

（1）能够根据告警信息分析排查相关数据故障。

（2）能够正确修改数据故障并进行验证。

（3）两人一组轮换操作，完成实验报告并总结实验心得。

在前面的业务调试知识点中已经讲到，如果业务调试的过程中出现错误，可以根据告警信息中展示的错误，分析在配置中可能出现的问题，再回到配置窗口对配置进行检查。发现错误后修改配置，再重新进行业务调试。重复上述步骤，直至业务调试成功。配置错误可能是硬件配置错误，也可能是软件配置错误。本技能点主要展示数据配置错误，并通过典型案例展示故障排查的流程。

（1）案例 1：AAU 链路光口使能开关没有打开。

进行业务调试时，发现没有信号，打开告警窗口，看到告警信息如图 12 – 15 所示。

这些告警信息中，关于建安市 B 站点的告警信息有"建安市 B 站点机房 – 射频资源故障"和"建安市 B 站点机房 – 小区有告警"。在这两个告警信息中，"建安市 B 站点机房 – 射频资源故障"这个告警信息会让人首先联想到是不是 AAU 配置有问题。因此，首先可以检查 6 个 AAU 的配置。检查后发现，6 个 AAU 配置都没有问题。在进行硬件配置时，AAU 是和 BBU 相连的，5G 的 AAU 和 5G BBU 相连，4G AAU 和 4G BBU 相连，如图 12 – 16 所示。

图 12-15 AAU 链路光口未使能时的告警窗口

从图 12-16 中可以清楚地看到，ITBBU 和 AAU1、AAU2、AAU3 相连，BBU 和 AAU4、AAU5、AAU6 相连，所以首先检查 AAU 和 BBU 之间的硬件连接，发现硬件连接无误，再检查 BBU 和 ITBBU 的数据配置。在 BBU 的数据配置中有"4G 物理参数"，在 ITBBU 的数据配置中有"5G 物理参数"，这两个参数配置有一个共同的参数"AAU 链路光口使能"开关。检查后发现，ITBBU 的"5G 物理参数"中的"AAU 链路光口使能"开关被关闭了，如图 12-17 所示。

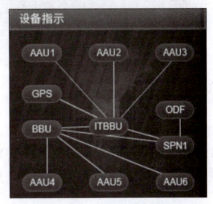

图 12-16 无线网设备指示图

图 12-17 AAU 链路光口未使能

　　修改这三个参数，把三个使能开关都打开，都选择"使能"选项。单击"确定"按钮后，再进入"业务调试"窗口重新调试，可以看到信号正常，调试成功。此时再去检查告警窗口，发现该告警信息也消失了。

　　（2）案例2：5G BBU 中 DU 的 SCTP 偶联类型配置错误。

　　进行业务调试时，发现没有信号，打开告警窗口后看到的告警信息如图 12 –18 所示。

图 12 –18　DU 的 SCTP 偶联类型配置错误时的告警窗口

　　这些告警信息中，看到关于建安市 B 站点的告警信息有"建安市 B 站点机房 – itbbu – F1 链路故障"。这个告警信息非常清晰，指出 ITBBU 中 SCTP 偶联方式有错误，并且是 F1 链路故障。这说明，在 ITBBU 中的 SCTP 偶联方式中，有 F1 偶联配置错误。根据规划，在之前进行数据配置时，ITBBU 中有两个 F1 偶联，一个是 DU 的 SCTP 配置中有 F1 偶联，另一个就是 CUCP 的 SCTP 配置中存在一个 F1 偶联。分别对这两个有 F1 偶联的配置进行检查后发现，在 DU 的 SCTP 配置中，偶联类型被配置成了"NG 偶联"，并没有配置成"F1 偶联"，如图 12 –19 所示。

图 12 –19　DU 的 SCTP 偶联类型配置错误

修改这个参数，偶联类型选择"F1 偶联"选项。单击"确定"按钮后，再进入"业务调试"窗口重新调试，可以看到信号正常，调试成功。此时再去检查告警窗口便会发现该告警信息也消失了。

（3）案例 3：5G BBU 中 CUCP 没有设置静态路由。

进行业务调试时发现没有信号，打开告警窗口后看到告警信息如图 12 – 20 所示。

图 12 – 20　5G BBU 中 CUCP 没有设置静态路由时告警窗口

在这些告警信息中，最后一条是"建安市核心网机房 – N2 链路故障"。从这个告警信息中，初步分析是核心网的网元中链路设置有问题。所以检查核心网 4 个网元 MME、SGW、PGW 和 HSS 的对接配置和路由设置，发现 4 个网元的设置都没有问题。这时候开始怀疑，会不会是核心网和无线网之间的链路对接设置有问题，而告警窗口最终展示在了核心网。下面开始逐个检查核心网网元和无线网网元之间的链路对接。核心网和无线网网元之间的链路如图 12 – 21 所示。

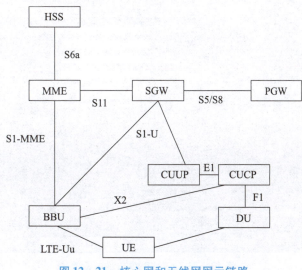

图 12 – 21　核心网和无线网网元链路

从图 12-21 中可以看到，BBU 和 CUUP 是和核心网网元直接对接的，所以首先检查 BBU 和 CUUP 的对接配置和路由设置，检查后发现仍然是正确的。然后检查 CUCP，虽然 CUCP 没有直接和核心网网元对接，但是 CUCP 和 BBU 对接之后也会和核心网连接。检查 CUCP 的对接设置和路由设置，发现 CUCP 的默认路由没有设置。前文中提到，CUCP 和 BBU 有对接，并且在 IP 配置里没有网关配置，所以需要配置静态路由。但是这里却没有配置静态路由，如图 12-22 所示。

图 12-22　5G BBU 中 CUCP 没有设置静态路由

新增静态路由并按照规划填写数据，如图 12-23 所示。先单击"确定"按钮，再进入"业务调试"窗口进行重新调试，便可以看到信号正常了，这代表调试成功。此时再去检查告警窗口，发现该告警信息也消失了。

图 12-23　CUCP 静态路由设置

（4）案例 4：APN 名称设置不一致。

进行业务调试时，发现没有信号，打开告警窗口后看到的告警信息如图 12 – 24 所示。

图 12 – 24　APN 名称设置前后不一致时的告警窗口

在这些告警信息中，最后一条是"建安市核心网机房 – hss – 开户信息错误"。这个告警信息指向非常明确，是核心网的 HSS 网元中开户信息设置有问题。所以首先检查核心网 HSS 网元中"签约用户管理"的相关信息，发现该设置中的用户信息和规划数据一致，没有问题。然后把检查范围扩大到 HSS 网元的其他配置项，检查到"APN 管理"时，发现参数 APN – NI 即 APN 名称为 test1，如图 12 – 25 所示。

图 12 – 25　"APN 管理"中的 APN 名称

但是在之前"APN 解析配置"中，参数 APN 设置的是 test. apn. epc. mnc000. mcc460. 3gppnetwork. org，如图 12 –26 所示。其中第一个"."前的字段是 APN 名称，而这两个参数中的 APN 名称不一致。

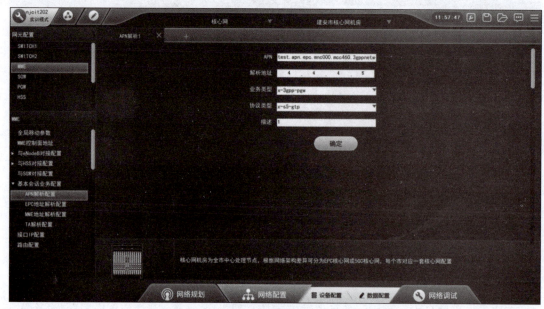

图 12 –26 "APN 解析配置"中的 APN 名称

APN 名称在两个配置中不一致，这明显是有问题的。因此，修改"APN 管理"中的 APN – NI 参数为 test。单击"确定"按钮后，再进入"业务调试"窗口重新调试，可以看到信号正常，调试成功。接下来，检查告警窗口时便会发现该告警信息也消失了。

2. 训练任务

学习基站数据故障排查的训练内容，整理操作步骤并填写在表 12 –2 中。

表 12 –2　基站数据故障排查操作步骤表

序号	操作步骤	注意事项
1		
2		
3		
4		
5		
6		
7		
…		

任务考核

1. 知识练习

（1）（单选题）核心网与无线网之间的接口是（　　）。

A. X2　　　　　　　B. S1　　　　　　　C. S5　　　　　　　D. S8

（2）（多选题）属于核心网的网元的是（　　）。

A. HSS　　　　　　B. PGW　　　　　　C. ITBBU　　　　　D. MME

（3）（单选题）在核心网的硬件配置任务中，交换机在和核心网网元连接之后，还需要连接（　　）。

A. BBU　　　　　　B. ITBBU　　　　　C. SPN　　　　　　D. ODF

（4）（单选题）5G AAU 需要连接的网元是（　　）。

A. SPN　　　　　　B. ODF　　　　　　C. ITBBU　　　　　D. BBU

（5）（判断题）如果业务调试成功，那么告警窗口一定不存在任何告警信息。（　　）

（6）（判断题）进行业务调试时，只需要在实验模式的"无线网 & 核心网"选项下调试。（　　）

（7）（判断题）CUCP 和 BBU 之间的接口是 F1 接口。（　　）

（8）（判断题）进行 ITBBU 和 AAU 连接时，端口速率要匹配。（　　）

2. 任务评价

完成任务 12 的学习后，请根据学习反馈情况完成针对任务 12 的个人自评表（表 12 - 3）、小组评价表（表 12 - 4）、教师评价表（表 12 - 5）的填写。

表 12 - 3　个人自评表

姓名：		评价日期：		
序号	评价内容	考核评价指标		评价结果
1	学习态度（10%）	（1）能够积极、主动、认真完成本任务的全部学习要求，可以获得 9 ~ 10 分； （2）能够根据要求按时完成本任务的大部分学习要求，可以获得 6 ~ 8 分； （3）能够完成本任务的小部分学习要求，可以获得 1 ~ 5 分		
2	线上课前学习任务（20%）	（1）能够完成全部课前学习任务，很好地掌握相关基础知识，可得 17 ~ 20 分； （2）能够完成大部分课前学习任务，可以大概理解本任务的相关知识内容，可以获得 12 ~ 16 分； （3）能够完成少量课前学习任务，对与本任务相关的知识内容了解得不多，可以获得 1 ~ 11 分		
3	线下课堂活动（50%）	（1）能够积极配合教师和小组的活动安排，承担相应的职责，及时完成全部课堂学习任务，可以获得 41 ~ 50 分； （2）能够按照要求完成大部分课堂学习任务，可以获得 31 ~ 40 分； （3）能够按照要求完成部分课堂学习任务，可以获得 1 ~ 30 分		
4	课后作业（20%）	（1）能够按时、认真、高质量完成全部课后作业，可以获得 17 ~ 20 分； （2）能够依照教师要求完成大部分课后作业，可以获得 12 ~ 16 分； （3）能够完成部分课后作业，可以获得 1 ~ 11 分		
5	在本任务的学习中收获了什么？还存在哪些不足			

表 12 - 4 小组评价表

小组名称：		小组成员：		
个人姓名：		小组分工：		
序号	评价内容	考核评价指标		评价结果
1	明确任务 （10%）	（1）能够清晰、明确地知道需要承担的小组职责，可以获得 9 ~ 10 分； （2）能够大概知道需要承担的小组职责，可以获得 5 ~ 8 分； （3）能够知道少部分能够承担的小组职责，可以获得 1 ~ 4 分		
2	团队配合 （20%）	（1）能够服从小组任务分配，积极较好地完成职责要求，可以获得 17 ~ 20 分； （2）能够基本服从小组任务分配，按照要求完成职责任务，可以获得 12 ~ 16 分； （3）在小组中配合度一般，完成部分小组职责，可以获得 1 ~ 11 分		
3	合作探究 （50%）	（1）学习思路清晰，能够熟练完成 5G 基站故障排查任务，在团队技能训练中起到示范主导作用，可以获得 41 ~ 50 分； （2）能够在同伴帮助下，基本完成 5G 基站故障排查任务，可以获得 31 ~ 40 分； （3）完成部分 5G 基站故障排查任务，实践操作能力欠佳，可以获得 1 ~ 30 分		
4	伙伴关系 （20%）	（1）沟通能力强，能够积极为小组成员提供帮助，可以获得 17 ~ 20 分； （2）有一定的沟通能力，能够配合完成基本的团队任务，可以获得 12 ~ 16 分； （3）沟通能力不足，与团队其他成员的沟通较少，可以获得 1 ~ 11 分		
5	其他加分项			
小组组长：		评价日期：		

表 12 − 5　教师评价表

小组名称：			小组组长：	
序号	评价内容	考核评价指标		评价结果
1	学习态度 （10%）	（1）学习态度端正，不迟到早退，遵守课堂纪律，积极主动地完成各项任务，热心帮助他人，可以获得 9 ~ 10 分； （2）学习态度较为认真，能够按照要求配合完成学习，可以获得 6 ~ 8 分； （3）学习态度一般，偶尔有违反课堂纪律的现象，可以获得 1 ~ 5 分		
2	课前学习任务 （20%）	根据在线学习平台的统计数据进行计分登记		
3	小组探究学习活动 （50%）	（1）组长责任心强，能够安排小组成员在协作、互助的良好氛围下进行充分的讨论、探究，使大家可以高质量完成 5G 基站故障排查任务，可以获得 41 ~ 50 分； （2）组长能够安排小组任务，可以按照要求完成 5G 基站故障排查任务，可以获得 31 ~ 40 分； （3）组长能力一般，不能妥善安排任务，不能全部完成 5G 基站故障排查任务，可以获得 1 ~ 30 分		
4	课后学习任务 （20%）	（1）作业质量好，能够较好地反映出该学生对知识和技能掌握牢固，有自己的理解和看法，可以获得 17 ~ 20 分； （2）作业质量尚可，能够反映出该学生对知识和技能的掌握情况良好，可以获得 12 ~ 16 分； （3）作业质量一般，能够反映出该学生对知识和技能的掌握还存在一定的不足，需要进行补充学习，可以获得 1 ~ 11 分		
5	其他加分项			
教师姓名：			评价日期：	

参 考 文 献

[1] 马芳芸，李英祥，刘忠，等．新一代5G网络：全网部署与优化［M］．北京：中国铁道出版社，2022．

[2] 刘忠，陈佳莹，林磊．新一代5G网络：从原理到应用［M］．北京：中国铁道出版社，2021．

[3] 华为技术有限公司．5G移动通信网络部署与运维（中级）［M］．北京：人民邮电出版社，2023．

[4] 顾艳华，陈雪娇．移动网络规划与优化［M］．北京：北京理工大学出版社，2021．

[5] 曾庆珠．移动通信［M］．2版．北京：北京理工大学出版社，2014．

[6] 许书君，程战．移动通信技术及应用［M］．西安：西安电子科技大学出版社，2018．

[7] 朱明程，王霄峻．网络规划与优化技术［M］．北京：人民邮电出版社，2018．

[8] 董兵．5G基站工程与设备维护［M］．北京：北京邮电大学出版社，2020．

[9] 卢敏，陈美娟．移动通信系统的虚拟仿真实训演练［J］．实验科学与技术，2019，17（2）：108－111．

[10] 钱权智．面向5G与LTE混合组网的无线网络规划研究［D］．重庆：重庆邮电大学，2020．

[11] 林涛，彭宏．中国移动FDD－LTE无线网络系统的规划方案设计［D］．杭州：浙江工业大学，2019．